同济大学学术专著(自然科学类)出版基金资助

环境岩土工程学

席永慧　著

同济大学出版社
TONGJI UNIVERSITY PRESS

内 容 提 要

  环境岩土工程是岩土力学与环境科学密切结合的一门新兴学科。本书系统介绍了环境岩土工程在理论与实践方面的主要研究内容、研究方法及新进展,主要从重金属离子的吸附、污染物在土壤多孔介质中的迁移、废弃物屏障系统设计、污染土的固化处理、重金属污染的生态处理、填埋场的稳定性分析、填埋场内部气体运移规律、高放射性核废料的地质深埋处置等方面展开。本书内容包含作者多年教学和科研成果的总结,试验数据丰富,分析详细,尤其注重研究成果向实际工程的应用转化。

  本书可供土木工程、地质工程和环境工程等专业的学生和科研人员使用。

图书在版编目(CIP)数据

环境岩土工程学 / 席永慧著. —上海:同济大学
出版社,2019.6
 ISBN 978-7-5608-8429-5

 Ⅰ. ①环⋯ Ⅱ. ①席⋯ Ⅲ. ①环境工程-岩土工程
Ⅳ. ①TU4

 中国版本图书馆 CIP 数据核字(2019)第 151903 号

环境岩土工程学
席永慧 著

责任编辑 李 杰   **责任校对** 徐春莲   **封面设计** 陈益平

出版发行　同济大学出版社　　　www.tongjipress.com.cn
　　　　　(地址:上海市四平路 1239 号　邮编:200092　电话:021-65985622)
经　销　全国各地新华书店、建筑书店、网络书店
印　刷　常熟市大宏印刷有限公司
开　本　787 mm×1092 mm　1/16
印　张　15.75
字　数　393 000
版　次　2019 年 6 月第 1 版　　2019 年 6 月第 1 次印刷
书　号　ISBN 978-7-5608-8429-5

定　价　98.00 元

序　言

　　土力学与环境问题相结合，是学科发展的必然。近日新闻连续报道了金沙江和雅鲁藏布江上游发生山体滑坡形成堰塞湖威胁下游数百万人民的生命财产安全的消息。滑坡是土力学中最经典的课题。山体滑坡发生的原因除与土体本身性质有关外，更与气象、植被生态、人类活动等环境因素有关。形成堰塞湖以后，还与水利抗灾等社会问题相关联。所以将土力学这门学科置于大环境中来考虑才大有作为。

　　自1925年太沙基出版第一本《土力学》著作以来，土力学这门学科发展很快，在发展过程中，不同阶段有不同的重点。二十世纪三十年代到五十年代，是土力学初创阶段，主要表现在理论领域内各类公式推陈出新，同时伴随着公式中所需指标的测定，土工试验仪器设计和试验方法也在不断改进和发展。从六十年代到七十年代，随着计算机的出现，土力学计算方法得到了迅速发展，计算方法的改进，推动了土力学理论进一步提高。

　　我国自改革开放以来，经济建设蓬勃发展，高楼大厦如雨后春笋般拔地而起。在超大超深基坑工程、软土地基的处理、地下铁道、大型港口码头、大跨度桥梁、高坝和水利枢纽、高速公路和机场等工程中，土力学这门学科发挥了巨大的作用。土力学为工程服务，与工程建设相结合，发展成为"岩土工程学"。这是学科发展的飞跃。

　　在为工程建设服务过程中，逐渐发现传统的土力学研究的范围不能涵盖实际遇到的问题。同济大学已故俞调梅教授团队开始研究在城市建设中打桩对周围环境的影响，开创了工程活动对周边环境影响研究的先河。

　　把土力学与环境问题结合起来研究，必须要提到美国里海大学方晓阳教授的贡献，在方教授的推动下，1983年和1985年在同济大学先后组织召开了两次"海洋岩土工程和近岸离岸结构"国际学术会议，1989年又举办了"第二届环境岩土工程"国际学术讨论会，这三次会议，极大地拓展了我国岩土工程学的视野，也是第一次提出了"环境岩土工程"的概念。传统的土力学这门学科随之深化，提高到了新的高度。

　　随着我国工业化建设的发展，许多新的问题不断出现，例如，大量有毒有害废弃物的处置问题，土地荒漠化和盐碱化问题，土壤的污染和毒化问题，放射性核废料的处理问题，山体滑坡及各类自然灾害等，人类的生存环境受到严重挑战，这也为环境岩土工程这门新学科提供了更大的发展空间。新学科的建立也就水到渠成了。

　　1987年，本人提出了"受环境污染土的基本性质的研究"，获得了这个领域的首个国家自然科学基金的支持。本书作者席永慧通过室内试验，对有毒有害离子在土壤中迁移规律的研究，提出了屏障隔离的概念，成功地应用在受硫酸根离子污染地基的处理设计中，克服了硫酸根离子对混凝土灌注桩腐蚀的难题，成为环境岩土工程学科第一个范例。1997年，本人总结了十多年的教学和科研的成果，编著出版了《土力学与环境土力学》一书，全面阐述了环境岩土工程的概念，对教学和科研起到了很大的促进作用。

　　在这期间，国内学术界纷纷开展了这方面的研究。特别是浙江大学陈云敏教授结合杭州大子岭废弃物填埋场的处理工程，作出了卓越的贡献；东南大学、南京大学的科研团队，在污染土处理方面有独到的创新；上海勘察设计研究院、同济大学等单位开展了对上海受污染土壤的环境调查和土工处置技术研究。环境岩土工程这门学科，迎来了百花齐放的春天。

环境岩土工程这门学科，涉及面十分广泛，从事这门学科的工作者需要具备地质学、土质学、土壤学、农学、化学、环境学等方面的知识。必须打破隔行如隔山的观念，树立开放、跨行、互补的意识，使这门学科发展得更好。本书作者席永慧，自二十世纪八十年代末就开始从事环境岩土工程的研究和教学工作，把近三十年的成果汇集成书，为环境岩土工程这门学科添砖加瓦，是一件很有意义的事，这就是传承。

全书共有九章，纵观内容，具有以下几方面特点。

（1）第1章导论，虽然总体框架沿用《土力学与环境土力学》一书，但作者补充了大量国内外文献资料，说明作者有很强的文献阅读能力和对学科发展的掌控能力。

（2）第2章和第3章，是作者长期以来的科研成果，通过室内试验探索了离子在土壤中迁移的规律。室内试验工作十分繁重，一次试验至少要观察数月，甚至几年，还必须请化学分析人员配合，测定离子含量变化。这种基础性研究，要耐得住寂寞，在无现成仪器设备的条件下，能得到如此丰富的资料，实属不易，是花了大量心血取得的成果，具有重要的学术意义，在国内具有开创性作用。

（3）第4，5，7章的内容，主要是将研究成果向实际工程应用的转化。在实验室取得的成果基础上提出了屏障设计的理论和计算方法，并举出了应用实例。关于污染土的固化处理主要是针对重金属污染的问题。屏障设计理论具有创新意义。

（4）第8章是关于填埋场内部气体运移规律的研究。填埋场内部气体对填埋场的沉降和稳定性有直接的影响。由于边界条件和初始条件十分复杂。这一探索性研究具有重要的参考价值。

（5）第9章"高放射性核废料的地质深埋处置"的9.2节、9.3节主要参考陈光敬的文献。陈光敬1998年从同济大学地下系博士研究生毕业。从2001年起在西班牙和比利时主要从事高放核废料的地质深埋处置的热水力研究工作。

（6）关于第6章重金属污染土的生态处理，这部分内容不是作者研究的内容，是土壤学和农学方面的研究成果。引入这部分内容的目的何在？其一，环境岩土工作者，也必须懂一点土壤学和农学方面的知识，并了解不同领域的研究成果。其二，重金属离子都是带正电荷，而土颗粒是带负电荷，所以正离子被土颗粒吸附后，很难从土壤中清除出去，对于大面积或区域性受污染的土壤治理，工程措施无论在技术上还是经济上都很难做到，所以生物治理是最佳的选择。其三，生物治理还应深化，即要解决后续处理工作，也就是说，土壤中的重金属转移到植物本体之后，这些植物怎么处理，如果让它烂在土里，原位循环，那就毫无意义。如果进入食物链，危害就更大了。如何做到后续的无害化处理，还需要多学科的参与和交叉，如土壤学、农学、微生物学、环境工程、材料科学等。本章篇幅不大，但有其特殊的含义，也是作者用心所在。

编书是一项脑力劳动和体力劳动相结合的繁重工作。参加本书整理、编写工作的还有熊浩、王化祺、杨帆、郭丽南、卢月阳等研究生，他们也都奉献了大量的精力。编书是大学教授的基本功，科学技术需要通过书籍来传承，所以这是一件十分有意义的事。希望本书对环境岩土工程这门学科的发展有所贡献。

胡中雄
2018年10月

目　　录

第1章 环境岩土工程学导论

1.1 概述

1.1.1 环境岩土工程学的形成和发展

环境岩土工程学是一门新兴学科，它既是一门应用性的工程学，又是一门社会学。它是把技术和经济、政治、文化相结合的跨学科的新型学科。它的产生是社会发展的必然结果。

不同的历史阶段，人们对工程活动的评价标准是不一样的。很早以前，工程活动主要是满足个人或家庭的需要；随着社会的发展，评价标准逐渐扩大，除满足个人和家庭需要外，还应满足部落、国家和民族的利益。例如，四川成都平原的都江堰水利工程，治理水害，造福了一方；又如，为了民族的安危，抵御异族的侵略，动员了千百万劳动力修起了万里长城；也有统治者为了经济文化交流，开凿了南北大运河；等等。

进入近代社会，如果评价标准只停留在局部利益上，可能会得到适得其反的结果，人们非但从中得不到任何好处，反而还会损害自身的利益。例如，盲目地开伐森林、破坏草地，造成水土流失、气候失调、土地毒化等，给人类自身带来更多的灾难。据瑞典国际开发署和联合国机构调查，由于环境恶化，在原有的居住环境中已无法生存而不得不迁徙的"环境难民"全球达 2 500 万之多。历史的教训是举不胜举的。因此，现代社会对人类工程活动的评价标准已经冲破了国界线，要求增强环境意识，共同思考人类赖以生存的地球的状况，让世界各国人民携手保护环境。

当今世界的环境，可归纳为十大问题：①大气污染；②温室效应加剧；③地球臭氧层减少；④土地退化和沙漠化；⑤水源短缺、污染严重；⑥海洋环境恶化；⑦"绿色屏障"锐减；⑧生物种类不断减少；⑨垃圾成灾；⑩人口增长过快。由于环境条件的恶化，迫使人类意识到自我毁灭的危险，对人类活动的评价标准也随之不断扩展，所以新的学科也就不断地出现，老的学科不断地组合。环境岩土工程学就是在这样的背景下发展起来的。

追溯本学科发展的历史，1925 年太沙基（K. Terzaghi）发表了第一本土力学经典著作，开始把力学和地质学结合起来，解决了许多工程实际问题；直到 20 世纪 50 年代，才形成了土力学与基础工程这门学科；70 年代，人类对环境问题的认识有了一个飞跃，环境意识日益增强，环境保护的热潮在全球日渐兴起，这种日益增强的环境保护意识，孕育了环境岩土工程学的产生；到 80 年代，随着社会的发展，原来的学科范围已不能满足社会的要求，随着各种各样地基处理手段的出现，土力学基础工程领域有所扩大，形成了岩土工程新学科；进入 90 年代，设计者考虑的问题不单单是工程本身的技术问题，而是以环境为制约条件，因此，不仅是岩土工程学科，包括其他的学科，如力学、化学、生物学、土壤学、医学等各自都感到力不从心了。例如，大型水利建设，必须考虑上下游生态环境的变化、上游边坡的坍塌、地震的诱发等；又如，采矿和冶炼工业的尾矿库，它的淋滤液有可能造成地下水的污染，引起人畜和动植物的中毒。大量工业及生活废弃物的处置、城市的改造、人们居住环境的改善等，需考虑的问题不再是孤立的，而是综合的，不再是局部的，而是全面的。因此，岩土工程师面对的不仅是解决工程本身的技术问题，还必须考虑工程对环境的影响问题，所以岩土工程必然要吸收其他学科，如化学、土壤学、生物学中的许多内容来充实自己，使之成为一门综合性和适应性更强的学科，这就是环境岩土工程新学科形成的基础。

1.1.2 环境岩土工程学的定义

1981 年在斯德哥尔摩召开的第 10 届国际土力学与基础工程学术会议上第一次提出并定义了"环境岩土工程"这一学科术语。1986 年 4 月 21—23 日在美国宾夕法尼亚州里海大学土木工程系方晓阳教授主持召开的第 1 届环境岩土工程国际学术研讨会上，方晓阳教授将环境岩土工程定位为"跨学科的边缘学科"，覆盖了在大气圈、生物圈、水圈、岩石圈及地质微生物圈等多种环境下土和岩石及其相互作用的问题。同年方晓阳教授出版了《环境岩土工程》专著，指出传统的土力学和岩土工程研究缺乏对环境岩土性质影响的考虑，而实际上，岩土工程问题正是由环境、化学和生物作用等造成的。20 世纪 90 年代初，美国土木工程师学会（ASCE）的岩土工程分会，意识到岩土工程活动中的环境问题日益突出，开始酝酿改变其所办刊物 *Journal of Geotechnical and Engineering*（《岩土工程学报》）的名称，以使其包含更广泛的岩土环境的内容，并于 1997 年正式更名为 *Journal of Geotechnical and Geoenvironmental Engineering*（《岩土与环境工程》），自此"环境岩土工程学"正式诞生（党进谦 等，2007）。1989 年在上海同济大学召开了第 2 届国际环境岩土工程研讨会，美国北卡罗来纳大学 Vincent Ogunro 教授、美国里海大学 Hsai Yang Fang 教授参加了本次研讨会。第 1 届国际环境岩土工程大会 1994 年在加拿大埃德蒙顿召开。第 8 届环境岩土工程大会于 2018 年在浙江大学召开。

环境岩土工程自 1981 年提出至今，学术界倾注了大量的精力，进行了广泛的研究。由于各学者的理解不同，对环境岩土工程的定义不一。除方晓阳教授 1986 年给出的定义外，国内环境岩土领域的开拓者胡中雄（1990）认为，环境岩土工程是研究应用岩土工程的概念进行环境保护的一门学科；龚晓南（2000）指出，环境岩土工程是岩土工程与环境科学密切结合的一门学科，它主要是应用岩土工程的观点、技术和方法为治理和保护环境服务。我国环境岩土工程领域的院士陈云敏（2003）将环境岩土工程定义为：以环保理念为出发点，脱胎于岩土工程，融合了多学科的一门新兴学科。"以环保理念为出发点"是环境岩土工程学科根本所在，生命力所在；"脱胎于岩土工程"说明环境岩土工程学科是从传统岩土工程发展而来，但有别于传统岩土工程；"融合了多学科"说明环境岩土工程是一门交叉学科；"新兴学科"突出了环境岩土工程学科的前沿性。

环境岩土工程学的研究目标是保护和改善地质环境，创造美好的环境，降低人类对环境的危害，阻止自然灾害危害人类，保证各类工程安全、持久运行。它所研究的问题不单纯是力学问题，在多数情况下是化学或生物学的问题。所以，环境岩土工程学是一门高度综合的交叉性学科，综合运用各学科的观点、技术和方法，分析、评价和预测人类活动与岩土环境之间的相互作用和影响，治理和保护岩土环境，保证工程活动与环境的可持续协调发展。

环境岩土工程的任务：以岩土工程技术为主要手段来改善或解决人类各种活动对环

造成的负荷。这样的任务定位有助于合理地确定环境岩土工程学科所涉及的范围，不致太大或太小，并与现有的防灾学科区别开来。如垃圾填埋场的建设、土壤污染的修复、废弃物的有效利用等公认的环境岩土工程学科研究范围，均可被认为"以岩土工程为主要手段来改善或解决人类各种活动对环境造成的负荷"。"以岩土工程技术为主要手段"突出了岩土工程在环境岩土工程中的主导地位（陈云敏 等，2003）。

1.1.3 环境岩土工程学研究的内容和分类

环境岩土工程学是岩土工程与环境科学密切结合的一门新学科，它主要是应用岩土工程的观点、技术和方法为治理和保护环境服务。所以，这门学科的视野十分广阔，就目前涉及的问题来分，可归纳为两大类：

第一类是人类与自然环境之间的共同作用问题。这类问题的动因主要是由自然灾变引起的，如风灾、洪灾、震灾、火山、海啸、土壤退化、区域性滑坡等。这些问题通常泛指为大环境问题。

第二类是人类的生活、生产和工程活动引起的与环境之间的共同作用问题。它的动因主要是人类自身。例如，采矿造成采空区坍塌发生的突然陷落，尾矿的淋滤对地下水的污染，过量抽汲地下水引起的地面沉降，有毒有害废弃物对人类危害，等等。有关这方面的问题统称为小环境岩土工程问题。

表 1-1 具体列出了环境岩土工程学研究的内容及分类，从表中可以看出，大环境和小环境之间是有联系的，例如，大环境中的水土流失、洪水灾害等问题，也可能是由于人类不负责任的生产或工程活动破坏了生态环境造成的；人类的水利建设也可能会引发地震；等等。

表 1-1 　　　　　　　　　　　　环境岩土工程学内容及分类

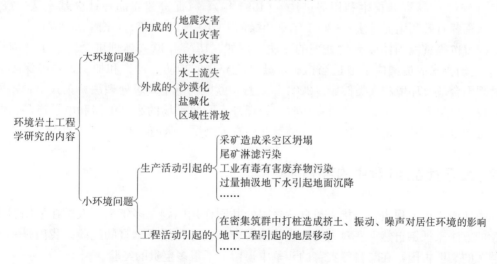

从表 1-1 中还可以看出，环境岩土工程问题要比单纯的技术问题复杂得多。许多标准涉及方方面面，例如，对于有毒有害物质的污染问题，医疗卫生部门提出对人的健康危害标准，生物学家应有对动植物危害的标准，材料分析专家应考虑对建筑物保护的标准，等等，从而制定出一系列的法律和法规。

德国在城市固体废物立法管理方面一直处于世界领先地位。其在 1972 年就制定实施了

《废弃物处理法》，当时主要用以解决如何处理废弃物的问题，该法于1986年进行修订，强调采用节约资源的工艺技术和可循环的包装，把避免废弃物的产生作为废弃物管理的首要目标。1991年，德国政府制定了《电子废物条例》，规定了电子产品的生产厂家、进口商承担接受废弃电器电子产品，生产厂家承担"生产者责任制"，即应承担减少废弃物产生和废弃物处置的责任。同年颁布了《包装废弃物处理法》，要求商品包装要尽可能减少并回收利用，以减轻填埋和焚烧的压力。1994年，德国颁布《循环经济和废物处置法》，规定对废物管理手段首先是避免产生，同时要对已产生的废物进行循环使用和最终资源化处置（张霞，2007）。2005年，德国联邦议会通过《关于电器电子产品销售、回收和环境无害化处置管理法令》，促进废弃电器电子产品的再使用、回收、再利用与其他再生利用，从而减少废弃物与废弃电器电子产品中有害物质的处置量（李冬梅 等，2016）。德国在大力开发利用废弃物资源法律政策的保障下，已经实现了由单纯污染治理到废弃物循环再生的战略转变。尤其是垃圾回收和废弃物资源再循环已经成为垃圾废弃物治理的主导方向。为鼓励居民分类收集生活垃圾，提高生活垃圾的回收再利用率，德国政府还实行了一套独特的生活垃圾处理双轨制，并成立了"双向回收体系"的协会，推动了垃圾废弃物处理进程的健康稳定发展（唐浩，2012）。

美国制定了《固体废弃物处理法案》（1965年）、《资源恢复法》（1970年）、《资源保护及回收法案》（1970年）和《危险及固体废弃物修正案》（1984年、1988年、1996年）。此外，美国还在一些具体领域制定了许多重要法案，如《有毒物质控制法案》（1976年）、《全国饮料容器重复使用和回收法案》（1994年），以及《含汞可充电电池管理法案》（1996年）（张霞，2007）。

日本是世界固体废弃物处置相关立法比较完善的典型。日本的立法重点在于促进固体废弃物的循环使用，其主要立法有：《固体废弃物管理和公共清洁法》（1970年制定、1991年修订）、《资源再生利用促进法》（1991年）、《促进建立循环社会基本法》（2000年）、《资源有效利用促进法》（2001年）和绿色采购法（2001年）（张霞，2007）。

欧盟也很重视固体废弃物处理的立法。例如，1975年欧共体理事会通过了《废物指令》，明确要求成员国应采取适当措施，鼓励废弃物的预防、再生和加工，并确保废弃物的处理不会危及环境和人类健康。2004年8月，欧盟《电子垃圾处理法》正式出台，要求生产商、进口商和经销商必须负责回收、处理进入欧盟市场的废弃电器和电子产品，并要求电器和电子产品不得含有铅、汞、镉等6种有害物质（张霞，2007）。

1.2　大环境岩土工程中的若干问题

大环境岩土工程主要是指人与自然之间的共同作用问题。多年来，人类在采用岩土工程学的方法来抵御自然灾变对人类造成的危害方面已经积累了丰富的经验。我国是一个历史悠久的文明古国，在与自然灾害的斗争中，留下了很多宝贵的经验。

1.2.1　洪水泛滥

江河切割山谷在大地上奔流，包括整个流域内的大小支流，构成一套洪水的排放系统。河流的水系是气候、地形、岩石和土壤等条件构成的很微妙的平衡体系。河流又是一个泥沙搬运系统，从上游和各条支流夹带的泥沙在下游河床内沉积下来。河床两侧及其泛滥区称为流域环境。如果上游或支流流域内的森林植被遭到破坏，大量水土流失，河床淤积，贮水量减少，洪水发生时，水灾就不可避免，将给人类的生命财产造成严重的损失。美国在 1937—1973 年之间，平均每年在洪水水灾中丧生大约 80 人，平均财产损失 2.5 亿美元；亚洲地区统计表明，每年约有 15.4 万人死于洪水灾害。

大多数河流洪水是与总降雨量的大小、分布以及流域内渗入岩石、土壤的速度有关。特别是随着建筑事业的发展，地面被大量建筑物、道路和公园等所覆盖，雨水渗入量大大减少，洪水的淹没高度相对会增加，因此城市防洪就显得特别重要。

大城市通常位于重要河流沿岸，由于城市建设的需要，河道通常被限制在一定范围内，增加了排洪的困难。为了防止洪水，往往在河道两侧修筑很高的防洪墙，反过来又会影响上游排洪。

对于重要的城市还应该进一步绘制出洪水影响的环境图，通过这些资料，可以辅助合理的建筑规划，加强洪灾预报，减少人员伤亡和财产损失。

洪水治理是一项综合性的环境工程，为了减少这一灾变现象对人类的威胁，至少应考虑以下几个方面的问题：

（1）流域环境的整治

保护森林草原，减少水土流失、整治河床，清除淤泥泥沙、合理开拓河床断面。

（2）完善洪水调节系统

合理修建水库，加强洪水的贮存和排放管理、修建调节水闸、必要的分洪系统。

（3）加强监督和警报系统

完善并加强气象、水文监督和警报系统。

1.2.2 区域性的滑坡及其相关现象

由土和岩石构成的边坡，表面似乎是静止稳定的，实际上它是一个不断运动着的逐渐演变的体系。边坡上的物质以某一速度向下移动，其速度可以从难以察觉的蠕动直到以惊人的速度突然崩塌。

滑坡及其相关的现象有泥流、泥石流、雪崩和松散堆积物的崩落等。这类现象的规模有大有小，少则几十方土，大则成千上百万方土坍滑。大规模土体滑动具有灾难性的破坏作用，它所造成的生命财产损失是惊人的。

滑坡发生的原因是多方面的，而且是综合性的。边坡本身就有向下滑动的倾向，在自然或人为因素的促使下而失去平衡。这些因素归纳起来有：

（1）自然因素：①风化；②暴雨；③地震；④海浪。

（2）人为作用：①植被破坏；②挖方和填方不合理；③施工不合理，如施工用水浸湿坡脚、打桩、爆破振动等。

滑坡及其有关现象，作为大环境的一部分，它不仅是一种工程现象，更多的是一种自然现象（基坑边坡除外），对环境的影响非常密切，对人类造成的威胁十分严重，某些区域性的滑动是一种难以抗拒的灾难。小规模的滑坡虽然影响小，但常阻塞交通，损坏建筑物，而且发生的频率很高，特别是在雨季，造成很多的不良影响。表 1-2 列出了美国一部分多发性地区小型滑坡造成的损失和人员死亡统计。这些数字仅说明直接损失的费用，就此而论也是十分巨大的。

表 1-2　美国几种滑坡类型及其发生的频率

滑动类型	主要地区	历史上滑动次数	频率		估计财产损失（万美元）	死亡人数/人
			每 260 km²	每 104 000 km²		
岩石滑坡岩块塌落	阿巴拉契山脉高原	数百次	—	每 10 年 1 起	3 000	42
岩层突然塌落和岩石崩塌	中部和西部广大地区，科罗拉多高原，怀俄明山区，加利福尼亚南部，华盛顿和俄勒冈山区	数千次	山区平均每年10 起，高原地区每年 1 起	山 区 每 年100 起，高原地区每年 10 起	32 500	188
	阿巴拉契高原	数千次	每 10 年 1 起	每年 70 起	35 000（主要是公路、铁路）	20
	加利福尼亚沿海和北部山区	数百次	每 10 年 1 起	每年 10 起	3 000	—
突发性滑坡	缅因州、康涅狄格州河谷、赫狄森山谷，芝加哥红河，阿拉斯加南部山区	约 70 次	每 100 年 1 起	每年 1 起	14 000	103
	长岛，阿拉斯加中部谷地、怀俄明州、南部科罗拉多山区	数百次	每 50 年 1 起	每年 1 起	3 000（主要是公路、铁路）	—
	密西西比和密苏里谷地，华盛顿州东部和爱达华州南部	数百次	每 10 年 1 起	每年 1 起	200	—
	阿巴拉契山麓	约 100 次	—	每年 1 起	<100	—
松散堆积物流动和泥石流	阿巴拉契山区	数百次	每 100 年发生1 群（每群10 起）	每 15 年发生1 群	10 000	89

来源：Disaster Preparedness，Office of Emergency Preparedness，1972.

区域性的大滑坡给人类带来的灾难不亚于地震。1967 年 1 月 22 日晚，巴西发生一起严重的滑坡灾难，大暴雨持续了 3.5 h 以后，194 km² 范围内大量滑坡和土的流动，造成1 700 人丧生，损坏了公路，影响了交通。泥石流洗劫过的土地堆积物达 4 m 厚。

1970 年，美国弗吉尼亚州山区，松散堆积物坍滑，地震引起的连锁反应，大量泥沙从3 660 m 处呼啸而下，其速度超过 300 km/h 冲向山脚下居民区，造成 20 000 人丧生。

1963 年 10 月 9 日，意大利瓦昂特（Vaiont）水坝发生一起严重的事故。据报道，瓦昂特水坝是世界上最高的薄拱坝，顶面高 267 m。灾难发生时，巨大无比的滑动土体达2.38×10^8 m³，从山顶沿北坡以 95 km/h 的速度滑入库区，轴线方向长达 1.8 km，导致2 500～2 600 人死亡（黄润秋，2007）。土体迅速移动引起的巨大负压力推动山谷南岸的土体爬高超过水库面达 250 m，滑动伴随着强大的气流、水、岩土流引起的地震，在好几千米外都能探测到。90 m 高的波浪横扫坝的拱座，下游 1.5 km 处波浪仍有 70 m 高。滑坡监测数据显示，9 月前，边坡的蠕动率每星期小于 1 cm，后来增加到 25 cm/d，滑坡发生前两天发展到100 cm/d。工程师们在 10 月 8 日前一直没有认识到是大面积区域性滑动，以为只是一个小型滑坡，而在坡上吃草的动物早在 10 月 1 日前已经预感到灾难的来临而成群地迁移。

滑坡发生的原因是综合性的，首先是不利的地质条件，包括具有张开的裂隙和洞穴的软质石灰岩和黏土夹层，岩层向水库倾斜，地形非常陡峭；其次是水库蓄水，山谷岩层中水压力增加，地下水回流、浸润，使土的抗剪强度降低；再次，9 月份以后连续暴雨，滑坡体重量增加，导致滑坡发生。

捷克斯洛伐克曾发生过一起灾难性的滑坡，是由人为因素和不利的地质条件引起的。1960年，一场暴雨过后，地下水位上升，灾难性滑坡发生了，滑动土体达 $2 \times 10^7 \text{ m}^3$，在一个月内移动了150 m，威胁着数座城镇。

中国是一个滑坡灾害极为频繁的国家，其中大型和巨型滑坡占有重要地位，尤其是在中国的西部地区，大型滑坡更是以规模大、机制复杂、危害大等特点著称，在全世界范围内具有典型性和代表性。特别是20世纪80年代以来，随着经济建设的恢复与高速发展及自然因素的影响，滑坡灾害呈逐年加重趋势。1983年3月7日17时30分，我国甘肃东乡族自治县酒勒山南坡发生一起黄土滑坡，滑体宽700~1 100 m，山体竖直下滑180~210 m，滑动土体5 500多万立方米，山体崩落，从山巅直至山脚，冲到1 600 m远的地方，山下原来的田野顷刻变成了一大片黄土堆场。

根据灾害发生过程中不同部位物质运动及堆积特征，可将崩塌滑坡划分为3个区域：崩塌区、滑坡区和堆积区，如图1-1所示。

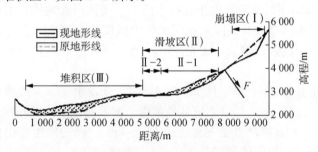

图1-1 某特大型山体崩塌滑坡剖面图

区域性的自然滑坡是一种严重的灾害，要阻止这种灾害的发生是十分困难的。从环境岩土工程的观点来看，要减少此类的危害和损失，必须重视具体工程和环境的治理相结合，既要考虑局部稳定又要考虑区域性稳定。目前常用的处理边坡稳定性的概念和方法仍是有效的手段，但特别强调：①加强区域性气象条件的研究，掌握暴雨的强度、洪水发生的频率等资料；②加强区域性的绿化、造林，改良土壤，减少水土流失；③当有局部滑坡发生时，要及时整治，防止扩大酿成区域性的滑动；④加强监测和预警工作，虽然这类灾害有时很难抗拒，但区域性滑坡发生之前，或多或少都会有一定的预兆，及时报警可减少生命和财产的损失；⑤加强对土工和工程地质的勘察工作。美国洛杉矶对山前建筑物遭滑坡灾害的调查表明，1952年以前没有进行有关岩土工程技术工作，遭损坏的建筑物比例达10%；1952年以后对岩土工程技术工作提出一定要求，遭损坏的建筑物比例降至1.3%；1963—1969年，对岩土工程技术工作有详细要求，遭损坏的建筑物比例降至0.15%。

1.2.3 地震灾害

地震是一种危害性很大的自然灾害。地球是一个不停地运动着的体系。岩圈的外层碎成几大板块和许多小板块，这些板块做相对移动，由于挤压、滑动和摩擦，在岩层内部会形成惊人的应力，当应力超过岩层强度时，岩层发生破坏，通过地震，岩层内能量得到大量释放。岩层在地应力作用下发生应变，沿着薄弱带破碎就形成断层。岩层破碎过程中沿着断层移动产生地震波，这就是记录到的地震。这些波在地层中传播（主波和次波），与此同时，主波和次波混合着沿地表传播，称为面波。面波对建筑物最起破坏作用。

地震的危害包括一次影响和二次影响两部分。一次影响是由地震直接引起的，如由地裂引起猛烈的地面运动，有可能产生很大的永久位移。

二次影响如沙土的液化、滑坡、火灾、海啸、洪水、区域性地面下沉或隆起以及地下水位变化等。1906年，旧金山地震，80%的损失是因火灾造成的。1923年，日本关东大地震，14.3万人死亡，其中40%死于火灾。1960年5月22日，智利发生8.5级大地震，造成的损失主要是由海啸引起的。海啸横扫太平洋，巨浪直驱日本，将大船掀上陆地的房顶，2.5×10^5 km² 范围内发生地面变形，变形带长达1 000 km，宽210 km，海底隆起达10 m，而陆地沉陷了2.4 m。1970年，秘鲁地震，7 000人丧生，其中2 000人死于滑坡和塌方。地震造成的煤气管道破裂、电线断裂引起火灾，由于供水和交通系统损坏，地震火灾很难控制。

地震及其伴随的灾害对人类的危害是相当严重的，特别是一些大地震，造成的生命财产损失非常惊人。1976年7月28日3时42分，我国唐山发生了7.8级大地震，相当于400枚广岛原子弹在距地面16 km处的地壳中猛烈爆炸，一座百万人口的工业城市被夷为平地。震波影响到大洋彼岸，美国阿拉斯加州大地上下晃动了大约1/8 in（约3.75 mm）。

1995年1月17日5时46分，发生在日本的7.2级神户大地震，震中在大阪弯的淡路岛，影响遍及半个日本。神户与大阪两座现代化大城市陷于瘫痪，阪神高速公路高架桥倾倒，交通中断，神户市内浓烟滚滚，火光冲天。地震引起的崩塌和地面陷落，人员伤亡和财产损失难以估量。

我国四川省汶川县于2008年5月12日14时28分发生了8.0级强震，大地颤抖，山河移位，满目疮痍，这是1949年以来破坏性最强、波及范围最大的一次地震，地震重创约50万km²的中国大地，直接严重受灾地区达10万km²。因为发生在山区，汶川地震诱发的地质灾害、次生灾害，如山体崩塌（图1-2）、堰塞湖（图1-3）、山体滑坡、泥石流比唐山地震大得多、严重得多。在2008年5月至2010年8月两年多的时间内，在地震重灾区发生了超强泥石流（图1-4）和洪水灾情（图1-5）。

图1-2　地震引发的山体崩塌

图1-3　唐家山堰塞湖

图1-4　绵竹清平2010年8月受泥石流袭击

图1-5　重建中的映秀镇遭遇特大洪水

地震对于人类而言是一种可怕的自然灾害，许多科学工作者正致力于研究如何来预测地震和减少由此造成的损失。目前大致有以下几方面的工作：

（1）研究地层的构造，特别是断层的特性以及断层的活动状态。通过这一研究来预估地震区的范围以及发生地震的可能性。

（2）研究表层岩性对地震的反应。当地震波从震源传播至地面，表层性质不同，对地震的反应也不同。如果表层是很坚硬的岩石，地震反应比一般的土层弱得多。如果表层是饱和且密实度不高的粉细砂，在地震波作用下很容易发生液化。根据不同的反应情况，划分成不同的地震区域，供建筑场地选择和上部结构设计参考。

（3）研究地震的监测和地震的预报。美国、日本、中国等优秀的科学家都相信，人类最终一定能够进行长期的地震预报。准确的地震预报可以极大地减少人员伤亡和财产的损失。

我国是地震多发的国家，历年来已经积累了丰富的地震先兆经验，自 1966 年 3 月 8 日邢台发生 6.8 级强烈地震后，总结得到了以下经验：

（1）小震密集→平衡→大震，小震后平衡时间越长，地震震级越高。

（2）六级以上大地震的震中区，震前一至三年半时间内往往是旱区，旱后第三年发震时，震级要比旱后第一年内发震大半级，这一现象称为"旱震关系"。

（3）监视小震活动、地应变量、重力值、水氡观测值、地磁、海平面变化以及动物反应等进行综合分析。

（4）"空区"指标预测中长期地震。空区是指地震孕育过程中，由小震所包围或部分包围的、处于断裂活动构造带上的无震区域。

我国科学家根据上述经验，成功预报了 1975 年 2 月 4 日的地震，辽宁南部 100 多万人撤离了他们的住宅和工作地点，仅仅在两个半小时之后，即 7 时 36 分，海城被 7.3 级强烈地震击中。在六个市、十个县的震区，受灾面积 5.08×10^6 m²，损毁农村民房 86.7 万间，死亡人数占全区人口的 0.16‰。这是人类地震史上成功预测地震而减少损失的奇迹。

1.2.4 火山灾害

火山活动也是一种灾害性自然现象，如果火山爆发在人口稠密地区附近，可能是一场大灾难。引起火山活动的原因通常与地壳的构造运动有关。大部分活动性火山都处在地壳板块构造接合部，在这些地方，岩浆因岩圈板块相互作用发生蔓延或下沉，所以活动性火山 80% 集中在太平洋火山环周围，见表 1-3。

表 1-3　　　　　　　　　　　世界上活动性火山分布

地区	活动性火山的百分比/%	地区	活动性火山的百分比/%
太平洋	79	印度洋群岛	1
西太平洋	45	大西洋	13
北美和南美	17	地中海、小亚细亚	4
印度尼西亚群岛	14	其他	100
中太平洋群岛（夏威夷、萨摩亚群岛）	3		

来源：Disaster Preparedness，Office of Emergency Preparedness，1962.

火山通常分成三种类型：隐藏型（死火山）、混合型和穹顶型（活动型）。隐藏型火山数量最多，它的特性是不活动，地层是由二氧化硅（SiO_2）含量比较低（约 50%）的岩浆构成的，大部分分布在夏威夷群岛，部分分布在西太平洋和冰岛。混合型火山通常有一美丽的圆锥外形，岩层组成 SiO_2 含量中等，约为 60%，火山活动的特点是爆发时有混合物和岩浆流，这类火山是危险的。穹顶型火山，它的特点是具有 SiO_2 含量很高的黏滞岩浆，爆发时构成一个火山穹顶，具有很大的危险性。

火山活动的影响主要包括两部分：一是火山爆发时喷出的熔岩流和火山屑的烟雾云；二是二次灾害，如泥石流和火灾。

1. 熔岩流

地下熔岩上升，从火山口流出。SiO_2 含量低的熔岩流，通常不是喷发性的，只是从火山口溢出；而 SiO_2 含量高的熔岩流，是爆炸性喷出。熔岩流的流动速度有些很快，大多数具有黏滞性，移动很慢。熔岩流流动缓慢时，居民很容易躲避。

熔岩流具有两种压力类型：一种是岩浆具有垂直压力差；另一种是由流动冲量造成的压力。因此，学者提出了三种方法来引导熔岩流，使其不任意毁坏房屋和有关设施。这三种方法是：①构筑导墙；②水力冷却；③投掷炸弹。

2. 火山碎屑

火山爆发时，大量的喷出物进入大气。喷出有两种形式：一种是火山灰喷出，含有大量岩块、天然玻璃屑和气体，从火山口喷入高空；另一种是火山灰流，喷出物从火山口急速流出。火山喷出物对人类影响有五个方面：①毁坏植被；②污染地面水，使水的酸度增加；③建筑物屋顶超载而毁坏；④影响人和动物的健康，吸入火山灰会导致人和动物的呼吸道和肺部受损以及眼睛发炎；⑤影响航空，如 2014 年 9 月 14 日，冰岛巴达本加火山再度爆发，有毒有害气体对法国北部空气造成污染，空气中可吸入颗粒的浓度明显上升，而且几乎全部都是硫酸盐颗粒（中国网，2014），2010 年冰岛火山爆发，火山灰进入平流层，致使飞机发动机受到磨损，一度使得欧洲航空停飞数天。

火山灰流的速度很大，可达 100 km/h，而且温度很高，若流过人口稠密区就会导致大灾难。例如，1902 年 5 月 8 日，马提尼克培雷火山爆发，火山灰流呼啸着流过西印第斯镇，瞬间 3 万人丧生。

3. 泥石流和火灾

泥石流和火灾是火山活动的次生灾害，由于火山喷出物温度极高，常会导致山顶冰川和积雪融化，伴随着产生洪水和泥石流。炽热的火山灰使建筑物燃烧。泥石流和火灾的破坏程度取决于火山活动的程度和规模。

1. 2. 5 水土整治

随着人口的增长以及工业化的发展，全球范围内的水土流失和土地沙漠化是一个极其重要的环境工程问题。特别是在我国，生态赤字给环境带来了威胁。《中国资源、生态环境预警研究》报告指出："中国是一个典型的低收入大国，正处在有史以来基数最大、幅度最高、增长最快的人口倍增台阶的中点，在保留量大面广的落后农村的条件下，急剧推进它的工业化，因而同时产生了大规模的生态破坏与十分严重的环境污染问题。治理能力远远赶不上破坏的速度。"水土流失是中国生态环境最突出的问题之一。上游流失，下游淤积。1949 年初，我国水土流失面积为 1.16×10^6 km²。水利部在 2010—2012 年开展的第一次全国水利普查显示，我国水土流失面积 294.91 万 km²，占国土总面积的 30.72%（水利部，2013）。

中国是个少林国家，但我国每年森林经济损失非常严重，1980 年以来，我国森林病虫害发生面积每年都在 1 亿亩以上，其中死亡 500 多万亩，林木生长量损失上千万立方米。据统计，因森林火灾、森林病虫害和乱砍滥伐，森林资源遭受的损失，每年高达 115 亿元。

我国草原同样存在着严重的危机。长期过度放牧，重用轻养，盲目开垦，我国 62.2 亿亩草原，曾有"风吹草低见牛羊"的绝妙意境，现在正被滚滚黄沙以每年 7 400 万亩的速度沙漠化，累计已达 $1.3 \times 10^5 \text{ km}^2$，占可利用草场面积的 1/3。

中国是世界上荒漠化土壤面积较大、危害严重的国家之一。从 1995 年开始，我国每 5 年组织一次荒漠化和沙化土地监测工作。目前，这项监测已经开展了 5 次。第五次《中国荒漠化和沙化公报》显示，截至 2014 年，全国荒漠化土地面积 261.16 万 km^2，占国土面积的 27.20%，比 2009 年第四次监测的 262.37 万 km^2 净减少 12 120 km^2，年均减少 2 424 km^2。荒漠化和沙化土地主要分布在新疆、内蒙古、西藏、甘肃、青海 5 省（自治区）（中国林业网，2015）。

沙漠化（荒漠化）是一个世界性环境问题，全球荒漠化土地面积达 3 600 万 km^2，占整个陆地面积的 1/4，全球荒漠化面积以每年 5 万～7 万 km^2 的速度扩展，每年造成直接经济损失达 420 亿美元（国家林业局政府网治沙办，2014）。亚洲受害最严重，每年损失 210 亿美元。1993 年 5 月，联合国环境规划署在肯尼亚首都内罗毕开始了《防治荒漠化和干旱国际公约》的起草工作，并把每年的 6 月 17 日定为"防治荒漠化和干旱国际日"。

1. 沙漠化的治理

沙漠化主要是由于风力的搬迁作用造成的。沙的移动速度与风力的大小和风向有关。沙丘移动常常威胁着公路、铁路、农田和城镇。

相较于沙，细颗粒的粉土，在狂风作用下发生尘暴，可在 500～600 km 的范围内刮起几亿吨的尘土，瞬时堆起直径 3 km、高 30 m 的土丘。1993 年 5 月 5 日晚 8 时许，我国西北部四省区 18 个地市 72 个县，方圆 $1.1 \times 10^6 \text{ km}^2$ 发生了一场大沙暴，一团团蘑菇云席卷而来，昏天黑地，飞沙走石。沙暴夺走了 85 人的生命，31 人失踪，264 人受伤，造成直接经济损失 5.4 亿元。发生沙暴是人类自己造成的悲剧。据调查，该地区原有 4.5 亿亩天然草场，其中 80% 已退化和沙化，5 000 万亩天然森林仅剩下 700 万亩，失去植被屏障的土地既成了沙暴的牺牲品，又为沙暴提供了大量沙源。专家调查结果表明，凡植被高度在 0.3 m 以上、防护林面积占农田总面积 10% 以上、地表含水率超过 15% 的地区，在这场沙暴中无风蚀、无沙割沙埋现象。

抗沙漠化的措施，目前主要有：

（1）植物固沙。研究植物固沙生态学原理和绿色防护体系技术措施。

（2）化学固沙。在极端干旱区，植物固沙难以奏效时，利用高分子聚合物固定流沙。

（3）沙化喷灌。引水灌溉，改良土壤。

（4）工程固沙。构筑防沙挡墙、挡板等，阻止沙丘移动，这种方法奏效快，如果与植物固沙的方法综合起来，效果会更好。

多年来，我国在沙漠治理方面，特别是在应用植物固沙的研究方面已取得显著的效果。如今我国荒漠化的趋势整体得到抑制，土地荒漠化面积年减少 2 941 km²（龚子同 等，2015）。如云南保山地委书记杨善洲 1988 年退休后在云南保山的大亮山大量种树（森林覆盖率达到 90%），2009 年 9 月至 2010 年 5 月，保山遭遇了百年不遇的特大干旱，但由于大亮山的植被非常好，涵养的水源多，水量充裕，周边群众的生产生活用水在干旱期间仍然充足。

2. 水土流失

水土流失是世界范围内的一个严重问题。水土流失主要与整个流域范围内的土壤、岩石的性质、气候条件、地形地貌和植被破坏等环境因素有关。上游水土流失，下游就会发生泥沙大量淤积，航道阻塞，滨海淤积，河床抬高，酿成洪水泛滥。表 1-4 列出了世界上著名河流泥沙沉积的情况。从表中可看出，斯里兰卡金河的年泥沙沉积量相当于尼罗河的193.5 倍。此外，还可以看出，泥沙的淤积量与流域面积之间有一定关系，流域面积越大，泥沙沉积量越小。水土流失及侵蚀的量和强度都是与土地利用、地面水的控制（如人工排水系统、拦洪设施、开挖池塘、筑坝以及城市建设）等活动有关。美索不达米亚（也称两河流域），是世界四大人类古文明的发祥地之一，这里曾建立了古巴比伦王朝。后来由于两河上游森林的破坏及草地过度放牧，造成了严重的水土流失，伴随着沙漠化和盐渍化，这些地方成为荒芜之地，不仅毁坏了土地，也导致巴比伦王国的灭亡和美索不达米亚文明的湮灭（龚子同 等，2015）。100 多年前，美国土地开发规模很小，国土大部分被森林覆盖，排水河道很稳定，泥沙沉积（土壤侵蚀）很少；19 世纪中叶以及 20 世纪 50 年代以前，森林遭到破坏，部分变成农田，水土流失量增加，水道系统局部发生淤积；20 世纪60 年代，建设大规模发展，水土流失，泥沙沉积量大幅度增加；随后物质文明提高，重视环境保护，水土流失很快得到控制。

表 1-4 世界上著名河流泥沙沉积情况

河 流	流域面积/km²	年沉积量/（t·km⁻²）
亚马逊河	577 600	63
密西西比河	322 200	97
尼罗河	297 800	37
长江	194 200	257
密苏里河	137 000	159
印度河	96 900	449
恒河	95 600	1 518
黄河	67 300	2 804
科罗拉多河	63 700	212
伊洛瓦底江	43 000	659
红河	11 900	1 092
金河	5 700	7 158

中国是世界上水土流失严重的国家之一。据统计，2000 年，我国因水土流失而造成的直接经济损失高达 642.6 亿元，占总 GDP 的 0.62%，水土流失已成为中国重大环境问题，对经济社会发展和人民生活带来严重危害（龚子同 等，2015）。根据公布的中国第二次遥感调查结果：中国的水土流失面积达 356 万 km²，占国土总面积的 30%，与 10 年前的第一次调查结果（367 万 km²）相比，仅减少 11 万 km²，但西部 12 省区水土流失面积不减反增，水土流失面积 10 年间增加了 7 万 km²（党福江，2002）。

《全国水土保持规划（2015—2030 年）》是我国水土流失防治的一个重要里程碑。它明确了治理目标：到 2020 年，基本建成水土流失综合防治体系，全国新增水土流失治理面积 32 万 km²，年均减少土壤流失量 8 亿 t；到 2030 年，建成水土流失综合防治体系，全国新增水土流失治理面积 94 万 km²，年均减少土壤流失量 15 亿 t。我国这些年水土流失治理的力度在不断加大，在植树造林方面作了很多努力，包括退耕还林、退牧还草等。

1.2.6　盐渍土及土壤盐渍化

岩石在风化过程中分离出一部分易溶盐，如硫酸盐、碳酸盐、氯盐等。这些盐类根据环境条件，有的直接残留在土壤中，有的被水流带至江河、湖泊、洼地或渗入地下溶于地下水中，使地下水的矿化度增高。易溶盐的分子经毛细水搬运至地表，经蒸发作用使这些盐分分离积聚在表层土壤中。当土壤中的含盐量超过生物和建筑工程所能允许的程度时，这类土就称为盐渍土或盐渍化土。

随着工业的发展，燃料燃烧排出的废气中常含有大量二氧化硫等，形成酸雨后又被带入土壤中，使土壤酸化而成为盐渍化土。

盐渍土和土壤的盐碱化对人类的危害十分严重，已成为世界性的研究课题。它的危害性反映在以下几个方面：

（1）对农业的危害。在盐渍土的田地上，农作物受到极大的威胁，在重盐渍的情况下甚至一片荒芜，寸草不生。

（2）破坏生态环境。由于土壤中的含盐量变化造成酸碱度失调，一些昆虫难以生长，使得某些动物难以生存。在盐渍土地区，地下水中含盐量高，地下水变成苦水，造成动物和人类饮水困难。

（3）对交通的影响。在盐渍土中，低价阳离子（Na^+）的含量很高，只要一下雨，道路变得泥泞不堪，容易翻浆冒泥。

（4）土壤的腐蚀性。盐渍土是一种腐蚀性的土，它的腐蚀破坏作用表现在两大方面：对于硫酸盐为主的盐渍土，主要表现在对混凝土的腐蚀作用，造成混凝土的强度降低，引起裂缝和剥离；对于氯盐为主的盐渍土，主要表现在对金属材料的腐蚀作用，造成地下管道的穿孔破坏、钢结构厂房和机械设备的锈蚀等。

干旱与半干旱地区耕地的盐渍化主要是人为灌溉所致。通过灌溉工程和生物工程措施，我国黄海平原盐渍化土壤得到有效的控制，但新疆、黄河河套地区的土壤盐渍化问题却依然存在。在中国，现代盐化过程造成的盐渍化土壤有 3.6×10^7 km²，占全国可利用土地面积的 4.88%，主要分布在黄（淮）海平原、东北平原西部、黄河河套地区、西北内陆地区，东部沿海地区也有小部分的分布（龚子同，2015）。

1.2.7　海岸灾害及岸坡保护

海岸灾害包括热带风暴、海啸以及冲刷等对海岸造成的破坏。当今世界上人口密集、经济繁荣的地区都集中在沿海地区。海岸灾害常常会造成巨大的生命和财产损失。

1970 年 11 月，孟加拉海湾北部，热带旋风引起 6 m 高的海浪，造成 30 万人死亡，摧毁了 60% 的捕鱼能力，直接财产损失 6.3 亿美元。美国在 1915—1970 年的海岸灾害，平均每年丧生 107 人，估计财产损失 14.2 亿美元。

岸坡冲刷造成的损失相对较低。然而，海岸冲刷是连续不断地发生的，总和起来也是十分巨大的。

海滨的沙滩不是静止的，在波浪的长期作用下，拍浪区和冲击区的沙粒不断地搬移，由于波浪的切割作用，逐渐造成岸坡的坍塌，并会引起一系列的灾害问题。例如，在美国德克萨斯海岸的一些特殊区域，最近 100 年海岸向后移动、冲刷速率加快；据英国报道，1994 年 6 月初，东北部沿海城市斯卡伯勒市海岸发生严重塌方，一幢海滨旅馆陷落海中，在克罗默，几个世纪以来，已有 7 个村庄沉入海底。

目前常用一些工程措施来保护海岸环境，改善航道以及阻止岸坡的冲刷破坏。这些措施包括：海塘、不渗透棱体、近岸防浪堤、混凝土或碎石护坡以及海岸警戒棚等。

图 1-6 是上海吴淞口导堤图，该堤是河口航道整治的成功典范。吴淞导堤位于黄浦江下游与长江汇合处，被称为黄浦江的门户，位于黄浦江出口处的左岸，面临黄浦江，背依长江。该堤始建于 1907 年，1910 年 4 月竣工，全长 1 395 m，以弧形向外延伸，作为黄浦江与长江交汇的分流潜坝，引导出入口水流，阻挡了长江落潮水流携带的大量泥沙，避免了吴淞口淤堵，有效地保护了黄浦江航运畅通。

（a）景观图

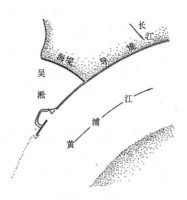

（b）平面位置图

图 1-6　吴淞导堤

1.2.8　海平面上升

海平面上升是全球变暖和沿海地区人类活动加剧的必然结果，其灾害效应在大环境范畴下主要表现在海岸侵蚀、海水入侵、河口淤积等方面。

温室效应、冰川溶解是导致海平面上升的主要原因。温室气体排放已经引起全球气候显著变化，海气相互作用导致海平面上升。相关研究对于海平面上升的具体高度提出了不同的预测：政府间气候变化专门委员会（IPCC）第四次报告指出，按照不同的模拟计算方式对海平面上升高度进行测算，结果表明，21 世纪末全球海平面将平均上升 0.18～0.59 m（Solomon 等，2007）。相比于 1990 年的海平面高度，海平面在 2100 年将上升 0.5～1.4 m（Rahmstorf，2007）。全球冰川融化将导致海平面上升 70 m，自 2000 年至 2012 年，格陵兰冰川的东北冰原向低纬度地区漂移的速度明显加快，自 2012 年开始，达到每年 125 m（Gramling，2015a）。此外，南极西南冰原的冰川自身具有不稳定特性，小规模的冰川破坏可能引发南极西南冰原的整体破坏，带来灾难性的后果——全球海平面将上升 3 m（Gramling，2015b）。

海平面上升首先使沿海大片低洼地区被淹没。沿海区域不仅是各国经济社会发展的核心区域，也是人口稠密区域，约占全世界 60％以上的人口生活在这里。各洲的海岸线共计约 35 万千米，其中接近 1 万千米为城镇海岸线，海平面上升后，这些地区将是首当其冲的重灾区。沿海世界级大城市，如纽约、伦敦、威尼斯、曼谷、悉尼、上海等将面临被淹没的危险；而一些人口集中的河口三角洲地区也将被淹没，特别是印度和孟加拉间的恒河三角洲、越南和柬埔寨间的湄公河三角洲，以及我国的长江三角洲、珠江三角洲和黄河三角洲等。据估计，若渤海湾西岸海平面上升 0.3 m，天津市被淹地区将占全市面积的 44%；若海平面上升 0.7 m，珠江三角洲将有 1 500 km² 的低洼地被淹没；若海平面上升 1.0 m，长江三角洲将有 1 500 km² 低洼地区将被淹没或受到严重影响。此外，海平面上升，滩涂地也会受到重大影响，若海平面上升 0.5 m，我国沿海地区潮滩将损失 24%～34%，若海平面上升 1.0 m，滩涂将损失 44%～56%。海平面上升将使低潮滩转化成潮下滩。生态方面的损失将比潮滩面积减小更为严重。大片低地受海水浸没会导致地下水位上升，水质变咸，地基软化，对沿海地区建筑物造成威胁（杨桂山 等，1995；陈梦熊，1996）。

海水入侵灾害加剧是海平面上升的另一重要影响。目前已有的研究主要集中在长江口和珠江口地区。利用经验公式和数值计算等方法对海平面上升引起的长江口海水入侵强度的综合研究表明，海平面上升将加剧海水入侵灾害，未来海平面上升 0.5 m，枯水季 1‰和 5‰等盐度线入侵距离将分别比现状增加 6.5 km 和 5.3 km，危害明显增加（杨桂山 等，1993；李素琼，1994）。

与此同时，海平面上升还将使河流侵蚀基准面抬高，加剧河流下游的淤积作用，使河床相应抬高，这不仅会增加洪涝灾害的危险，还将造成河道淤塞，严重影响航道、海港的正常运行。黄埔至虎门航道，年均淤积量达 20 万 m³，而海平面上升将使河道淤积更趋严重。上海吴淞口有宽约 40 km 的拦门沙，每年清淤量达 $2×10^7$ m³。据预测，如果海平面上升 0.5 m，拦门沙可能内移 1.0 km，其危害程度也将更大。河道淤塞导致河道水位抬高，在潮流顶托的双重影响下，河流自排时间缩短，排水速度减缓，不仅洪涝威胁加大，而且由于排水不畅使城镇污水排放困难，甚至倒灌，造成河网内水域污染扩大，使供水水质恶化，直接威胁供水水源地安全（李加林 等，2006）。

1.3 废弃物污染造成的若干环境岩土工程问题

人与环境的密切相关性是众所周知的。人类的一切活动总是自觉或不自觉地对环境造成影响，使之遭到破坏，危害生态平衡，危害人类健康。

1.3.1 当代的污染问题

早在 20 世纪 60 年代，先进工业国家的环境污染急剧恶化，现代工业化所造成的环境污染，其规模之大，影响之深远前所未有。20 世纪 30—60 年代相继出现了震惊世界的"八大公害"事件。发展中国家的资源受到先进工业国的掠夺而使自然环境遭受到严重破坏，人类对环境的关心程度迅速高涨。1968 年第 44 次联合国经理事会上，瑞典代表指出："特别是无计划无限制的开发，使人类环境受到破坏，正威胁着我们的生活基础，应当从各个角度来探讨这个问题。"通过联合国讨论，认为要解决这个问题，必须依靠多国和许多人的共同努力。1982 年 5 月 10 日—17 日在肯尼亚首都内罗毕举行了联合国环境规划署特别会议，通过了《内罗毕宣言》，再次强调了地球有限论的观点，即环境的能力是有限的。造成世界规模的环境危机的最大原因是发展中国家的贫困和发达国家的浪费。为了消除这种危机，必须根据国际环境战略确立新的经济秩序。

根据世界卫生组织报告，目前已知的天然和人工合成的化学物质有 400 万种以上，其中具有商业价值的至少有 6 万种，用来制造杀虫剂的有 1 500 种，用作医药的有 4 000 种，用作制剂的约 2 000 种，用作食品添加剂的约 5 000 种。据估计，现在仍以每年数千种的速度合成新的化学物质。化学物质通过生产、运输、使用、废弃等过程进入大气、水、土壤，最后进入食物链。

1. 固体废弃物污染

废弃物的不合理处置，对环境的污染所造成的危害已经达到不可思议的程度。表 1-5 列出了世界部分国家的废弃物产量，其中，土耳其、德国、法国等产生的废弃物量较大，2010 年德国产生的废弃物达 36 354.5 万 t。《2016 年全国大、中城市固体废物污染环境防治年报》显示，2015 年，全国共有 246 个大、中城市，一般工业固体废弃物产生量为 19.1 亿 t，工业危险废弃物产生量为 2 801.8 万 t，医疗废弃物产生量约为 68.9 万 t，生活垃圾产生量约为 18 564.0 万 t（环境保护部，2016）。2012 年 5 月 1 日以来，人类已经制造出 94 亿 t 以上的垃圾，其中近 30% 仍有待处理。据估计，目前全球每年产生的垃圾高达 19 亿 t，在固体废弃物中有 70% 都进入垃圾填埋场，只有 19% 被回收利用，还有 11% 直接进入能源回收设备中（参考消息网，2017a）。上海每天排放生活垃圾 6 200 t，建筑垃圾 3 000 t，粪便 7 000 t，另外，还有许多工业生产中的废渣、污泥、废油、废酸、废碱、塑料制品以及放射性废弃物。

表 1-5　　　　　　　　　　世界部分国家和地区废弃物产生量　　　　　　　　　（单位：万 t）

国家或地区	2004 年	2006 年	2008 年	2010 年
比利时	5 280.9	5 935.2	4 862.2	6 253.7
保加利亚	20 102.0	16 288.1	16 764.6	16 720.3
捷克	2 927.6	2 474.6	2 542.0	2 375.8
丹麦	1 258.9	1 470.3	1 515.5	2 096.5
德国	36 402.2	36 378.6	37 279.6	36 354.5
爱沙尼亚	2 086.1	1 893.3	1 958.4	1 900.0
爱尔兰	2 449.9	2 959.9	2 250.3	1 980.8
希腊	3 495.3	5 132.5	6 864.4	7 043.3
西班牙	16 066.8	16 094.7	14 925.4	13 751.9
法国	29 658.1	31 229.8	34 500.2	35 508.1
克罗地亚	720.9	—	417.2	315.8
意大利	13 980.6	15 502.5	17 903.4	15 862.8
塞浦路斯	224.2	124.9	184.4	237.3
拉脱维亚	125.7	185.9	149.5	149.8
立陶宛	701.0	656.4	633.3	558.3
卢森堡	831.6	958.6	959.2	1 044.0
匈牙利	2 466.1	2 228.7	1 694.9	1 573.5

国家或地区	2004 年	2006 年	2008 年	2010 年
马耳他	314.6	286.1	239.9	128.8
荷兰	9 244.8	9 916.7	10 264.9	11 925.5
奥地利	5 302.1	5 428.7	5 630.9	3 488.3
波兰	15 471.3	17 023.0	13 874.2	15 945.8
葡萄牙	2 931.7	3 495.3	3 648.0	3 834.7
罗马尼亚	36 930.0	34 435.7	18 913.9	21 931.0
斯洛文尼亚	577.1	603.6	503.8	515.9
斯洛伐克	1 066.8	1 450.1	1 147.2	938.4
芬兰	6 970.8	7 220.5	8 179.3	10 433.7
瑞典	9 175.9	9 497.1	8 616.9	11 764.5
英国	35 754.4	34 614.4	33 412.7	25 906.8
爱尔兰	2 449.9	2 959.9	2 250.3	1 980.8
挪威	745.4	991.3	1 028.7	943.3
土耳其	5 882.0	4 609.2	64 765	78 342.3

注：数据来自欧盟统计局。

一个名为"垃圾地图册"的在线工具能够让读者对世界各国产生的垃圾有一个宏观概念，通过这一工具，可对全球各国固体废弃物的处理情况一览无余，并将各国对环保的贡献进行了比较和评估。截至目前，"垃圾地图册"已经保存了全球 164 个国家和地区、约 1 800 座城市和 2 000 多个废品管理设施的数据和信息（参考消息网，2017a）。

面对如此庞大的废弃物数量，目前无法完全采用资源化的办法来解决。世界各国废弃物管理数据显示：德国、奥地利、比利时、荷兰、瑞士、新西兰、美国、韩国、新加坡以及中国台湾和香港地区 2010 年人均生活垃圾回收率达 50% 以上。日本 2010 年的资源回收率为 20.8%，中国大陆地区只达到 20% 左右。资源化处理需要耗费大量的能源。因此，废弃物的贮存、处置和管理是亟待解决的重大课题。

由于不合理处置造成恶性污染的典型事件是美国洛芙事件。胡克电化学公司在一条未修成的洛芙运河上掩埋有毒的化学废弃物，占地 15 英亩（约 0.06 km²），到 1952 年止，共掩埋 21 800 t，后来在这块土地上修建了小学和住宅。1971—1977 年间，大雨过后经常涌出大量恶臭物质和带颜色的水。经化验，化学物质多达 82 种。1980 年 5 月对该地区居民血液进行检查，发现 36 人中有 11 人的染色体有异常损伤。行政当局不得不下令封锁该地区，孕妇和儿童被迫撤离。

1973 年在京都日本化学工业公司旧址上修建地下铁道时，发现有大量六价铬矿渣，不得不封闭受污染的土壤，耗资数亿日元进行处理。目前，日木政府已指定 33 个地区对 4 000 km² 的土地进行净化工作，以便除去镉、铜、砷的污染。

2. 雾霾、酸雨、水污染

20 世纪 40—50 年代以来，雾霾事件在世界各地相继出现，如英国、美国、加拿大、德国、日本等国的一些大城市都发生过。美国洛杉矶早在1943年就出现了严重雾霾，直到1970年美国出台《清洁空气法案》后，空气质量才逐渐好转。又如，曾以"雾都"闻名于世的伦敦也是如此，1952年12月5日至8日，英国全境几乎被浓雾包围，温度逆增，在40～150 m的低空形成酸雾，导致12万人死亡。1956年，英国议会通过《清洁空气法案》，到20世纪80—90年代，伦敦空气中污染物含量才降到接近现在的水平。近年来，我国京津冀、长三角、珠三角和四川盆地频繁发生雾霾，其规模和复杂程度在国际上未有先例（龚子同，2015）。

在我国，据57座城市监测数据表明，几乎所有城市的降尘量都超过国家标准，遭受酸雨影响的农田面积已达960万亩，每年经济损失多达20亿元。贵阳、重庆的酸雨尤为严重，酸雨出现的频率高达80％以上。在重庆南山风景区，马尾松成片死亡，松针叶尖枯黄脱落，森林死亡面积已达800多平方千米。在酸雨的侵蚀下，重庆嘉陵江大桥的钢梁必须每年除锈和油漆一次，城区的电线平均十年就要更换线材。西南地区燃煤多数是含硫高达4％的高硫煤，重庆每年向大气排入的二氧化硫高达80余万吨，其排放浓度高出全国平均值的22倍。《2016年中国环境状态公告》显示：我国酸雨区面积约69万 km²，占国土面积的7.2％。

城市和工业区大气和水质污染也日趋严重，二氧化硫和飘尘除直接危害人体健康外，也是造成酸雨的原因。瑞典调查报告指出，瑞典约8.5万个大小湖泊已有1/4以上受酸雨的影响，2 000种生物完全绝迹，1 000多个湖泊中的鱼类严禁食用。

废水污染也是一个十分严重的问题。《2015年全国环境统计公告》显示，2015年我国废水排放量达735.3亿 t。

英国 *Nature Geoscience* 月刊的一篇报告称，在对城市污水管道和废水处理系统投入数十亿美元资金的帮助下，中国许多湖泊的污染水平在过去十年中有所下降。2006年到2014年间，中国862个淡水湖的磷含量下降了1/3，但仍高于洁净水的标准（参考消息网，2017b）。

3. 电子垃圾

电子垃圾是继工业时代化工、冶金、造纸、印染等废弃物污染后又一新的环境杀手。电子产品中含有大量的铅、铬、汞、溴化阻燃剂等有毒有害物质。被国家列入危险废弃物名录的大概有46类上千个品种，而电视、电脑、手机、音响等常用电子产品，就含有大量的这些有毒有害物质。

随着技术的发展和竞争的加剧，电子垃圾已经是世界上增速最快的废弃物。据联合国2014年的报道，全世界每小时大概产生4 000 t电子垃圾。这些堆积如山的电子垃圾基本上都集中在第三世界国家，而中国是重灾区。国内现在约有10亿部废旧手机的存量，回收率只有2％左右。手机主要由塑料外壳、锂电池、线路板、显示屏等部分组成，据专家介绍，这些部件如处置不当或随意丢弃，其所含的重金属等物质会进入土壤和地下水，威胁生态环境和人体健康（人民网，2017）。事实上，如今电子垃圾造成的危害，在我国一些地方已经显现，出现了癌症等疾病的高发，必须引起高度的关注和警惕。

贵屿——广东省汕头市的一个小镇，被称作"世界电子垃圾场"，也是国内最大的废旧电子垃圾拆解基地，每年都会有超过300万 t的电子垃圾从世界各地运到贵屿进行拆解，无论是电脑还是手机，显示器或是硬盘，日常生活接触到的一切电子产品，在这里都会被极其野蛮粗暴的方式拆解，而当地人在无尽的焚烧中，一点点地提炼出电子垃圾中的贵金属。有报道称，贵屿镇深度提炼的黄金产量占全国的5%，甚至会对国际金价造成影响，而这是以当地生态环境被重度污染为代价的。因为长期的污水排放，贵屿镇已经找不到一滴干净的自然水。2010年公布的一份研究报告显示，贵屿6岁以下的乡村儿童有81.8%都患有铅中毒病症（腾讯科技，2013）。

废旧手机如果处理得当，循环利用的价值很高。每吨废旧手机中能提取出150 g左右黄金，而每吨金矿石则只能提取到5 g，相差近30倍之多。此外，旧手机中的银、钯等其他贵金属同样含量丰富（腾讯科技，2013）。

在美国，没有联邦法律要求对电子垃圾进行回收，因此只有25个州建立了相对完善的电子垃圾回收体系，而在其他的25个州，把有毒的电子垃圾扔进垃圾桶是完全合法的。ERI是美国最大的电子垃圾回收公司之一，2005年4月，ERI大概只回收了10 000磅（1磅≈0.45 kg）的电子垃圾，而到了2015年4月，这个数字已经飙升至23万磅。图1-7所示为ERI仓库中的电子垃圾。即便在美国，电子垃圾的回收技术依旧非常原始，成吨的电子垃圾被拖车运到仓库，然后无休止地倒进三层楼高的粉碎机中，这些垃圾碎片最终会被装进一个个袋子里，等待着被运到冶炼厂。

技术落后、成本高昂是发达国家不愿意在本土回收电子垃圾的主要原因，而目前为止，电子垃圾回收公司也没有更好的解决方案。或许，大批量生产数码产品的科技公司应该承担起部分责任。不少科技公司如IBM、微软、华为、魅族、苹果等都推出了环保回收服务，但靠消费者主动把废弃的电子产品寄回原厂废弃显然不是解决办法。在2016年3月的苹果发布会上，苹果展示了最新的回收机器人Liam——拆解一台iPhone仅需要11 s，而且可以最大限度地回收各种零件。如果像机器人Liam这样高效的回收技术能够用在电子垃圾的处理上，想必能让效率提升不少。除了拆卸以外，更环保清洁的冶炼方案也是电子垃圾回收的一大问题（搜狐，2016）。

要大规模推广新技术，除了科技公司要加大研发投入，政府也要给予新技术各方面的扶持。我国2011年实施的《废弃电器电子产品回收处理管理条例》中，明确了对冰箱、电视机、洗衣机和电脑等电子垃圾处理的补贴政策，但手机并不在列。2016年，新版的《废弃电器电子产品处理目录》虽然将手机纳入其中，但具体细则至今仍未出台。国内涌现出多家企业，如"回收宝""爱回收""锐锋网"等，它们借助互联网、大数据、O2O等技术，大规模拓展二手手机回收业务，推动了整个行业的发展。2016年"爱回收"共回收废旧手机500多万部。"回收宝"经过几年发展，目前每个月回收的手机也有10多万部。

图1-7　ERI仓库中的电子垃圾

4. 核污染

目前在世界各地，大量的核废料存储在临时设施中，核泄漏事故层出不穷。

1986年发生在乌克兰境内的切尔诺贝利核泄漏事故，大量放射性物质泄漏，辐射危害严重，事故前后3个月内有31人死亡，134万人遭受到不同程度辐射病折磨，方圆30 km地区11.5万居民被迫疏散（龚子同，2015）。

1979年美国三里岛事故导致20万人在惊恐不安中大撤离。这个仅为5级、堆芯仅是部分熔毁的核事故已经让美国人深受伤害。三里岛事故耗时 11 年才完成燃料碎屑的回收，而损毁的机房在去除放射性物质后被封锁起来，至今还处于严密监控之中，拆除时间未定。

2011 年日本"3·11"大地震后，发生的日本福岛第一核电站核泄漏事故已经过去数年，至今也无法止住核污水以每天 400 t 的速度激增（目前厂区和机房核污水量已高达 52 万 t），31 万难民无家可归。面对诸多难题，日本东电公司不得不坦承"处理核事故的核心工作至少要到 2045 年才可能完成（还不算反应堆机房和核废料的安全处置）""电站报废至少需要 40 年时间，今后任重而道远，将是一场终点遥远的马拉松"（经济网-中国经济周刊，2014）。

如今，日本福岛第一核电站面临三大难题：第一，土地大面积污染。事后，东京电力公司进行了强有力的"除污"工作，清出的污染土达 1 400 万 m³，但其中只有37 万 m³的污染土被收存起来，仅占 3%，其余的要么依然盖在绿色塑料布下，要么装在黑色口袋中。第二，难以完全管控的污染水。"3·11"大地震后的数年时间里，流入地下的污染水持续增加，大约已经超过 100 万 t，都流入了大海。第三，核电站 1 号炉到 4 号炉的核燃料残骸回收，尽管已使用了机器人调查等各种手段，炉内核燃料残骸的熔化和分布情况依然不明。预计到 2021 年才能够开始回收，到 2041—2051 年间完成回收［环球时报-环球网（北京），2017］。

以上仅提到环境问题的一些重要方面，由此已经可以看出，人类的活动对环境产生的压力在日益增大。对于这些问题，必须依靠各行各业的实业家、政府部门、政治家、各种学科的科学家以及其他各方面的人员共同努力寻求解决的途径。

1.3.2 污染物迁移的轨迹

废弃物中有毒有害物质可能通过六条途径污染环境。图 1-8 所示为有毒有害物质的污染途径。①废弃物氧化作用产生的挥发性气体，如沼气、阿莫尼亚、硫化氢、含氨的气体等，直接进入大气；②重金属元素，如铅、汞、铬、铜等滞留在土壤中；③可溶性物质，如氯化物、硝酸盐、硫酸盐等通过渗滤作用经土壤进入地下水；④地表径流直接将污染物带入河流；⑤受污染地区植物生长有选择地吸收某些重金属元素进入食物链，再进入人或动物体内；⑥受污染的动植物残体腐烂，所含有毒物质重新进入环境。

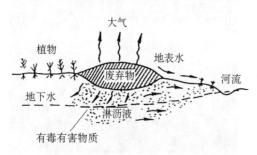

图 1-8　有毒有害物质的污染途径

控制污染物质迁移必须考虑这六种进入环境的可能性。通常，挥发性气体污染大气的问题，在人口稠密地区影响很大。最成问题的是污染物质连续不断、越来越多地进入水流系统，污染地面水和地下水。因此，对于废弃物的填埋场必须进行严格处理。

填埋场如果处理不当，很可能成为一个污染源，污染周围的环境。因为大量的废弃物堆聚在一起，渗滤出的液体有毒物质的浓度非常高。表 1-6 列出了某个填埋场渗出液与未净化的污水和屠宰污水分析比较的资料。可以看出，废弃物填埋初期渗出液的污染浓度相当高，随着时间的推移而逐渐降低。

控制填埋场污染的因素很多，其中最重要的是岩土工程条件，包括：地形、地下水位、土和岩石的性质以及地下水和地面水的补给关系。

填埋场最好设置在干燥的条件下。因为干燥的环境，无论土的性质是透水的还是不透水的，废弃物没有渗滤液产生或很微弱，所以比较安全。相反，在潮湿的环境下会不断产生渗滤物质污染土壤和地下水。

表 1-6　　　　　　　　　　　填埋场淋出液与未净化污水和屠宰污水比较　　　　　　　（单位：mg/L）

成分	填埋场淋出液			未净化污水	屠宰污水
	2 年	6 年	17 年		
生化需氧量（BOD）	54 610	14 080	225	104	3 700
化学需氧量（COD）	39 680	8 000	40	246	8 620
固体	19 144	6 794	1 193		2 690
氯化物	1 697	1 330	135		320
钠	900	810	74		
铁	5 500	6.3	0.6	2.6	
硫酸盐	680	2	2		370
硬度	7 830	2 200	540		66
各种金属	15.8	1.6	5.4	1.3	

来源：G. M. Hughes and K. Cartwight. *Scientific and Administrative Criteria for Shallow Waste Disposal. Civil Engineering* 1972.

在潮湿环境条件下，填埋场的土壤如属于不透水层，地下水位又比较低，废弃物产生的渗滤液将停留在附近土壤中，一部分离子与土颗粒进行离子交换。如果地下水位以上不透水层厚度大于 10 m，这种填埋场也是比较安全的。

若填埋场的土壤为渗透性的砂或卵石层，地下水位又比较高，废弃物的渗滤液就会很方便地流入地下水，污染速度快，污染的范围可能很广。在地下水位很高的平原地区，土壤处于完全饱和状态，污染离子迁移除与地下水流动有关外，还与两点之间的浓度差有关。离子在土壤介质中移动的规律通常可以用扩散方程来估算，掌握了离子污染的路径和迁移规律，可为控制环境污染和废弃物的处理提供理论基础。

1.3.3　污染物离子对土的工程性质影响

废弃物经氧化分解后，会产生各种各样的化学物质，这些化学污染物有的会对人类的健康造成极大的危害，有的会对土壤的工程性质产生很大的影响。土本身是一个带电的体系，带电的化学离子进入带电的多孔介质后，通过相互作用，会使土壤的结构发生变化，从而导致土壤的强度、压缩性、渗透性、塑性等性质有所改变。

表 1-7 列出了孔隙水中电介质（带电离子）的性质对土颗粒双电层厚度的影响以及导致土结构的变化。例如，当双电层厚度增加，土颗粒排列就变得松散；相反，当双电层厚度变薄时，土的结构就会发生凝聚。因此，可以通过控制孔隙水中电介质的浓度和性质来改良土的工程性质。

表 1-7   电介质对双电层厚度和土结构的影响

参数	双电层厚度		土的结构	
	增加	减少	分散	凝聚
电介质浓度	减少	增加	减少	增加
离子价数	减少	增加	减少	增加
电介质常数	增加	减少	增加	减少
温度	高	低	高	低
水化离子大小	大	小	大	小
pH 值	高	低	高	低
阴离子吸附	增加	减少	增加	减少

图 1-9 表示土颗粒离子交换容量与土的塑性指数之间的关系。离子交换容量越大，土的塑性指数就越大，二者之间具有良好的线性关系。表 1-8 列出了几种主要离子的相对大小及其原子价。结合表 1-7 电介质性质对土结构的影响，对于交换离子的选择以及土壤性质的影响就有一个大致的概念。

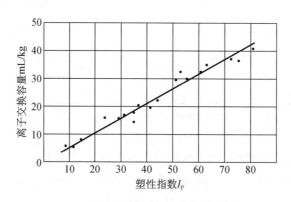

图 1-9　离子交换容量与塑性指数的关系

表 1-8   主要离子大小

元素	离子	相对大小
氧	O^{2-}	1.40
钾	K^+	1.33
钙	Ca^{2+}	0.99
钠	Na^+	0.97
铁	Fe^{2+}	0.74
镁	Mg^{2+}	0.66
铁	Fe^{3+}	0.64
铝	Al^{3+}	0.51
硅	Si^{4+}	0.42

污染物的离子溶解于地下水中，除对土的工程性质有影响外，某些离子和气体对混凝土结构具有化学侵蚀性。地下水中最常见的离子成分有 SO_4^{2-}，HCO_3^-，Cl^-，H^+，Na^+，Mg^{2+}，Ca^{2+} 等，气体成分有 CO_2，O_2，N_2，CH_4，H_2S 等。

22

当地下水中硫酸根 SO_4^{2-} 含量过多时，渗入混凝土中与其中的 $Ca(OH)_2$ 起作用而生成石膏结晶 $CaSO_4 \cdot 2H_2O$，石膏再与混凝土本身的铝酸钙起作用生成硫铝酸钙结晶 $3CaO \cdot Al_2O_3 \cdot 3CaSO_4 \cdot 3H_2O$，由于新生成的结晶体积增大，具有膨胀作用，可使混凝土严重破坏。当 $pH < 6.5$ 和 $SO_4^{2-} > 500$ mg/L 时，或 $pH > 6.5$ 和 $SO_4^{2-} \geqslant 1\,500$ mg/L 时，就可以判定具有结晶性侵蚀。

地下水中的氢离子 H^+ 浓度以酸度 pH 表示（氢离子浓度的负对数）。酸性水（$pH < 7$）对混凝土中 $Ca(OH)_2$ 及 $CaCO_3$ 起溶解性破坏作用。

地下水中含有游离的 CO_2 时，会与混凝土中 $Ca(OH)_2$ 起作用生成一层 $CaCO_3$ 的保护硬壳。但含量过多时，CO_2 又会与 $CaCO_3$ 起作用，生成溶解度较 $Ca(OH)_2$ 还大的 $Ca(HCO_3)_2$，引起碳酸水侵蚀作用，称为分解性侵蚀。在弱透水层中 $pH \leqslant 4$ 时，在强透水层中 $pH \leqslant 6.5$ 或侵蚀性 $CO_2 > 15$ mg/L 时，就可以判定具有分解性侵蚀。

水中重碳酸离子 HCO_3^- 能与混凝土中未碳化的 $Ca(OH)_2$ 作用，生成 $CaCO_3$ 的保护膜，它对混凝土不但无侵蚀性，相反还会起抑制侵蚀作用。因此，水中 HCO_3^- 含量越多，水对混凝土的侵蚀作用越小。

水中的 Cl^- 离子，主要是对金属材料有腐蚀性，会造成锈蚀、管道穿孔等破坏。

1.3.4 废弃物的岩土工程处置

当前，废弃物的处理面临着一系列的问题，主要是：

第一，废弃物的数量剧增，种类日趋复杂。这就给处理带来更大的困难。

第二，再资源化进程缓慢，废弃物利用的速度远跟不上排放的速度，废弃物资源化又得消耗大量的能源。

第三，由于环境限制，处理场地越来越缺乏。随着环境保护工作加强，对废弃物的限制标准越来越高，要求越来越严，用于处置废弃物的场地也越来越少。例如日本，1971 年尚有最终处置场地 1.05 亿 m^2，现在只剩下 0.53 亿 m^2 了。

废弃物处理的方向是资源化再利用和最终处置。所谓最终处置就是将废弃物向环境中堆放、掩埋、投海以及与生活环境隔离等。最终处置的重要问题是防止因风蚀、水蚀、渗滤、渗透、扩散等造成二次污染。因此，废弃物处置的原则应是在不造成对人类和自然环境危害的情况下处理，尤其是：

（1）不能危害人类健康和妨害正常生活；

（2）不能危害牲畜、鸟、野兽和鱼类；

（3）不能对河流、土壤和植物产生有害影响；

（4）不能由于空气污染和噪声引起有害的环境影响；

（5）不能对自然环境、农业耕种和城市建设有明显的破坏作用；

（6）不能对于提出的安全性和规则有危害性或干扰。

根据上述处理原则，目前废弃物的岩土工程处理方法主要有以下三种：

1. 堆存或填埋处理

堆存和填埋是处理固体废弃物的主要方法，有地面堆存和挖坑填埋两种形式。选择堆存和填埋场址时既要考虑消纳能力，更重要的是要考虑场址的工程地质和水文地质条件。严格防止地面水和地下水受到废弃物渗出液的污染。此外，还要考虑防止空气污染和昆虫繁殖。

我国 90% 以上的固体废弃物在陆上直接处理。许多堆存场未做岩土工程的勘察和处理，不但污染了空气，而且直接为鸟类、昆虫、鼠类及其他载菌动物提供了食物、栖息和滋生的场所。废弃物的渗出液致使河水水质变黑发臭，鱼虾死亡，造成居民饮水困难。

土壤的自然净化能力是很小的，吸收和可进行离子交换的能力都是有限的。废弃物渗出液是污染水源的主要因素。因此，堆存和填埋场址必须进行防渗防漏处理。

防渗防漏主要是采用衬底隔离。衬底的形式有：压实黏土衬垫、沥青水泥土密封层、液胶喷雾薄膜层、合成聚合物塑料薄膜、黏土复合衬垫等。衬底要严防裂缝和破裂，所以应做必要的力学分析，避免因大量的地面沉降使衬底失效。填埋场的四周必须进行严格的环境监测，定期采取水样和土样进行分析，当发现有污染迹象时，应及时采取有效措施。

2. 深井水力压裂法地下处置放射性废弃物

放射性废弃物是核电生产和其他核能应用时不可避免的副产品。有效地解决长寿命、高毒性的放射性废弃物的处置问题是发展核能应用的基本课题。

深井水力压裂法是把具有放射性的废液与水泥及添加剂混合，通过一口深井注入经水力压裂岩层而形成的裂缝，注入的灰浆在压力下固化成薄的灰浆层，成为岩层的组成部分，从而使废弃物固定在低渗透性岩层的预定区域内。

深井水力压裂法对地质条件要求很严格，要求岩层发育具有接近水平而胶结松散的面，不存在断层或密集分布的节理和天然裂隙的页岩岩层。为减少在水力压裂时产生垂直裂缝的可能性，基岩深度应小于 1 000 m，还要验证因放射性废液注入而引起岩石的化学、物理特性发生改变的可能性。因为放射性衰变会引起温度上升，在高温下，页岩中的蒙脱石和伊利石会发生相变，伊利石增加并释放自由水，释放的自由水加上原裂隙水有可能产生蒸汽，也有可能释放氧气、二氧化碳、硫化氢和其他气体。原生矿物中挥发部分和废弃物之间的反应将加剧，所以要求控制温度上升不超过 100 ℃。

区域和场地基岩中地下水流的状况是一个极其重要的因素，要估算地下水到达排放点的平均迁移时间，而且要掌握地面水和地下水之间的关系。

水力压裂技术，自 1947 年以来已广泛地应用于油田的注水作业。1958 年，有人首次建议用水力压裂灰浆注射技术将放射性废弃物注入页岩层。从 1959 年到 1965 年，美国在橡树岭国家实验室开展了该法的研究，在三个不同的注射井内共进行了 10 次试验性注射。自 1966 年以来，该项技术正式用来处置放射性废液，直到 1978 年，共进行了 17 次运行注射。实践证明，这种方法是可采用方法中最安全和最经济的方法。

3. 矿井贮存

矿井贮存法主要用于处置高辐射废弃物，如核燃料等。核燃料的生产和使用流程，在每一个阶段都可能产生不同程度的核污染废弃物。高辐射的废弃物在长时期内产生很高的热量，所以在它们不再威胁人的生命之前必须与生物圈隔离。

从核反应堆产生的放射性有害物质，包括裂变产物，如氪-85（半衰期 10 年）；锶-90（半衰期 28 年）和铯-137（半衰期 30 年），通常至少要经过 10 个半衰期，这些物质才不再对人体健康有害。上述裂变生成物，必须与生物圈隔离数百年。核反应堆还会产生少量的钚-235（半衰期 24 000 年）。这些元素可以重新成为核反应堆燃料。少量的钚残留物和裂变产物成为高辐射的废弃物。为了长时期与生物环境隔离，所以核废料的永久性处置是其研究的基本课题。

1973 年，美国总核废料将近 323 000 m³，分别贮存在三个联邦库内，其中 243 000 m³（约75%）的核废料存放在华盛顿州汉福特贮存库内。

高辐射废弃物的处置必须安全可靠，虽然有很多处置的概念，如存放到宇宙空间、北极冰层下或海洋深沟内。然而，地质环境处置是最有前途的。采用地质环境处置，首先要研究岩层的特性，盐矿、页岩、玄武岩、花岗岩、片麻岩和石灰岩等，用于处置高辐射核废料都是比较适宜的；其次要检验岩层的方位；再次要研究具体处理措施并进行分析和评估。

在上述地质环境中，盐矿的条件最好，它具有以下几个优点：①盐矿层通常是干燥的，不透水的；②盐矿层内的缝隙，自身是可以治愈的；③盐矿相比其他类型的岩石，能吸收大量的能量；④盐矿有很高的压缩强度；⑤盐层具有与混凝土相似的防辐射性能；⑥盐矿相对比较丰富，一部分用来作为高辐射废料处置场所，其损失可以认为是微不足道的。因此许多科学家都在从事盐矿贮存技术的研究。图 1-10 所示为美国堪萨斯州国家高辐射废弃物贮存库的剖面图。贮存库设置在地表以下 361 m 深处，盐层顶部有一层很厚的页岩层，页岩层顶部还有一些强度较大的岩层屏障。

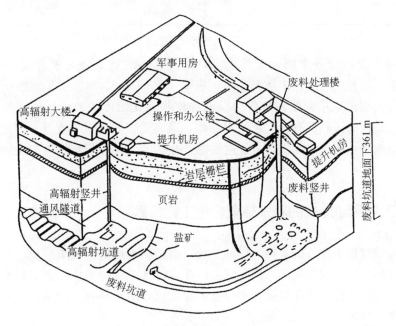

图 1-10　美国堪萨斯州核废料贮存场剖面

在美国可利用的盐矿沉积大约有 1.0×10^6 km²，而最合适的处置库位置离地表 600 m以上，盐层厚度不小于 60 m。

4. 海洋倾倒

地球上海洋面积为 3.63×10^8 km²，约占地球总面积的 70%。一些发达国家，多年来向海洋倾倒了大量有毒有害的废弃物。仅 1968 年一年，美国在沿海 246 个点上就倾倒了高达 4 300 万 t 的废料。据统计，目前全世界海洋漂浮塑料垃圾估计高达 5.25 万亿片，约26.9 万 t（赵婧，2018）。污染物的种类有：被工业生产污染的砂、黏土、岩石等；废酸、冶炼厂废渣、造纸废料、污水处理厂的污泥、建筑垃圾、工业废弃物等。

海洋倾倒的最大问题是污染海洋环境，破坏海洋资源，在某些地区还危及人类健康。

许多贝类体内发现有脊髓灰质炎和肝炎病原体，至少有 20% 商业贝类由于污染而被封存。鱼类大量死亡，造成海洋生态系的恶化。

表 1-9　　　　　　　　　　　　　污染物中重金属浓度　　　　　　　　　（单位：mg/L）

重金属元素	污染物中浓度	天然海水中浓度	海洋生物毒化浓度
镉	130	0.08	0.01~10.0
铬	150	0.000 05	1.0
铅	310	0.000 03	0.1
镍	610	0.005 4	0.1

表 1-10　　　　　　　　　　　　每立方米污泥中重金属含量　　　　　　　（单位：mg/L）

重金属元素	污泥中浓度			天然海水中的浓度	海洋生物毒化浓度
	最小	平均	最大		
铜	315	643	1 980	0.003	0.1
锌	1 350	2 458	3 700	0.01	10
镍	30	262	790	0.002	—

来源：Ocean Dumping：A National Policy，Council on Environmental Quality，1970.

海洋生物主要是受重金属元素污染，对人类有害的重金属元素有镉、铬、铅、镍、铜、锌、锰等，除此之外是许多病源物质。表 1-9 和表 1-10 列出了某些污染物和污泥中重金属含量与天然海水中含量的比较以及海洋生物毒化浓度的数值。从这些资料可以看出，持续不断地向海洋倾倒有毒有害的废弃物，最终受害的是人类本身。因此，许多国家都有严格的条例禁止向海洋倾倒具有辐射性的、化学的、各种带有细菌的生物制品以及高放射性物质。

1.4　人类工程活动造成的若干环境岩土工程问题

人类在发展过程中进行的各种各样的工程活动都会对周围的环境造成一定的影响，这就是工程活动与环境之间的共同作用问题。以往，设计工程师主要考虑工程本身的技术问题，而当前还应该考虑工程建设过程中以及工程完成以后对环境的影响，否则会造成巨大的经济损失和各种各样的社会问题。

工程活动对环境的影响是不可避免的，为此应根据具体情况分别考虑工程与环境之间的矛盾。通过长期的实践经验，可归纳为以下几点原则：

（1）环境补偿的原则。当工程活动不可避免地影响或破坏某些环境时，环境暂时照顾工程建设，待工程建设结束后应重新恢复。例如，被破坏的草坪、毁坏的树木等应重新绿化；公用管道的暂时移位也应重新就位；等等。

（2）工程避让的原则。如果环境非常复杂，工程活动可能会对周围环境造成巨大的经济损失或重大的社会影响时，工程项目应另选场地或改变设计。例如，1987 年，上海某单位拟建一幢 15 层大楼，设计采用桩基，需打 234 根钢筋混凝土长桩，当所有的桩都已预制完毕，施工前发现，距桩基边 3~6 m 处有两根 Φ900 和 Φ700 的供水管道通过，这两根供水管道是全区的工厂、医院、居民生产生活的命脉，一旦由于打桩的挤土作用而遭受损坏，将会造成严重的经济损失和不良的社会影响。最后工程被迫中止，重新设计，取消高层建筑而改为多层建筑。

（3）环境保护的原则。当环境和工程都不能退让时，工程应该采取各种措施（包括赔偿措施）来保护环境。例如，在建设过程中由于打桩的挤土、深基坑开挖、地铁掘进等引起地层的移动造成的影响。措施力求有效而经济，将影响减小到最低限度。

（4）环境治理的原则。某些工程活动对环境的影响是长期的，或一时难以估计的，或不可避免的。对于这种情况就应采取整治的办法。例如，上海由于工业生产发展造成苏州河的污染，政府制订了大规模的治理计划，采用合流污水集中排放、搬迁工厂等措施来改善苏州河水质。

随着工程建设的发展，工程建设与环境之间所发生的相互作用越来越复杂，这是摆在工程界面前的一个新课题。

1.4.1　打桩对周围环境的影响

在密集建筑群中间打桩施工时，对周围环境的影响主要表现在以下几个方面：

（1）打桩时，柴油锤产生的噪声高达 120 dB，一根长桩至少要锤击几百次乃至几千次。这对附近的学校、医院、居民、机关等都具有一定的干扰作用，打桩产生的噪声使人心情烦躁，影响学习和休息，工作效率降低。

（2）振动的影响。打桩时会产生一定的振动波向四周扩散。人较长时间处在一个周期性微振动环境下会感到难受。特别是住在木结构房屋内的居民，地板、家具都会不停地摇晃，对年老有病的人影响尤大。

在通常情况下，振动对建筑物不会造成破坏性的影响。打桩振动与地震不同，地震时地面加速度可以看作一个均匀的振动场，而打桩是一个点振源，振动加速度会迅速衰减，是一个不均匀的加速度场。现场实测结果表明，打桩引起的水平振动约为风振荷载的 5%，所以除一些危险性房屋以外，一般无影响。但打桩锤击次数很多时，对建筑物的粉饰、填充墙会造成损坏。此外，振动还会影响附近的精密机床、仪器仪表的正常操作。

（3）挤土效应的影响。桩打入地下时，桩身将置换等同体积的土。因此在打桩区内和打桩区外一定范围内的地面会发生竖向和水平向的位移。大量土体的移动常导致邻近的建筑物发生裂缝、道路路面损坏、水管爆裂、煤气泄漏、边坡失稳等一系列事故。

挤土效应主要与桩的排挤土量有关。按挤土效应，桩可分为：

① 排挤土桩——如混凝土预制桩、木桩等，排土的体积与桩的外包体积相等。

② 非排挤土桩——排挤土的体积为零，如钻孔灌注桩、挖孔桩等。

③ 低排挤土桩——排挤土的体积小于桩的外包体积，如开口的钢管桩、工字钢桩等。

桩的挤土机理十分复杂，它除与建筑场地土的性质有关外，还与桩的数量、分布的密度、打桩的顺序、打桩的速度等因素有关。桩群挤土的影响范围相当大，根据工程实践经验，影响范围大约为距桩基边 1.5 倍的桩长。在同一测点上，水平位移比竖向位移大。

为了减少打桩对周围环境的影响，根据不同的情况采取不同的措施。仅为了减少噪声和振动的影响，可采用静力压桩，但这种施工方法丝毫不能减少挤土的影响，当压桩速率较高时，挤土的影响可能比打桩的更大。

减少挤土影响的措施很多，上海地区目前常采用的环境保护措施有以下几种方法：

（1）预钻孔取土打桩。先在打桩的位置上用螺旋钻钻成一个直径不大于桩径2/3、深度不大于桩长 2/3 的孔，然后在孔位上打桩。

（2）设置防挤孔。在打桩区内或在打桩区外，打设若干个出土的孔。出土孔的数量可按挤土平衡的原理估算。

（3）合理安排打桩顺序和方向。对着建筑物打桩比背着建筑物挤土效应要不利得多。

（4）控制打桩速度。打桩速度越快，挤土效应越显著。

（5）设置排水措施。使由打桩挤压引起的超孔隙水应力消散。

（6）其他。如设置防振沟等。

为了减少打桩对周围环境的影响，在施工过程中应加强监测，根据周围环境的实际反应，来控制施工的速度和方向，从而达到保护环境的目的。

1.4.2 深基坑开挖造成的地面移动

随着经济建设的发展，高层建筑的基坑面积越来越大，深度也越来越深。基坑常处在密集的建筑群中，基坑周围密布各式各样的建筑物、地下管线、城市道路等。开挖基坑，大量卸荷，由于应力释放，即使有刚度很大的支护体系，坑周土体仍难以避免发生水平方向和竖直方向的位移。此外，由于地下水的渗流，基坑施工期长，坑周土体移动对建筑物、道路交通、供水供气、通信等造成很大的威胁。例如，上海某建筑物基坑施工时，附近道路路面沉陷了 30～50 cm，民房大量开裂而最终不得不拆除。

在超压密土层中开挖时，卸载作用有可能使基坑附近的地面发生膨胀回弹而使建筑物上抬。例如，杭州京杭运河与钱塘江沟通工程中，开挖运河深度 8 m，宽 70 m，离开坡顶 3 m 处一幢五层住宅向上抬高了 50 多毫米，影响范围 15～20 m。

减少基坑开挖对周围环境的影响，首先要有合理的支挡体系以及防渗措施；其次是挖土施工的密切配合；再次要建立一套行之有效的监测系统，及时发现问题，及时采取必要的加强措施。

1.4.3 隧道推进时的地面移动

在软土地层中，地下铁道、污水隧道等常采用盾构法施工。盾构在地下推进时，地表会发生不同程度的变形。地表的变形与隧道的埋深、盾构的直径、软土的特性、盾构的施工方法、衬砌背面的压浆工艺等因素有关。

盾构推进时引起的地面变形，目前多数采用 Peck 公式来估算。其基本假定是认为施工阶段引起的地面沉降是在不排水条件下发生的，所以沉降槽的体积与地层损失的体积相等，地层损失在隧道长度方向上均匀分布，在横截面上按正态分布进行估算。

地层损失可分为三类：

第一类，正常的地层损失。盾构施工精心操作，没有失误，但由于地质条件和盾构施工必然会引起不可避免的地层损失。

第二类，不正常的地层损失。因盾构施工操作失误而引起的本来可以避免的地层损失。

第三类，灾害性的地层损失。盾构开挖面土体发生流动或崩塌，引起灾害性的地面沉降。

通过对实测资料的分析，发现运用 Peck 公式描述地面沉降在隧道横断面上的分布是适宜的。但沈培良等（2003）发现在计算上海某地铁盾构推进时的地面变形时，其理论计算与实测数据存在很大差异，原因是公式参数的取值不合理，即不能反映上海地区的实际情况。因此，运用 Peck 公式时要合理地确定适合相应盾构隧道应用的 Peck 公式参数。

盾构穿越市区，地面有各种各样的建筑物和浅层管线，地层移动对地面环境的影响是十分显著的，地层损失率越高，对地面环境的威胁越大。为了减少盾构施工对地面环境造成的影响，通常采取以下措施：①精心施工；②做好必要的环境保护措施；③做好环境监测工作；④做好信息化施工。

1.4.4 抽汲地下水引起的地面沉降

随着工业生产规模的扩大，我国城市化的速度越来越快，不少城市超负荷运转，有些城市出现了严重的"城市病"。特别是大量抽汲地下水引起的地面沉降，导致大面积建筑物开裂、地面塌陷、地下管线设施损坏、城市排水系统失效，造成巨大损失。

地面沉降主要是与无计划抽汲地下水有关。图 1-11 表示世界上若干城市地下水抽汲量和地面沉降的情况。二者之间具有明显的关系。其中墨西哥城日抽水量为 103.68 万 m^3，历年来地面沉降量达到 9 m 多，影响范围达 225 km。日本东京地面沉降量虽没有墨西哥城大，但其影响范围达到 3 420 km。

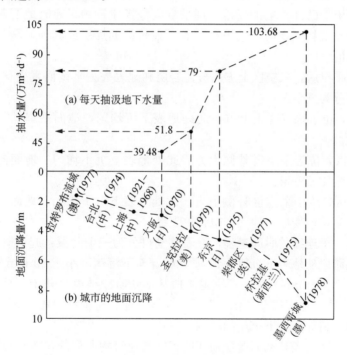

图 1-11　世界若干城市的日抽水量与地面沉降

目前，全国有近 200 个城市取用地下水，1/4 的农田靠地下水灌溉。总的趋势是地下水位持续下降，部分城市地下水受到污染。不合理的开发利用，诱发了一系列环境问题。

地面沉降的城市大部分分布在东部地区。苏州、无锡、常州三城市地面沉降大于 200 mm 的面积达 1 412.5 km^2；安徽阜阳市地面沉降累计达 870 多毫米，面积达 360 多平方千米；上海自 1921 年至 1965 年，最大沉降量达 2.63 m，市区形成了两个沉降洼地，并影响到郊区。

地面塌陷主要发生在覆盖型岩湾水源地所在地区，比较严重的有河北秦皇岛，山东枣庄、泰安，安徽淮北，浙江开化、仁山，福建三明，云南昆明等 20 多个城市和地区。

沿海岸地下水含水层受到海水入侵的地段主要分布在渤海和黄海沿岸，尤以辽东半岛、山东半岛为重。山东省受到海水入侵面积达 400 多平方千米，年均损失 4 亿～6 亿元。

通常采用压缩用水量和回灌地下水等措施来克服上述问题。上海日最高地下水开采量为 55.6 万 m³，1965 年开始实行人工回灌地下水的措施，以及控制回灌量和开采量的比例，地面回弹量一度达 3.2 mm，回灌中心区部分地段回升量甚至达到 53 mm。但随着时间的推移，人工回灌地下水的作用将会逐渐减弱，所以到目前为止还没有找到一个满意的解决办法。

1.4.5　采空区地面变形与地面塌陷

由于地下开采强度和广度的扩大，地面变形和地面塌陷的危害不断加剧。单地面塌陷已在我国 23 个省区内发现了 800 多处，塌陷坑超过 3 万个，全国每年因地面塌陷造成的损失 10 多亿元。

采空区根据开采现状可分为老采空区、现采空区和未来采空区三类。老采空区是指建筑物兴建时，历史上已经采空的场地；现采空区是指建筑物兴建时地下正在采掘的场地；未来采空区是指建筑物兴建时，地下贮存有工业价值的煤层或其他矿藏，目前尚未开采，而规划中要开采的地区。

地下煤层开采以后，采空区上方的覆盖岩层和地表失去平衡而发生移动和变形。地表移动盆地一般可分为三个区：

（1）中间区，位于采空区正上方，此处地表下沉均匀，地面平坦，一般不出现裂缝，地表下沉值最大。

（2）内边缘区，位于采空区外侧上方，此处地表下沉不均匀，地面向盆地中心倾斜，呈凹形，土体产生压缩变形。

（3）外边缘区，位于采空区外侧上方，此处地表下沉不均匀，地面向盆地中心倾斜，呈凸形，土体产生拉伸变形，地表产生张拉裂缝。

地表移动是一个连续的时间过程，地表移动可分为三个阶段：起始阶段、活跃阶段和衰退阶段。起始阶段从地表下沉值达到 10 mm 起至下沉速度小于 50 mm/月为止；活跃阶段为下沉速度大于 50 mm/月为止；衰退阶段从活跃阶段结束时开始，至六个月内下沉值不超过 30 mm 为止。地表移动"稳定"后，实际上还会有少量的残余下沉量，在老采空区上施工时，要充分估计残余下沉量的影响。

建筑物因采空区地表移动而遭受损坏的程度与建筑物所处的位置和地表变形的性质及其大小有关。经验表明，位于地表移动盆地边缘区的建筑物要比中间区不利得多。地表均匀下沉使建筑物整体下沉，对建筑物本身影响较小，但如果下沉量较大，地下水位又较浅时，会造成地面积水，不但影响使用，而且使地基土长期浸水，强度降低，严重时可使建筑物倒塌。

地表倾斜对高耸建筑物影响较大，使其重心发生偏斜；地表倾斜还会改变排水系统和铁路的坡度，造成污水倒灌。

地表变形对建筑物特别是地下管道影响较大，会造成裂缝、悬空和断裂。

目前，国内外评定建筑物受采空区影响的破坏程度所采用的标准，有的采用地表变形值，如倾斜、曲率或曲率半径和水平变形，有的采用总变形指标。我国煤炭工业部 1985 年已经颁发了有关规定和标准。此外，如枣庄、本溪、峰峰等矿区都已积累了丰富的经验。

参考文献

人民网,2017. 废旧手机该去哪里?［N/OL］.(2017-05-23). http://cpc. people. com. cn/n1/2017/0523/c64387-29294954. html.

中华人民共和国水利部,2013. 第一次全国水利普查公报［R/OL］.(2013-03-21). http://www. mwr. gov. cn/sj/tjgb/dycqgslpcgb/201701/t20170122_790650. html.

中华人民共和国环境保护部,2016. 2016 年全国大、中城市固体废物污染环境防治年报［EB/OL］.(2016-11-22). http://www. zhb. gov. cn/gkml/hbb/qt/201611/t20161122_368001. htm.

中华人民共和国国家统计局,2014. 附录 4-11 世界主要国家和地区废弃物产生量［EB/OL］. http://www. stats. gov. cn/ztjc/ztsj/hjtjzl/2014/201609/t20160920_1401739. html.

中国网(北京),2014. 冰岛火山爆发 有毒有害气体对法国北部空气造成污染(N/OL).(2014-09-27). http://news. 163. com/14/0927/12/A75A645400014JB6. html.

中国林业网,2015. 第五次全国荒漠化和沙化土地监测情况［N/OL］.(2015-12-29). http://gzsl. forestry. gov. cn/portal/gzsl/s/2734/content-831567. html.

杨桂山,朱季文,1993. 全球海平面上升对长江口盐水入侵的影响研究［J］.中国科学(B辑),23(1):70-76.

杨桂山,施雅风,1995. 中国沿岸海平面上升及影响研究的现状与问题［J］.地球科学进展,10(5):475-482.

李冬梅,祝向荣,陈斌,等,2016. 国内外电子废弃物回收管理政策和法规的分析［J］.科教导刊,(10):156-157.

李加林,王艳红,张忍顺,等,2006. 海平面上升的灾害效应研究——以江苏沿海低地为例［J］.地理科学,26(1):87-93.

李素琼,1994. 海平面上升对珠江三角洲咸潮入侵可能的影响［M］//中国科学院地学部. 海平面上升对中国三角洲地区的影响及对策. 北京:科学出版社:224-232.

沈培良,张海波,殷宗泽,2003. 上海地区地铁隧道盾构施工地面沉降分析［J］.河海大学学报(自然科学版),31(5):556-559.

张霞,2007. 固体废弃物处理的法律规制［J］.环境保护,(12b):55-58.

陈云敏,唐晓武,2003. 环境岩土工程的进展和展望［C］//中国土木工程学会土力学及岩土工程学术会议.

陈梦熊,1996. 关于海平面上升及其环境效应［J］.地学前缘,(2):133-140.

环球时报-环球网(北京),2017. 走近迷雾中的福岛第一核电站［N/OL］.(2017-09-21). http://news. 163. com/17/0921/07/CURE9G4L000187V9. html.

国家林业局政府网治沙办,2014. 全球荒漠化基本情况［N/OL］.(2014-10-14). http://www. forestry. gov. cn/Zhuanti/content_201410hmhgy/709721. html.

参考消息网,2017. 外媒:研究称中国湖泊污染水平降低 磷含量下降三分之一［N/OL］.(2017-06-14). http://www. cankaoxiaoxi. com/china/20170614/2119524. shtml.

参考消息网,2017. 西媒:数据显示巴林人均制造垃圾全球最多,肯尼亚最少［N/OL］.(2017-04-24). http://www. cankaoxiaoxi. com/world/20170424/1922686. shtml.

经济网-中国经济周刊,2014. 国研中心研究员:我为什么不赞成重启内陆核电［N/OL］.(2014-08-04). http://www. ceweekly. cn/2014/0804/88964. shtml.

赵婧,2018. 海洋垃圾 一道待解的课题［N］.中国海洋报,2018-01-09.

胡中雄,1997. 土力学与环境土工学［M］.上海:同济大学出版社.

党进谦,李永红,李靖,2007. 环境岩土工程学研究的发展［J］.铁道工程学报,24(3):12-15.

党福江,2002. 水利部公布全国第二次水土流失遥感调查结果［J］.水土保持科技情报,(2):48.

唐浩,2012.谈谈国内外城市固体废弃物的管理[J].中国科技纵横,(9):158-159.

黄润秋,2007.20世纪以来中国的大型滑坡及其发生机制[J].岩石力学与工程学报,26(3):433-454.

龚子同,陈鸿昭,张甘霖,2015.寂静的土壤[M].北京:科学出版社.

搜狐,2016.为什么美国每年要往中国倒300万吨的电子垃圾?[N/OL].(2016-06-29).http://www.sohu.com/a/86860838_105527.

腾讯科技,2013.走进贵屿:中国最大电子垃圾处理中心[N/OL].(2013-11-28).http://tech.qq.com/a/20131128/005543.htm.

GRAMLING C,2015. Just a nudge could collapse West Antarctic Ice Sheet,raise sea levels 3 meters[J].Science.

GRAMLING C,2015. Rapid melting of Greenland glacier could raise sea levels for decades[J].Science.

RAHMSTORF S,2007. A semi-empirical approach to projecting future sea-level rise[J].Science,315(5810):368-370.

SOLOMON S,QIN D,MANNING M,et al.,2007. Climate change 2007:the physical science basis. Contribution of working group i to the fourth assessment report of the intergovernmental panel on climate change[J].Intergovernmental Panel on Climate Change Climate Change,18(2):95-123.

第 2 章　重金属离子的吸附研究

2.1　概述

2.1.1　重金属的污染

在环境污染方面所指的重金属是指对生物有显著毒性的元素，如汞、镉、铅、锌、铜、钴、镍、钡、锡、锑等。从毒性角度来说，通常把砷、铍、锂、硒、硼、铝等也包括在内。所以重金属所指的范围较广。

重金属，特别是有毒有害重金属对环境的污染是比较突出的。环境中存在着各种各样的重金属污染源，采矿和冶炼是向环境中释放重金属的最主要污染源，煤和石油的燃烧也是重金属的主要释放源。此外，随着化肥和农药的使用，可使重金属进入土壤，通过污水、污泥和垃圾向环境中排放重金属。

重金属对环境的污染主要是污染水体和土壤。重金属进入水体，被人饮用后直接危害人体健康，导致各种疾病（如癌症），甚至死亡。重金属进入土壤，能破坏土壤成分，影响作物生长，进入食物链影响人体健康。

重金属污染的特点可归纳为以下几点：

（1）形态多变，常有不同的价态、化合态和结合态，而且形态不同，重金属的稳定性和毒性也不同。例如，离子态的毒性常大于络合态。

（2）金属有机态的毒性大于金属无机态。

（3）价态不同，毒性不同。如六价铬的毒性大于三价铬。

（4）迁移转化形式多。重金属在环境中的迁移转化，几乎包括水体中已知的所有物理化学过程。

（5）金属羟基化合物常含剧毒。

（6）重金属的物理化学行为多具有可逆性。

（7）产生毒性效应的浓度范围低，一般在 $1\sim10$ mg/L，毒性较强的重金属如汞、镉等则在 $0.001\sim0.01$ mg/L。

（8）生物摄取重金属是积累性的，各种生物尤其是海洋生物，对重金属都有较强的富集能力。

（9）重金属对人体的毒害是积累性的。重金属摄入体内，一般不发生器质性损伤，而是通过化合、置换、络合、氧化还原、协同等化学或生物化学的反应，影响代谢过程或酶系统，所以毒性的潜伏期较长，往往经过几年甚至几十年时间才能显现。

2.1.2　吸附类型及模式

1. 吸附类型

（1）物理吸附。物理吸附也称范德华吸附，它是由吸附质和吸附剂分子间作用力所引起，此力也称作范德华力。由于范德华力存在于任何两分子间，所以物理吸附可以发生在任何固体表面上。

（2）化学吸附。化学吸附是吸附质分子与固体表面原子（或分子）发生电子的转移、交换或共有，形成吸附化学键的吸附。由于固体表面存在不均匀力场，表面上的原子往往还有剩余的成键能力，当气体分子碰撞到固体表面时便与表面原子发生电子的交换、转移或共有，形成吸附化学键的吸附作用。

在化学键力作用下产生的吸附为化学吸附。只有在一定条件下才能产生化学吸附，如惰性气体不能产生化学吸附。如果表面原子的价键已经和邻近的原子形成饱和键也不能产生化学吸附。化学吸附时，化学键力的作用力比范德瓦尔引力大得多，所以吸附位阱更深，作用距离更短。在产生化学吸附的过程中，气体原子和表面原子之间产生电子的转移。物理吸附与分子在表面上的凝聚现象相似，它是没有选择性的。由于吸附相分子与气相分子间的范德瓦尔引力，因而可以形成多个吸附层。

（3）物理化学吸附联系。物理吸附和化学吸附并非是不相容的，随着外界条件的变化，二者可以相伴发生，但在一个系统中，只有其中一种吸附是主要的。而在污水处理中，多数情况下是几种吸附的综合结果。

2. 吸附模式

吸附模式可能是线性的，也可能是非线性的，其相应的吸附等温线为直线或曲线。在不同的吸附过程中，又表现为动态吸附、平衡吸附等形式。多孔质的固体吸附可采用 Frundlich 吸附试验，接近于单分子层的饱和吸附，服从 Langmuir 吸附等温式。非多孔质固体粉末的表面吸附多数是多分子层吸附，采用 BET 多分子层吸附等温式，其吸附等温曲线呈 S 形。

2.1.3 常见的吸附材料

常见的吸附材料有活性炭、膨润土、粉煤灰、水泥土（水泥土是土、水泥、水以及其他组分按适当比例混合、拌制并经硬化而成的材料）、生物炭、超累积植物等。

2.2 吸附研究所用的原材料

1. 粉煤灰

本试验所用的粉煤灰是上海宝钢发电厂的普通粉煤灰，其化学组成由同济大学混凝土材料研究国家重点实验室利用 X 射线荧光光谱仪分析测得，结果列于表 2-1，表中还列举了高钙粉煤灰和 42.5 级普通水泥的化学成分以作比较。

表 2-1　　　　　　　　　　　粉煤灰、黏土和粉质黏土的化学成分

样品名称		黏土	粉质黏土	普通粉煤灰	高　钙 粉煤灰	42.5 级 普通水泥
化学 组分 /%	SiO_2	65.6	71.4	52.7	52.0	21.5
	Al_2O_3	16.0	13.40	30.5	23.1	5.80
	CaO	3.34	3.49	6.38	9.68	63.0
	Fe_2O_3	5.55	4.24	4.32	8.58	2.70

样品名称		黏土	粉质黏土	普通粉煤灰	高 钙粉煤灰	42.5级普通水泥
化学组分/%	MgO	2.81	2.20	1.46	1.63	2.09
	TiO_2	0.862	0.797	1.26	0.88	0.40
	K_2O	2.90	2.40	0.96	1.36	0.56
	SO_3	0.310	0.112	0.72	1.27	3.55
	Na_2O	1.96	1.78	0.56	0.58	
	P_2O_5	0.106	0.073 1	0.30	0.28	0.13
	SrO		0.017 3	0.16	0.14	0.09
	BaO			0.13	0.20	
	MnO	0.122	0.067 9	0.06	0.17	0.16
	ZrO_2	0.028 7	0.032 8	0.06	0.06	
	CuO			0.02		
	Cl	0.379				

粉煤灰电镜扫描图由同济大学混凝土材料研究国家重点实验室利用电镜扫描仪拍得。如图 2-1 所示，粉煤灰的颗粒大多呈圆形，其比表面积为 0.98 m^2/g，由上海硅酸盐研究所利用 BET Area 测定仪测得。

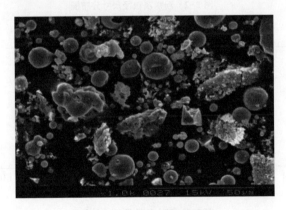

图 2-1　粉煤灰电镜扫描图

2. 黏土、粉质黏土

本试验所用的黏土和粉质黏土是上海地区具有代表性的两种土壤，其物理性质指标详见表 2-2。黏土和粉质黏土的化学组成也利用 X 射线荧光光谱仪分析测得，结果列于表 2-1。

粉煤灰、黏土和粉质黏土的粒径尺寸分布由同济大学混凝土材料研究国家重点实验室利用 Particular Size Analyzer（Beckman Coulter）测得，分别见图 2-2—图 2-4，图中显示粉煤灰、黏土和粉质黏土颗粒的平均值分别为 27.33 μm，14.15 μm，19.13 μm，中间值分别为 17.33 μm，11.41 μm，16.35 μm。这说明本试验所用粉煤灰的颗粒并不是很细。

在水土比为 2.5∶1（质量比）的溶液中测得的粉煤灰、黏土、粉质黏土的 pH 值分别为 11.6，7.0，7.5。粉煤灰的 pH 值较高，可能是由于粉煤灰中存在着相当数量的氧化钙

（CaO），这样可把粉煤灰看作是碱性吸附剂。

表 2-2　　　　　　　　　　粉煤灰、黏土和粉质黏土的物理性质指标

材料名称	pH 值	阳离子交换容量（m. e/100 g）	颗粒粒径/μm		液限 ω_L	塑限 ω_P	塑性指数 I_P
			平均值	中间值			
粉煤灰	11.6		27.33	17.33			
黏土	7.0	2	14.15	11.14	43.3	23.7	19.6
粉质黏土	7.5	4.48	19.13	16.35	37.36	24	13.36
膨润土		98					

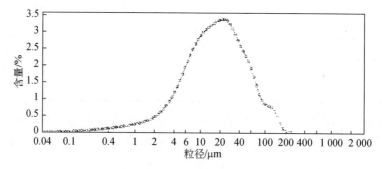

图 2-2　粉煤灰粒径尺寸分布图

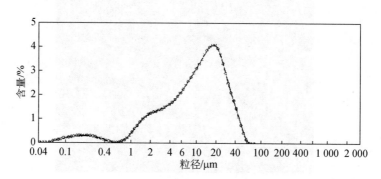

图 2-3　黏土的粒径尺寸分布图

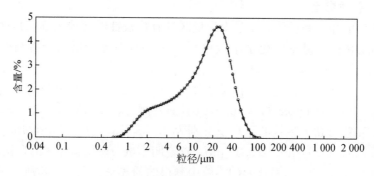

图 2-4　粉质黏土的粒径尺寸分布图

黏土和粉质黏土采用氯化铵-无水乙醇法（Lim T T 等，2001）测得的阳离子交换容量（Cation Exchange Capacity，CEC）非常小，分别为 2 m. e/100 g 和 4.48 m. e/100 g。

3. 膨润土

本试验所用膨润土由上海试剂四厂生产，化学纯。经氯化铵-无水乙醇法测定，其阳离子交换容量为 98 m. e/100 g。

2.3　粉煤灰、黏土、粉质黏土、膨润土对金属镍离子的吸附研究

镍是人体必需的生命元素，在激素作用、维持生物大分子的结构稳定性及新陈代谢过程中都有镍的参与。镍在人体内含量极微，正常情况下，成人体内含镍约 10 mg，血液中正常浓度为 0.11 $\mu g/mL$，人体对镍的日需要量为 0.3 mg。过量镍会造成极大危害。精炼镍作业工人肺癌高发的原因是生成的镍污染物吸入人体。调查表明，井水、河水、土壤和岩石中镍含量与鼻咽癌的死亡率呈正相关。镍也可能是白血病的致病因素之一。白血病病人血清中镍含量是健康人的 2～5 倍，且患病程度与血清中镍的含量明显相关。

镍污染的人为来源主要是工业和城市废弃物以及含镍矿的冶炼。

2.3.1　试验材料、仪器

1. 试验材料

将黏土和粉质黏土土样风干，去掉粒径 2 mm 以上的大颗粒，试验前将土样在 110 ℃温度下烘干 2 h，碾压过 0.2 mm 筛。由于粉煤灰和膨润土已呈粉末状态，所以不用过筛。

2. 试剂和仪器

试剂：硫酸镍（$NiSO_4 \cdot 6H_2O$），上海勤工化工厂生产，分析纯。

仪器：SB5280 超声波清洗机（上海 Branson 公司生产）；SRS3400 X 射线荧光光谱仪（德国 Bruker 公司生产）。

2.3.2　试验方法

1. 溶液配制及 Ni^{2+} 浓度测定

配制一种标准浓度的 Ni^{2+} 溶液，以确定达到吸附平衡的时间。本试验配置了浓度为 300 mg/L 的 Ni^{2+} 溶液（以 $NiSO_4 \cdot 6H_2O$ 配制），称 5 g 粉质黏土 5 份，分别置于 5 个 100 mL 锥形瓶中，每个瓶中各加入上述 Ni^{2+} 溶液 50 mL，水土比为 10∶1（质量比）。然后用超声波使其充分混合均匀，试样保持恒温（20 ℃±2 ℃），在吸附阶段分别于 4 h，24 h，72 h，144 h 和 192 h 取液离心（4 000 r/min），测定清液中的 Ni^{2+} 浓度。

考虑到粉煤灰和膨润土对 Ni^{2+} 的吸附能力较强，所以配制的 Ni^{2+} 溶液浓度较高，为 800 mg/L（以 $NiSO_4 \cdot 6H_2O$ 配制），粉煤灰和膨润土分别称 0.5 g，各 5 份置于 10 个 100 mL 锥形瓶中，每个瓶中各加入 800 mg/L 的 Ni^{2+} 溶液 50 mL，水土比为 100∶1。其他步骤同上。

Ni^{2+} 的浓度由同济大学混凝土材料研究国家重点实验室利用 X 射线荧光光谱仪分析测得。

2. 吸附量计算

粉质黏土、黏土各称 5 g，粉煤灰和膨润土各称 0.5 g，置于一系列锥形瓶中，加入已知

浓度的 Ni^{2+} 溶液 50 mL。然后用超声波使其充分混合均匀，试样保持恒温（20 ℃±2 ℃），平衡一定时间（8 d），取液离心（4 000 r/min），测定清液中的 Ni^{2+} 浓度，再根据式（2-1）计算被固体颗粒吸附的 Ni^{2+} 含量

$$S = \frac{(C_0 - C) \cdot V}{W} \tag{2-1}$$

式中　S——平衡时的吸附量，mg/g；

　　　C_0——Ni^{2+} 的初始浓度，mg/L；

　　　C——吸附平衡时 Ni^{2+} 在水溶液中的初始浓度，mg/L；

　　　V——水溶液的体积，L；

　　　W——固体颗粒质量，g。

2.3.3　试验结果和讨论

1. 吸附平衡时间

试验对粉质黏土、粉煤灰和膨润土在 5 个吸附时间点（4 h，24 h，72 h，144 h 和 192 h）测定溶液中 Ni^{2+} 的浓度，浓度-时间（C-t）曲线见图 2-5。从图中可看出，几种吸附剂对 Ni^{2+} 的吸附过程是很快的，在 0～4 h 内，溶液中 Ni^{2+} 浓度降低较快，此后速度减慢，72 h 后基本达到吸附平衡状态。

2. 最终平衡吸附率的计算

以 t 为横坐标，t 时刻吸附剂对 Ni^{2+} 的吸附率 $(C_0 - C)/C_0$ 为纵坐标，得到粉质黏土、粉煤灰和膨润土对 Ni^{2+} 的 $(C_0 - C)/C_0$-t 曲线，其形态与双曲线相似，见图 2-6。

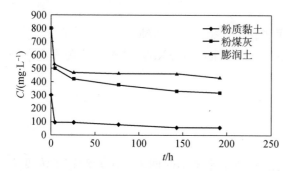

图 2-5　粉质黏土、粉煤灰和膨润土吸附 Ni^{2+} 的 C-t 曲线　　图 2-6　粉质黏土、粉煤灰和膨润土吸附 Ni^{2+} 的 $(C_0 - C)/C_0$-t 曲线

为了求出最终平衡吸附量 ［即 $t \rightarrow \infty$ 时的 $(C_0 - C)/C_0$ 值］，用双曲线公式 ［式（2-2）］拟合 $(C_0 - C)/C_0$-t 曲线：

$$\frac{C_0 - C}{C_0} = \frac{t}{a + bt} \tag{2-2}$$

式中，a，b 是常数。

将式（2-2）改写成式（2-3）：

$$\frac{C_0 - C}{C_0} = \frac{1}{\dfrac{a}{t} + b} \tag{2-3}$$

在式（2-3）中，当 $t \to \infty$ 时，$\dfrac{C_0 - C}{C_0} = \dfrac{1}{b}$，即最终平衡吸附量为 $\dfrac{1}{b}$。

为了求解 a，b，将式（2-3）写成：

$$\frac{t}{\dfrac{C_0 - C}{C_0}} = a + bt \qquad (2-4)$$

以 t 为横坐标，$t/[(C_0 - C)/C_0]$ 为纵坐标，绘制出粉质黏土、粉煤灰和膨润土对 Ni^{2+} 的 $t/[(C_0 - C)/C_0]$-t 曲线，见图 2-7。从图中可看出，$t/[(C_0 - C)/C_0]$ 与 t 呈良好的线性关系，线性回归的结果列于表 2-3。表中 b 是直线的斜率，b 的倒数 $1/b$ 即为一定初始浓度下的平衡吸附率。图 2-7 及表 2-3 说明，在同一初始浓度 800 mg/L 下，粉煤灰对 Ni^{2+} 的吸附率（61%）比膨润土的（45%）高。

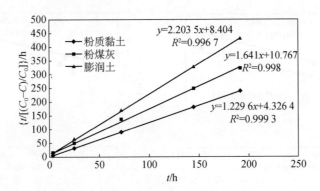

图 2-7　粉质黏土、粉煤灰和膨润土吸附 Ni^{2+} 的 $t/[(C_0 - C)/C_0]$-t 曲线

表 2-3 　　　　　　　　　　　　　　　　　　Ni^{2+} 的平衡吸附率

吸附剂名称	a	b	$1/b$	R^2
粉质黏土（$C_0 = 300$ mg/L）（5 g）	4.326 4	1.229 6	81%	0.999 3
粉煤灰（$C_0 = 800$ mg/L）（0.5 g）	10.767	1.641	61%	0.998
膨润土（$C_0 = 800$ mg/L）（0.5 g）	8.404	2.203 5	45%	0.996 7

3. Ni^{2+} 被吸附的百分数与 Ni^{2+} 含量之间的关系

以 Ni^{2+} 在土中的含量为横坐标，以 Ni^{2+} 被吸附的百分数为纵坐标，得到 Ni^{2+} 被吸附的百分数与 Ni^{2+} 含量之间的关系图，见图 2-8 和图 2-9。图中显示，随着土中 Ni^{2+} 含量的增加，黏土、粉质黏土、粉煤灰和膨润土对 Ni^{2+} 的吸附百分数减小。

4. 吸附等温线的确定及吸附常数的计算

根据试验数据，以 C 为横坐标，S 为纵坐标，绘制出黏土、粉质黏土、粉煤灰和膨润土对 Ni^{2+} 的吸附等温线 S-C 曲线，分别见图 2-10 和图 2-11。比较两图，粉煤灰对 Ni^{2+} 的吸附量是黏土、粉质黏土的 10 倍。

吸附等温线最常用的形式为线性等温线、Langmuir 吸附等温线［式（2-5）］及 Freundlich 等温线［式（2-6）］：

$$\frac{C}{S} = \frac{1}{K_L B} + \frac{C}{B} \qquad (2-5)$$

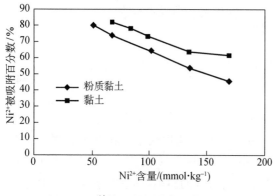

图 2-8　Ni^{2+} 被吸附百分数与粉质黏土、
黏土中 Ni^{2+} 含量的关系

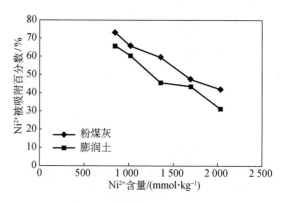

图 2-9　Ni^{2+} 被吸附百分数与粉煤灰、
膨润土中 Ni^{2+} 含量的关系

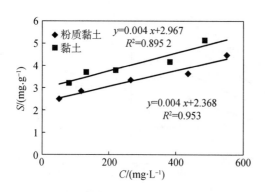

图 2-10　Ni^{2+} 在粉质黏土和黏土上的线性吸附等温线

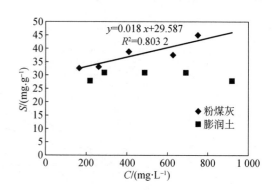

图 2-11　Ni^{2+} 在粉煤灰和膨润土上的线性吸附等温线

式中，B 为最大吸附量，K_L 为 Langmuir 常数，这两个参数可通过方程（2-5）中 C/S 与 C 的线性形式求得。其他符号同式（2-1）。

$$S = K_f C^{n_F} \qquad (2-6)$$

式中，K_f，n_F 为 Freundlich 常数，可通过对方程两边取对数得出的线性形式求得。其他符号同式（2-1）。

以 C/S 为横坐标，C 为纵坐标，将图 2-10、图 2-11 转换成图 2-12、图 2-13，得到截距为 $1/(K_L B)$，斜率为 $1/B$ 的直线。以 $\lg C$ 为横坐标，以 $\lg S$ 为纵坐标，将图 2-10、图 2-11 的数据转换成图 2-14、图 2-15，得到截距为 $\lg K$，斜率为 n_F 的直线。为了比较线性等温线、Langmuir 等温线、Freundlich 等温线对 Ni^{2+} 吸附行为的符合情况，求出了图 2-10、图 2-11 的线性回归值（R_1^2），图 2-12、图 2-13 的 Langmuir 常数（B，K_L）及回归值（R_2^2），图 2-14、图 2-15 的 Freundlich 常数（K_f，n_F）及回归值（R_3^2），结果列于表 2-4。

5. 结果和讨论

从图 2-5、图 2-6 中可看出，Ni^{2+} 在粉煤灰、粉质黏土和膨润土中的吸附过程是快速的，24 h 即可达平衡。从图 2-5、图 2-6 及图 2-10、图 2-11 可看出，粉煤灰和膨润土对 Ni^{2+} 的吸附能力远大于一般的黏土和粉质黏土，且粉煤灰大于膨润土。

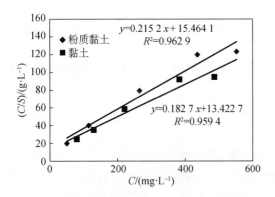

图 2-12　Ni^{2+} 在粉质黏土和黏土上的 Langmuir 吸附等温线

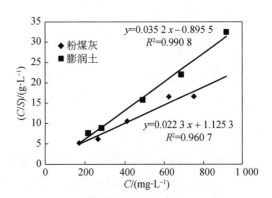

图 2-13　Ni^{2+} 在粉煤灰和膨润土上的 Langmuir 吸附等温线

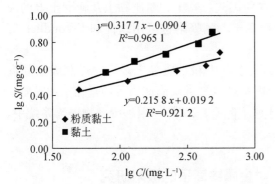

图 2-14　Ni^{2+} 在粉质黏土和黏土上的 Freundlich 吸附等温线

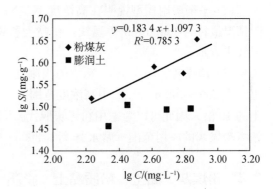

图 2-15　Ni^{2+} 在粉煤灰和膨润土上的 Freundlich 吸附等温线

表 2-4　　　　　　　　　　　　　　　　　Ni^{2+} 的等温线参数和回归分析

吸附剂种类	吸附等温线形式							
	线　性等温线	Langmuir 吸附等温线				Freundlich 吸附等温线		
	R_1^2	$1/(K_L B)$	$(1/B)/$ $(g \cdot mg^{-1})$	$B/$ $(mg \cdot g^{-1})$	R_2^2	$\lg K$	n_F	R_3^2
粉质黏土	0.952 8	15.464	0.215 2	4.64	0.962 9	0.019 2	0.215 8	0.921 2
黏土	0.895 2	13.423	0.182 7	5.47	0.959 4	−0.090 4	0.317 7	0.965 1
粉煤灰	0.803 2	1.125 3	0.022 3	44.84	0.960 7	1.097 3	0.183 4	0.785 3
膨润土		−0.895 5	0.035 2	28.41	0.990 8			

　　某一浓度下 Ni^{2+} 被吸附的最终平衡吸附量可通过用双曲线方程拟合（$C_0 - C$）/C_0-t 曲线得到。粉煤灰、膨润土、粉质黏土对 Ni^{2+} 的平衡吸附率在 800 mg/L，800 mg/L，300 mg/L 的初始浓度下分别达 61%，45%，81%。

　　从图 2-8、图 2-9 可看出，随着吸附剂中 Ni^{2+} 的增加，黏土、粉质黏土、粉煤灰和膨润土对 Ni^{2+} 吸附的百分数均呈减小的趋势。

　　从图 2-10—图 2-13 及表 2-4 可看出，Ni^{2+} 在粉煤灰、黏土、粉质黏土和膨润土上的吸附最符合 Langmuir 等温线；Ni^{2+} 在粉煤灰、粉质黏土上的吸附也较符合 Freundlich 吸附等温线；Ni^{2+} 在黏土上的吸附情况几种等温线模式均适用。这些结果和国外一些学者的研究结果相吻合，即在高浓度下，金属离子的吸附等温线是非线性的，一般符合 Langmuir 和 Freundlich 模式。

从表 2-4 中可计算出，Ni^{2+} 在粉质黏土、黏土、粉煤灰和膨润土上的饱和吸附量分别为 4.64，5.47，44.84 和 28.41 mg/g。

2.3.4　小结

粉煤灰、黏土、粉质黏土、膨润土对 Ni^{2+} 的吸附试验研究结论如下：

（1）动态试验显示吸附过程是快速的。粉煤灰对 Ni^{2+} 的吸附动力学特征和膨润土及天然黏土相似，4 h 内浓度下降最快，4～24 h 达到吸附平衡，这和国外研究结果相符合（Weng，2002）。

（2）平衡吸附模型说明在高浓度下，Ni^{2+} 在粉煤灰、黏土、粉质黏土及膨润土上的吸附情况最符合 Langmuir 等温线，在黏土和粉质黏土上的吸附也可用线性和 Freundlich 等温线来表示。

（3）粉煤灰、膨润土对 Ni^{2+} 的吸附能力远大于黏土和粉质黏土，且粉煤灰大于膨润土。在 200～600 mg/L 的中高浓度范围内，粉煤灰对 Ni^{2+} 的吸附能力大约是黏土和粉质黏土的 10 倍。因此可以考虑用粉煤灰取代膨润土来去除有毒 Ni^{2+}，用于废弃物屏障系统中，拓宽粉煤灰的应用范围（席永慧 等，2005）。

2.4　粉煤灰、黏土、粉质黏土、膨润土对金属锌离子的吸附研究

锌是植物必需的营养元素，但是由于污水、污泥等工业和城市废弃物的大量排放及锌肥的不合理施用，可能造成锌在土壤中的积累，增加农业生态污染的危险，从而对土壤、水质及农产品产量和品质产生不利的影响。锌也是人体代谢过程中必需的微量元素，但过量又是有害的，会引起发育不良、新陈代谢失调、肠胃炎、腹泻等症状。

2.4.1　试验材料、仪器

1. 试验材料

试验材料同 Ni^{2+} 试验中所用材料。

2. 试剂和仪器

试剂：硫酸锌（$ZnSO_4 \cdot 7H_2O$），上海金山化工厂，分析纯。

仪器：同 Ni^{2+} 试验中所用仪器。

2.4.2　试验方法

1. 溶液配制及 Zn^{2+} 浓度测定

配制一种标准浓度的 Zn^{2+} 溶液，以确定达到吸附平衡的时间。本试验配置了浓度为 800 mg/L 的 $ZnSO_4$ 溶液（以 $ZnSO_4 \cdot 7H_2O$ 配制），黏土、粉煤灰和膨润土分别称 2 g，0.5 g，0.5 g。在吸附阶段分别于 2 h，24 h，72 h，144 h 和 192 h 取液离心（4 000 r/min），测定清液中 Zn^{2+} 的浓度。其他操作步骤同 Ni^{2+}。

Zn^{2+} 的浓度测定由同济大学混凝土材料研究国家重点实验室利用 X 射线荧光光谱仪测得。

2. 吸附量计算

粉质黏土、黏土各称取 2 g，粉煤灰和膨润土各称 0.5 g，置于一系列锥形瓶中，加入已知浓度的 Zn^{2+} 溶液 50 mL，水土比分别为 25∶1，25∶1，100∶1。试验过程、吸附量的计算同 Ni^{2+}。

2.4.3 试验结果和讨论

1. 吸附平衡时间

试验对黏土、粉煤灰和膨润土各测定 5 个吸附时间点（2 h，24 h，72 h，144 h 和 192 h）溶液中 Zn^{2+} 的浓度，C-t 曲线见图 2-16。从图中可看出，几种吸附剂对 Zn^{2+} 的吸附过程和 Ni^{2+} 一样，也是很快的，在 0～4 h 内，溶液中 Zn^{2+} 浓度降低较快，此后速度减慢，72 h 后基本达到吸附平衡状态。

2. 最终平衡吸附率的计算

最终平衡吸附率的计算方法和计算过程同 Ni^{2+}。粉质黏土、粉煤灰和膨润土吸附 Zn^{2+} 的 $(C_0-C)/C_0$-t 曲线及 $t/[(C_0-C)/C_0]$-t 曲线分别见图 2-17 和图 2-18。图 2-18 中 $t/[(C_0-C)/C_0]$-t 曲线呈良好的线性关系。

线性回归的结果列于表 2-5。图 2-18 及表 2-5 说明，粉质黏土、粉煤灰和膨润土吸附 Zn^{2+} 的 $(C_0-C)/C_0$-t 曲线用双曲线回归，效果较好。表 2-5 显示，粉煤灰对 Zn^{2+} 的吸附能力和膨润土相当，达 60%。

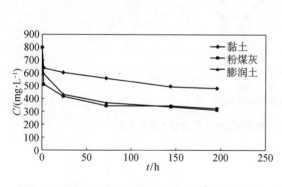

图 2-16　黏土、粉煤灰和膨润土吸附 Zn^{2+} 的 C-t 曲线

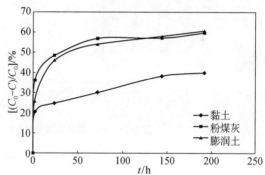

图 2-17　黏土、粉煤灰和膨润土吸附 Zn^{2+} 的 $(C_0-C)/C_0$-t 曲线

表 2-5　　　　　　　　　　Zn^{2+} 的平衡吸附率

吸附剂名称	a	b	$1/b$	R^2
黏土（C_0＝800 mg/L）（2 g）	32.185	2.401 9	41.63%	0.984 9
粉煤灰（C_0＝800 mg/L）（0.5 g）	6.769	1.662 7	60.14%	0.998 7
膨润土（C_0＝800 mg/L）（0.5 g）	11.127	1.618	61.8%	0.998 1

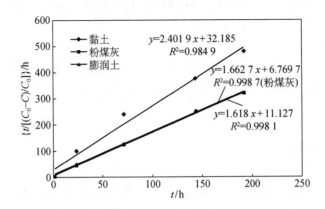

图 2-18　黏土、粉煤灰和膨润土吸附 Zn^{2+} 的 $t/[(C_0-C)/C_0]$-t 曲线

3. Zn^{2+} 被吸附的百分数与 Zn^{2+} 含量之间的关系

Zn^{2+} 被吸附的百分数与吸附剂中 Zn^{2+} 含量之间的关系见图 2-19、图 2-20。图中显示，随着 Zn^{2+} 含量的增大，黏土、粉质黏土、粉煤灰对 Zn^{2+} 的吸附百分数减小，和 Ni^{2+} 的规律相同。

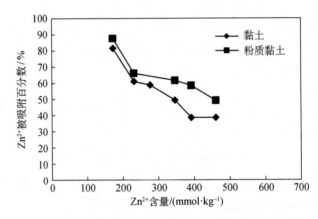

图 2-19　Zn^{2+} 被吸附百分数与黏土、粉质黏土中 Zn^{2+} 含量之间的关系

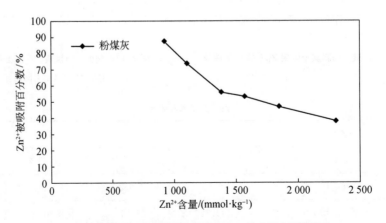

图 2-20　Zn^{2+} 被吸附百分数与粉煤灰中 Zn^{2+} 含量之间的关系

4. 吸附等温线的确定及吸附常数的计算

根据试验数据，以 C 为横坐标，S 为纵坐标，绘制出黏土、粉质黏土、粉煤灰和膨润土对 Zn^{2+} 的吸附等温线 S-C 曲线，分别见图 2-21 和图 2-22。比较两图，粉煤灰对 Zn^{2+} 的吸附量是黏土、粉质黏土的 5 倍。Zn^{2+} 在黏土、粉质黏土、粉煤灰上的 Langmuir 吸附等温线及 Freundlich 吸附等温线见图 2-23—图 2-26。

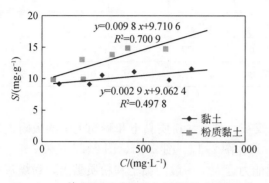

图 2-21　Zn^{2+} 在黏土和粉质黏土上的线性吸附等温线

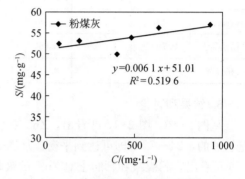

图 2-22　Zn^{2+} 在粉煤灰上的线性吸附等温线

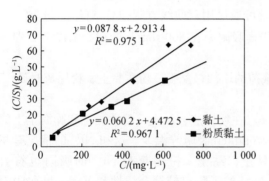

图 2-23　Zn^{2+} 在黏土和粉质黏土上的 Langmuir 吸附等温线

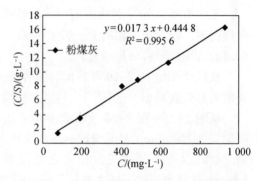

图 2-24　Zn^{2+} 在粉煤灰上的 Langmuir 吸附等温线

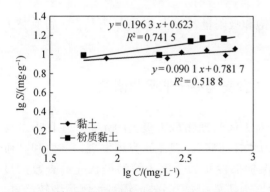

图 2-25　Zn^{2+} 在黏土和粉质黏土上的 Freundlich 吸附等温线

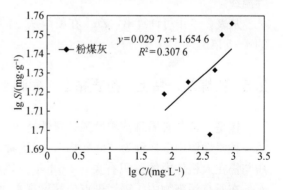

图 2-26　Zn^{2+} 在粉煤灰上的 Freundlich 吸附等温线

为了比较线性吸附等温线、Langmuir 吸附等温线、Freundlich 吸附等温线对 Zn^{2+} 吸附行为的符合情况，表 2-6 列出了图 2-21、图 2-22 的线性回归值（R_1^2）、图 2-23、图 2-24 的 Langmuir 常数（B，K_L）及回归值（R_2^2）、图 2-25、图 2-26 的 Freundlich 常数（K，n_F）及回归值（R_3^2）。

表 2-6　　　　　　　　　　　　Zn^{2+} 的等温线参数和回归分析

吸附剂种类	吸附等温线形式							
	线性等温线	Langmuir 吸附等温线				Freundlich 吸附等温线		
	R_1^2	$1/(K_L B)$	$(1/B)/$ $(g \cdot mg^{-1})$	$B/$ $(mg \cdot g^{-1})$	R_2^2	K_f	n_F	R_3^2
黏土	0.497 8	2.913 4	0.087 8	11.39	0.975 1	0.781 7	0.090 1	0.518 8
粉质黏土	0.700 9	4.472 5	0.060 2	16.61	0.967 1	0.623	0.196 3	0.741 5
粉煤灰	0.519 6	0.444 8	0.017 3	57.80	0.995 6	1.654 6	0.029 7	0.307 6

5. 结果和讨论

从图 2-16、图 2-17 可看出，Zn^{2+} 在粉煤灰、黏土、粉质黏土和膨润土中的吸附过程是快速的，24~72 h 即可达到平衡。从图 2-16、图 2-17、图 2-21、图 2-22 及表 2-5、表 2-6 可看出，粉煤灰和膨润土对 Zn^{2+} 的吸附能力远大于一般的黏土和粉质黏土，粉煤灰对 Zn^{2+} 的吸附能力和膨润土基本相当。

某一浓度下 Zn^{2+} 被吸附的最终平衡吸附量可通过用双曲线方程拟合 $(C_0-C)/C_0-t$ 曲线得到。粉煤灰、膨润土、黏土对 Zn^{2+} 的平衡吸附率在 800 mg/L 的初始浓度下分别为 60.14%，61.8%，41.63%。

从图 2-19、图 2-20 可看出，随着 Zn^{2+} 载荷的增加，黏土、粉质黏土、粉煤灰对 Zn^{2+} 吸附的百分数减小。这和 Ni^{2+} 的情况相同。

从图 2-21—图 2-26 及表 2-6 可看出，Zn^{2+} 在粉煤灰、黏土、粉质黏土和膨润土上的吸附符合 Langmuir 等温线，不符合线性和 Freundlich 吸附等温线。这和 Ni^{2+} 的情况有相似之处，也有不同之处。相同之处是粉质黏土、黏土、粉煤灰对 Ni^{2+} 的吸附也符合 Langmuir 等温线；不同之处是几种吸附剂对 Ni^{2+} 的吸附也较符合线性和 Freundlich 吸附等温线。

从表 2-6 中可计算出，Zn^{2+} 在粉煤灰上的饱和吸附量（57.8 mg/g）为黏土、粉质黏土的 4~5 倍。

2.5　粉煤灰、黏土、粉质黏土、膨润土对金属镉离子的吸附研究

镉是一种非必需且蓄积性强、毒性持久、对人体与动物危害极大的元素，在日本发现的一种慢性镉中毒症称为"痛痛病"，我国称为"骨痛病"。现在研究还发现，贫血和高血压与镉在人机体内的蓄积有关。2014 年环境保护部发布的全国土壤污染状况调查数据显示，在所有污染物中，镉污染点位超标率最大，达到 7.0%。另外，镉对水体污染较严重。镉污染问题已引起人们的高度重视。

云南农业大学李丽等（2017）采用批量吸附试验研究了 4 种不同类型的黏土矿物：蒙脱石、高岭石、针铁矿、三水铝石对镉的吸附与解吸特性，同时探讨了矿物用量及 pH 对镉吸附的影响。Langmuir 方程（$R^2>0.98$）能较好地表征 4 种矿物对镉的吸附行为，说明矿物对镉的吸附是单层吸附。4 种矿物对镉的最大吸附量大小为：蒙脱石＞针铁矿＞高岭石＞水铝石。4 种矿物对镉的解吸率范围分别为：蒙脱石（19.99%~32.77%）、高岭石

（13.48％～19.09％）、针铁矿（2.02％～3.48％）、三水铝石（1.09％～2.43％）。随着pH值升高，蒙脱石、高岭石、针铁矿对镉的吸附量均呈增长趋势，而三水铝石基本保持不变。矿物用量在 10.0 g/L 时，针铁矿对镉的吸附率达 72.8％，与蒙脱石相近（79.1％）。针铁矿吸附率较高，而解吸率低，是一种较好的吸附剂。

土壤镉污染主要来自大气中镉的沉降，农药、化肥和塑料薄膜的使用，污水灌溉，污泥施肥，含重金属废弃物的堆积，金属矿山酸性废水污染，等等。

2.5.1　试验材料、仪器

1. 试验材料

试验材料同 Ni^{2+} 试验中所用材料。

2. 试剂和仪器

试剂：硫酸镉（$3CdSO_4 \cdot 8H_2O$），上海试剂总厂第二分厂。

仪器：AA-650 原子吸收仪（日本岛津公司生产）。其他仪器同 Ni^{2+} 试验中所用的仪器。

2.5.2　试验方法

1. 溶液配制及 Cd^{2+} 浓度测定

配制一种标准浓度的 Cd^{2+} 溶液，以确定达到吸附平衡的时间。本试验配制了浓度为 400 mg/L 的 $CdSO_4$ 溶液（用 $3CdSO_4 \cdot 8H_2O$ 配制），黏土、粉质黏土分别称 2 g，在吸附阶段分别于 2 h，24 h，72 h，144 h 和 192 h 取液离心（4 000 r/min），测定清液中 Cd^{2+} 的浓度。另配制了浓度为 800 mg/L 的 $CdSO_4$ 溶液，粉煤灰、膨润土各称 0.5 g，在吸附阶段分别于 2 h，24 h，72 h，144 h 和 288 h 取液离心（4 000 r/min），测定清液中 Cd^{2+} 的浓度。其他操作步骤同 Ni^{2+}。

Cd^{2+} 的浓度由同济大学污染控制与资源化研究国家重点实验室用原子吸收仪测得。

2. 吸附量计算

粉质黏土、黏土各称 2 g，粉煤灰称 0.5 g，置于一系列 100 mL 锥形瓶中，加入已知浓度的 Cd^{2+} 溶液 50 mL，水土比分别为 25∶1，25∶1，100∶1（质量比）。试验过程、吸附量的计算同 Ni^{2+}。

2.5.3　试验结果和讨论

1. 吸附平衡时间

以 t 为横坐标，t 时刻溶液中 Cd^{2+} 的浓度 C 为纵坐标，绘制出 C-t 曲线，见图 2-27。图中显示，4 种吸附剂对 Cd^{2+} 的吸附过程也是很快的，在 0～4 h 内，溶液中 Cd^{2+} 浓度降低较快，此后速度减慢，72 h 后基本达到吸附平衡状态。

2. 最终平衡吸附率的计算

最终平衡吸附率的计算方法和计算过程同 Ni^{2+}。黏土、粉质黏土、粉煤灰和膨润土吸附 Cd^{2+} 的 $(C_0-C)/C_0$-t 曲线及 $t/[(C_0-C)/C_0]$-t 曲线见图 2-28 和图 2-29。图 2-29 中 $t/[(C_0-C)/C_0]$-t 曲线呈良好的线性关系。

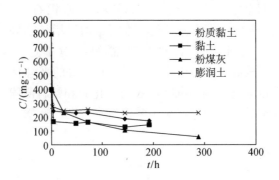

图 2-27 黏土、粉质黏土、粉煤灰及膨润土吸附 Cd²⁺ 的 C-t 曲线

线性回归的结果列于表 2-7。图 2-29 及表 2-7 说明，粉质黏土、粉煤灰和膨润土吸附 Cd²⁺ 的 $(C_0-C)/C_0$-t 曲线用双曲线回归，效果较好。从图 2-28 及表 2-7 可看出，在相同初始浓度（800 mg/L）下，粉煤灰对 Cd²⁺ 的吸附率（94.22%）比膨润土（71.53%）大得多。

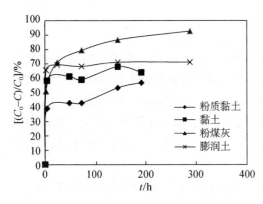

图 2-28 黏土、粉质黏土、粉煤灰及膨润土吸附 Cd²⁺ 的 $(C_0-C)/C_0$-t 曲线

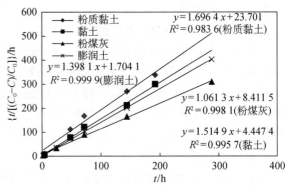

图 2-29 黏土、粉质黏土、粉煤灰及膨润土吸附 Cd²⁺ 的 $t/[(C_0-C)/C_0]$-t 曲线

表 2-7   Cd²⁺ 的平衡吸附率

吸附剂名称	a	b	$(1/b)/\%$	R^2
粉质黏土（2 g）（C_0=400 mg/L）	23.701	1.696 4	58.95	0.983 6
黏土（2 g）（C_0=400 mg/L）	4.447 4	1.514 9	66.01	0.995 7
粉煤灰（0.5 g）（C_0=800 mg/L）	8.411 5	1.061 3	94.22	0.998 1
膨润土（0.5 g）（C_0=800 mg/L）	1.704 1	1.398 1	71.53	0.999 9

3. Cd²⁺ 被吸附百分数与吸附剂中 Cd²⁺ 含量之间的关系

Cd²⁺ 被吸附百分数与吸附剂中 Cd²⁺ 含量之间的关系见图 2-30、图 2-31。图中显示，随着 Cd²⁺ 含量的增大，黏土、粉质黏土、粉煤灰对 Cd²⁺ 的吸附百分数减小，粉煤灰减小的幅度较大。

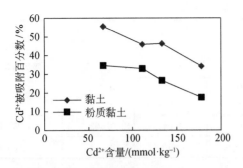

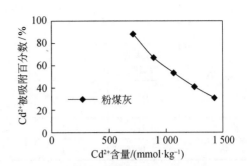

图 2-30　Cd^{2+} 被吸附百分数与黏土、粉质黏土中 Cd^{2+} 含量的关系

图 2-31　Cd^{2+} 被吸附百分数与粉煤灰中 Cd^{2+} 含量的关系

4. 吸附等温线的确定及吸附常数的计算

根据试验数据，以 C 为横坐标，S 为纵坐标，绘制出黏土、粉质黏土、粉煤灰吸附 Cd^{2+} 的等温线（S-C 曲线），分别见图 2-32、图 2-33。黏土、粉质黏土吸附 Cd^{2+} 的 Langmuir 吸附等温线及 Freundlich 吸附等温线见图 2-34、图 2-35。

为了比较线性等温线、Langmuir 等温线、Freundlich 等温线对 Cd^{2+} 吸附行为的符合情况，表 2-8 列出了图 2-32、图 2-33 的线性回归值（R_1^2），图 2-34 的 Langmuir 常数（B，K_L）及回归值（R_2^2），图 2-35 的 Freundlich 回归值（R_3^2）。

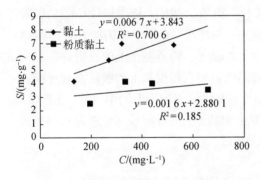

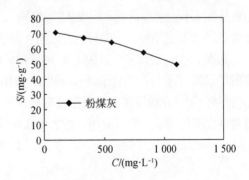

图 2-32　Cd^{2+} 在黏土、粉质黏土上的线性吸附等温线

图 2-33　Cd^{2+} 在粉煤灰上的线性吸附等温线

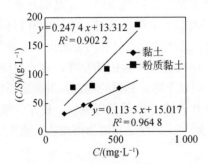

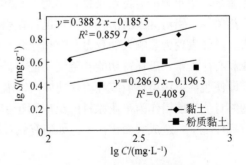

图 2-34　Cd^{2+} 在黏土、粉质黏土上的 Langmuir 吸附等温线

图 2-35　Cd^{2+} 在黏土、粉质黏土上的 Freundlich 吸附等温线

表 2-8　Cd²⁺的等温线参数和回归分析

吸附剂种类	吸附等温线形式					
	线性吸附等温线	Langmuir 吸附等温线				Freundlich 吸附等温线
	R_1^2	$1/(K_L B)$	$(1/B)/$ $(g \cdot mg^{-1})$	$B/$ $(mg \cdot g^{-1})$	R_2^2	R_3^2
粉质黏土	0.185	13.312	0.247 4	4.042	0.902 2	0.859 7
黏土	0.700 6	15.017	0.113 5	8.810 6	0.964 8	0.408 9

5. 结果和讨论

从图 2-27 可看出，Cd²⁺在粉煤灰、黏土、粉质黏土和膨润土的吸附过程和 Ni²⁺、Zn²⁺一样也是快速的，24～72 h 即可达到吸附平衡。从图 2-27、图 2-28、图 2-32、图 2-33 及表 2-7 可看出，粉煤灰和膨润土对 Cd²⁺的吸附能力远高于一般的黏土和粉质黏土，且粉煤灰大于膨润土。

某一浓度下 Cd²⁺被吸附的最终平衡吸附率可通过双曲线方程拟合 $(C_0 - C)/C_0 - t$ 曲线得到。粉煤灰（0.5 g）、膨润土（0.5 g）、黏土（2 g）、粉质黏土（2 g）对 Cd²⁺的平衡吸附率在 800 mg/L，800 mg/L，400 mg/L，400 mg/L 的初始浓度下分别为 94.22%，71.53%，66.01%，58.96%。

从图 2-30、图 2-31 可看出，随着 Cd²⁺含量的增加，黏土、粉质黏土、粉煤灰对 Cd²⁺吸附的百分数减小。这和前面 Ni²⁺的结果相同。与 Ni²⁺和 Zn²⁺相比，粉煤灰对 Cd²⁺的吸附能力，随着 Cd²⁺含量的增加，下降较快。说明在高浓度下，粉煤灰对 Cd²⁺的吸附能力呈下降趋势。

从图 2-32—图 2-35 及表 2-8 可看出，Cd²⁺在黏土、粉质黏土上的吸附符合 Langmuir 吸附等温线，不符合线性和 Freundlich 吸附等温线，但在粉煤灰上的吸附没有规律。

尽管 Cd²⁺在粉煤灰上的吸附没有规律可循，但从图 2-33 中可看出，Cd²⁺在粉煤灰上的吸附量也能达到 50～70 mg/g，远大于在粉质黏土和黏土上的吸附量（分别为 4.042 mg/g 和 8.810 6 mg/g），这个结果与 Ni²⁺和 Zn²⁺的情况相近。

2.6　粉煤灰、黏土、粉质黏土、膨润土对金属铅离子的吸附研究

铅是环境中重要的有毒污染物，铅对人类健康尤其是儿童健康的危害已引起世界各国学者的广泛关注。铅对健康的潜在危害，也日益引起人们的关注，铅对人体的所有器官都会造成损害。具体表现为影响人的智力发育和骨骼发育，造成消化不良和内分泌失调，导致贫血、高血压和心律失常，破坏肾功能和免疫功能等。人体内有极少量铅的存在，也会对健康造成损害，即使脱离了污染环境或经治疗使体内铅水平明显下降，受损的器官和组织也不能修复，将伴随终身。当前铅作为工业原料广泛应用于工业生产中，大部分以废气、废水、废渣等形式排放到环境中，造成大面积污染。如何有效解决铅污染问题是我国当前面临的重要任务。

2.6.1　试验材料、仪器

1. 试验材料

试验材料同 Ni²⁺试验中所用材料。

2. 试剂和仪器

试剂：硝酸铅[Pb（NO₃）₂]，中国医药（集团）上海化学试剂公司。

仪器：AA-650 原子吸收仪（日本岛津公司生产）。其他仪器同 Ni^{2+} 试验中所用的仪器。

2.6.2 试验方法

1. 溶液配制及 Pb^{2+} 浓度测定

配制一种标准浓度的 Pb^{2+} 溶液，以确定达到吸附平衡的时间。本试验配置了浓度为 3 400 mg/L 的 Pb（NO₃）₂ 溶液，黏土称 2 g，在吸附阶段分别于 2 h，24 h，72 h，144 h 和 192 h 取液离心（4 000 r/min），测定清液中的 Pb^{2+} 浓度。另配制了浓度为 2 000 mg/L 的 Pb（NO₃）₂ 溶液，粉煤灰、膨润土各称 0.5 g，在吸附阶段分别于 2 h，24 h，72 h，144 h 和 216 h 取液离心（4 000 r/min），测定清液中的 Pb^{2+} 浓度。其他操作步骤同 Ni^{2+}。

Pb^{2+} 的浓度由同济大学污染控制与资源化研究国家重点实验室用原子吸收仪测得。

2. 吸附量计算

粉质黏土、黏土各称取 2 g，粉煤灰、膨润土各称 0.5 g，置于一系列锥形瓶中，加入已知浓度的 Pb^{2+} 溶液 50 mL，水土比为 25:1，25:1:1，100:1，100:1（质量比）。试验过程、吸附量的计算同 Ni^{2+}。

2.6.3 试验结果和讨论

1. 吸附平衡时间

以 t 为横坐标，t 时刻溶液中 Pb^{2+} 的浓度 C 为纵坐标，绘制出 C-t 曲线，见图 2-36。从图可看出，3 种吸附剂对 Pb^{2+} 的吸附过程是很快的，在 0~4 h 内，溶液中 Pb^{2+} 浓度降低较快，此后速度减慢，粉煤灰、膨润土 72 h 后基本达到吸附平衡状态，但粉煤灰还处于缓慢的递减过程中，黏土到 144 h 才基本达到吸附平衡。

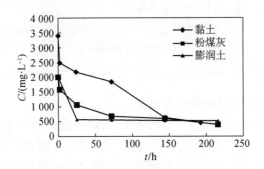

图 2-36　黏土、粉煤灰和膨润土吸附 Pb^{2+} 的 C-t 曲线

2. 最终平衡吸附率的计算

最终平衡吸附率的计算方法和计算过程同 Ni^{2+}。黏土、粉煤灰和膨润土吸附 Pb^{2+} 的 $(C_0-C)/C_0$-t 曲线及 $t/[(C_0-C)/C_0]$-t 曲线分别见图 2-37 和图 2-38。

用双曲线拟合 $(C_0-C)/C_0$-t，线性回归的结果列于表 2-9。由表可知，粉煤灰对 Pb^{2+} 的吸附率（82.76%）要比膨润土（74.42%）大。

表 2-9   Pb²⁺ 的平衡吸附率

吸附剂名称	a	b	$(1/b)/\%$	R^2
黏土（$C_0=3\,400$ mg/L）（2 g）	37.074	1.024 8	97.58	0.889 6
粉煤灰（$C_0=2\,000$ mg/L）（0.5 g）	18.308	1.208 3	82.76	0.990 1
膨润土（$C_0=2\,000$ mg/L）（0.5 g）	2.176 8	1.343 7	74.42	1

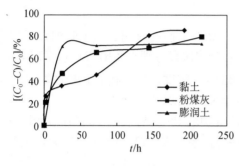

图 2-37　黏土、粉煤灰和膨润土吸附 Pb²⁺ 的
$(C_0-C)/C_0$-t 曲线

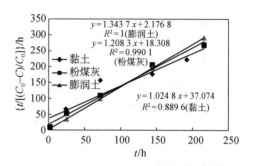

图 2-38　黏土、粉煤灰和膨润土吸附 Pb²⁺ 的
$t/[(C_0-C)/C_0]$-t 曲线

3. Pb²⁺ 被吸附百分数与吸附剂中 Pb²⁺ 含量之间的关系

Pb²⁺ 被吸附百分数与吸附剂中 Pb²⁺ 含量之间的关系见图 2-39。图中显示，随着吸附剂中 Pb²⁺ 含量的增大，黏土、粉质黏土、粉煤灰、膨润土对 Pb²⁺ 的吸附百分数减小。

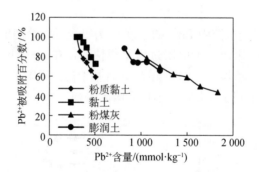

图 2-39　Pb²⁺ 被吸附百分数与吸附剂中 Pb²⁺ 含量之间的关系

4. 吸附等温线的确定及吸附常数的计算

根据试验数据，以溶液中 Pb²⁺ 平衡浓度 C 为横坐标，Pb²⁺ 吸附在吸附剂上的吸附量 S 为纵坐标，绘制出黏土、粉质黏土、粉煤灰、膨润土吸附 Pb²⁺ 的吸附等温线（S-C），分别见图 2-40、图 2-41。从图 2-40 中可看出，黏土、粉质黏土对 Pb²⁺ 的吸附量达 60～75 mg/g，比对 Ni²⁺，Zn²⁺，Cd²⁺ 的吸附量大得多。图 2-41 中显示，粉煤灰对 Pb²⁺ 的吸附量达 170 mg/g，是黏土、粉质黏土的 3 倍。

黏土、粉质黏土、粉煤灰、膨润土吸附 Pb²⁺ 的 Langmuir 等温线及 Freundlich 等温线见图 2-42、图 2-43。为了比较线性等温线、Langmuir 等温线、Freundlich 等温线对 Pb²⁺ 吸附行为的符合情况，表 2-11 列出了图 2-40、图 2-41 的线性回归值（R_1^2）、图 2-42、图 2-43 的 Langmuir 常数（B，K_L）及回归值（R_2^2）、图 2-44 的 Freundlich 常数（K_f，n_F）及回归值（R_3^2）。

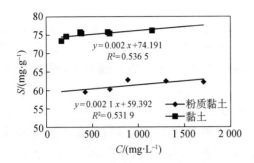

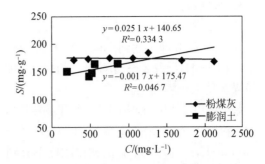

图 2-40　Pb^{2+}在粉质黏土、黏土上的线性吸附等温线　　图 2-41　Pb^{2+}在粉煤灰、膨润土上的线性吸附等温线

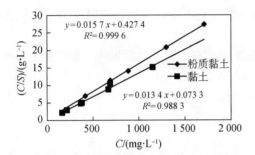

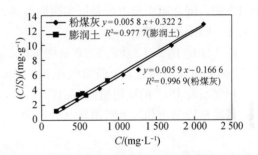

图 2-42　Pb^{2+}在粉质黏土、黏土上的　　　　图 2-43　Pb^{2+}在粉煤灰、膨润土上的
langmuir 吸附等温线　　　　　　　　langmuir 吸附等温线

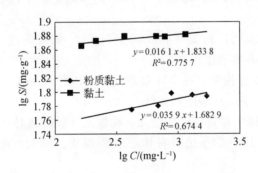

图 2-44　Pb^{2+}在粉质黏土、黏土上的 Freundlich 吸附等温线

表 2-10　　　　　　　　　　　　　Pb^{2+}的等温线参数和回归分析

吸附剂种类	吸附等温线形式							
	线性等温线	Langmuir 吸附等温线				Freundlich 吸附等温线		
	R_1^2	$1/(K_L B)$	$(1/B)/$ $(g \cdot mg^{-1})$	$B/$ $(mg \cdot g^{-1})$	R_2^2	K_f	n_F	R_3^2
粉质黏土	0.531 9	0.427 4	0.015 7	63.694	0.999 6	1.682 9	0.035 9	0.674 4
黏土	0.536 5	0.073 3	0.013 4	74.627	0.988 3	1.833 8	0.016 1	0.775 7
粉煤灰	0.046 7	−0.166 6	0.005 9	169.490	0.996 9			
膨润土	0.334 3	0.322 2	0.005 8	172.414	0.977 7			

5. 结果和讨论

从图 2-36 可看出，Pb^{2+} 在粉煤灰、黏土和膨润土的吸附过程是快速的，粉煤灰、膨润土在 24～72 h 即可达到平衡，黏土到 144 h 才达到吸附平衡。从图 2-36、图 2-37、图 2-40、图 2-41 及表 2-9 可看出，粉煤灰和膨润土对 Pb^{2+} 的吸附能力远大于一般的黏土，且粉煤灰稍大于膨润土。

某一浓度下 Pb^{2+} 被吸附的最终平衡吸附率可通过双曲线方程拟合 $(C_0 - C)/C_0 - t$ 曲线得到。粉煤灰（0.5 g）、膨润土（0.5 g）、黏土（2 g）对 Pb^{2+} 的平衡吸附率在 2 000 mg/L，2 000 mg/L，3 400 mg/L 的初始浓度下分别为 82.76%，74.42%，97.58%。

图 2-39 显示，随着 Pb^{2+} 含量的增加，黏土、粉质黏土、粉煤灰、膨润土对 Pb^{2+} 的吸附率减小。这与 Ni^{2+}、Zn^{2+}、Cd^{2+} 的情况相同。这个结果和 Lim 等（2001）的研究结果有相似之处，即金属质量浓度是影响吸附效果的一个重要因素，一般随着吸附剂中金属含量的增大，吸附率下降。

图 2-40—图 2-43 及表 2-10 表明，Pb^{2+} 在黏土、粉质黏土、粉煤灰、膨润土上的吸附符合 Langmuir 等温线，不符合线性和 Freundlich 等温线。

粉煤灰对 Pb^{2+} 的吸附量绝对值约为 172 mg/g，比对 Ni^{2+}，Zn^{2+}，Cd^{2+} 的吸附量大得多，且是粉质黏土和黏土吸附量（分别为 63.7 mg/g，74.6 mg/g）的 2 倍多。

2.6.4　小结

粉煤灰、黏土、膨润土等从溶液中去除有毒金属铅离子的吸附试验结论：

（1）动态试验显示，粉煤灰、膨润土对 Pb^{2+} 的吸附达到平衡状态的时间为 24～72 h，黏土为 144 h。

（2）吸附试验结果表明，粉煤灰和膨润土对 Pb^{2+} 的吸附能力是黏土和粉质黏土的 2.0～2.5 倍，且粉煤灰和膨润土相当。

（3）平衡吸附模型充分说明，在高质量浓度下，Pb^{2+} 在黏土、粉质黏土、粉煤灰、膨润土上的吸附最符合 Langmuir 吸附等温线。

（4）随着吸附剂中 Pb^{2+} 质量浓度的增加，粉煤灰等吸附剂对 Pb^{2+} 的吸附率均呈减小的趋势（席永慧，2006）。Pb^{2+} 含量是影响 Pb^{2+} 在粉煤灰、黏土、粉质黏土和膨润土上吸附的一个重要因素。

（5）许多研究（Lim，2001；Yong，1987）表明：pH 值越大，黏土、污泥灰、沙土所吸附的阳离子数量也越多。粉煤灰对金属离子较强的吸附性能很大程度上归因于其极高的 pH 值（11.6）、氧化物为主的化学成分及较高的比表面积。

2.7　黏土、粉质黏土、粉煤灰和膨润土对金属离子的吸附总结

从黏土、粉质黏土、粉煤灰和膨润土对金属离子 Ni^{2+}，Zn^{2+}，Cd^{2+}，Pb^{2+} 的吸附试验结果，可得出以下几点结论：

（1）黏土、粉质黏土、粉煤灰和膨润土这 4 种吸附剂对 4 种金属离子 Ni^{2+}，Zn^{2+}，Cd^{2+}，Pb^{2+} 的吸附过程是极快的，一般 24 h 即达到吸附平衡。

（2）4 种吸附剂对 4 种金属离子的吸附都存在着这样一个规律：随着吸附剂中离子浓度的增大，离子的吸附率是下降的。

（3）粉煤灰和膨润土对4种金属离子的吸附能力远大于天然黏土、粉质黏土，对Ni^{2+}，Zn^{2+}，Cd^{2+}的吸附能力分别是10倍、5倍、15倍的关系（表2-11）；对Pb^{2+}的吸附能力，天然黏土、粉质黏土的吸附量比较高（达75 mg/g），粉煤灰和膨润土的吸附量是天然黏土和粉质黏土的2～3倍。

（4）粉煤灰对Ni^{2+}，Cd^{2+}的吸附能力大于膨润土，对Zn^{2+}和Pb^{2+}的吸附能力与膨润土相当。

（5）4种金属离子在黏土、粉质黏土、粉煤灰和膨润土这4种吸附剂上的吸附等温线在中高浓度（几百毫克每升）下，大部分呈非线性关系，最符合Langmuir吸附等温线。

表2-11　　　　　黏土、粉质黏土、粉煤灰和膨润土对Ni^{2+}，Zn^{2+}，Cd^{2+}，Pb^{2+}的吸附量　　　（单位：mg/g）

离子种类及离子半径		吸附剂种类			
		黏土	粉质黏土	粉煤灰	膨润土
Ni^{2+}	83 pm	3～5	2.5～4.2	32～45	30
Zn^{2+}	74 pm	9～10	10～14	50～57	50～60
Cd^{2+}	97 pm	4～7	2～4	50～70	57
Pb^{2+}	133 pm	75	60	170	150～170

注：$pm = 10^{-12}$ m。

2.8　固化水泥土对金属铜离子的吸附研究

铜是人体健康不可缺少的微量营养素，是人体内血蓝蛋白的组成元素，对血液、中枢神经和免疫系统，头发、皮肤和骨骼组织以及脑、肝、心等内脏的发育和功能有重要影响，但过量时又是有害的。铜污染源主要是铜锌矿开采、铜锌冶炼厂以及电镀（镀铜）工业的"三废"排放。

目前利用水泥土作为固化材料来吸附铜离子的研究较少。

本书研究了三种不同配比的复合型材料固化水泥土（水泥掺量占土样5%，9%，12%）从溶液中去除有毒金属铜离子的吸附过程。

2.8.1　材料制备

水泥土制备：取水泥若干，按照水泥量占土样的5%，9%，12%与土样、水掺和，并用搅拌棒在容器中将其充分搅拌，混合均匀，制备成不同配比的水泥土。将水泥土在标准条件（温度为20 ℃±2 ℃，相对湿度为95%以上）下养护28 d，然后将其磨碎并过60目筛。

水泥采用海螺牌水泥，标号42.5。

土样取自上海市某工地（第③层土，淤泥质粉质黏土），风干后磨细过2.5 mm筛后储存待用，具体颗粒组成列于表2-12，化学组成分析列于表2-13。

表2-12　　　　　　　　　　　　　　土样颗粒级配

成分	砂		粉粒		黏粒
粒径/mm	0.075～0.25	0.075～0.05	0.01～0.05	0.005～0.01	<0.005
含量/%	5.9	8.5	65.3	4.1	16.2

表 2-13　　　　　　　　　　　　　土样的化学组成分析

氧化物	土	水泥	粉煤灰	海泡石	蒙脱石
Na_2O	2.05	—	0.48	—	—
MgO	1.91	1.60	6.35	16.1	1.60
Al_2O_3	10.0	6.19	17.2	2.31	6.19
SiO_2	66.8	22.0	35.3	56.2	22.0
SO_3	—	2.29	1.75	—	2.29
K_2O	2.09	0.86	0.41	0.21	0.86
CaO	3.92	60.6	33.7	2.87	60.6
TiO_2	0.64	0.33	0.61	0.12	0.33
Cr_2O_3	0.03	0.03	—	—	0.03
MnO	0.06	0.10	0.26	0.11	0.10
Fe_2O_3	3.44	3.16	2.27	1.01	3.16
SrO	0.02	0.14	0.11	—	0.14
BaO	—	—	0.18	—	—

2.8.2 试验材料、仪器

1. 试验材料

将黏土和粉质黏土土样风干，去掉粒径 2 mm 以上的大颗粒，试验前将土样在 110 ℃温度下烘干 2 h，碾压过 0.2 mm 筛。由于粉煤灰和膨润土已呈粉末状态，所以不用过筛。

2. 试剂和仪器

主要试剂：无水硫酸铜（$CuSO_4$），分析纯。

仪器：SHENERGY BIOCOLOR 摇床（用于将水与土混合均匀）、METTLER TOLEDO 分析天平（用于土样称量以及标准溶液的配制）、离心机（用于将水与土分离）、电感耦合等离子发射光谱仪 Agilent ICP-Agilent720ES（用于测定溶液中的重金属离子浓度）。

2.8.3 试验方法

1. 溶液配制及 Cu^{2+} 浓度测定

配制了浓度为 400 mg/L 的 Cu^{2+} 溶液（以 $CuSO_4$ 配制），5％，9％，12％配比的水泥土分别称 0.5 g，各 7 份置于 7 个 100 mL 塑料瓶中，每个瓶中各加入上述 Cu^{2+} 溶液 50 mL，然后用摇床将其充分振荡混合均匀，试样保持恒温（20 ℃±2 ℃）。在吸附阶段分别于 1.5 h，3 h，15 h，24 h，48 h，72 h 和 144 h 取上部清液离心，并用 0.22 μm 滤膜过滤，滤液稀释后，测定清液中的 Cu^{2+} 浓度，由同济大学环境科学与工程学院重点实验室利用电感耦合等离子发射光谱仪测得。

2. 吸附量计算

为得到吸附等温线，5％，9％，12％配比的水泥土各称 0.2 g，至于一系列锥形瓶中，加入已知浓度的标准 Cu²⁺ 溶液（浓度梯度为 400 mg/L，500 mg/L，600 mg/L，700 mg/L和800 mg/L）20 mL。用摇床使其充分混合均匀，维持试剂恒温，平衡一定时间（以平衡时间最长的土的平衡时间为准）后测定清液中的 Cu²⁺ 浓度，再根据式 2-1 计算被固体颗粒吸附的量。

2.8.4 试验结果及分析

1. 水泥土对 Cu²⁺ 吸附的动力学特征

对 5％，9％和12％配比的水泥土的吸附过程各测定 7 个吸附时间点溶液中 Cu²⁺ 的浓度，吸附率-时间曲线见图 2-45。由图可知，这三种配比的水泥土对 Cu²⁺ 的吸附过程是很快的，在 0～3 h 内溶液中 Cu²⁺ 浓度降低较快，分别达 35.19％（5％水泥土），39.67％（9％水泥土），50.28％（12％水泥土），此后速度减慢，72 h 后基本达到吸附平衡状态。随着水泥掺量的增多，水泥土对 Cu²⁺ 的吸附能力也相应增加，9％和12％的水泥土对 Cu²⁺ 的吸附能力相当，平衡吸附率为 94.88％ 和 99.65％，大于 5％水泥土（其平衡吸附率为 76.73％）。

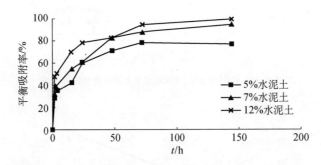

图 2-45　5％，9％，12％的水泥土吸附 Cu²⁺ 的吸附率-时间曲线

2. 水泥土对 Cu²⁺ 的最终平衡吸附率的计算与分析

图 2-46 显示 $t/[(C_0-C)/C_0]$ 与 t 呈良好的线性关系，表 2-14 线性回归的结果是：5％、9％和12％水泥土对 Cu²⁺ 的平衡吸附率在同一初始浓度 400 mg/L 下分别为 81％、99％和100％。结果反映出水泥土的含量影响水泥土对 Cu²⁺ 的吸附能力，12％水泥土对 Cu²⁺ 的吸附能力最强。

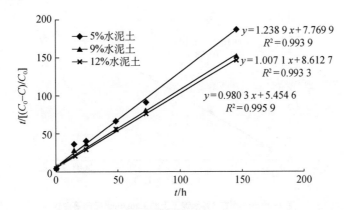

图 2-46　5％，9％，12％的水泥土吸附 Cu²⁺ 的 $t/[(C_0-C)/C_0]$-t 曲线

表 2-14 水泥土吸附 Cu^{2+} 的平衡吸附率

吸附剂	a	b	$(1/b)/\%$	R^2
5%水泥土	7.769 9	1.238 9	81	0.993 9
9%水泥土	8.612 7	1.007 1	99	0.993 3
12%水泥土	5.454 6	0.980 3	100	0.995 9

3. 吸附等温线形式的确定及吸附常数的计算

根据试验数据 C 和 S，绘制出 5%、9% 和 12% 水泥土对 Cu^{2+} 的线性吸附等温线、Langmuir 吸附等温线及 Freundlich 吸附等温线，见图 2-47—图 2-52。

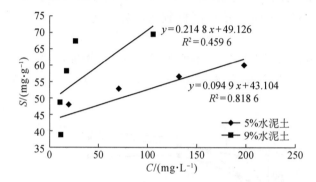

图 2-47 Cu^{2+} 在 5%、9% 水泥土上的线性吸附等温线

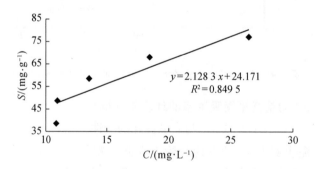

图 2-48 Cu^{2+} 在 12% 水泥土上的线性吸附等温线

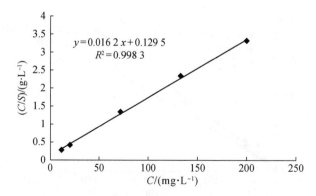

图 2-49 Cu^{2+} 在 5% 水泥土上的 Langmuir 吸附等温线

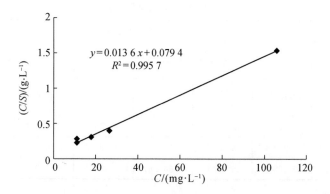

图 2-50　Cu²⁺ 在 9% 水泥土上的 Langmuir 吸附等温线

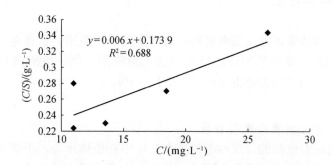

图 2-51　Cu²⁺ 在 12% 水泥土上的 Langmuir 吸附等温线

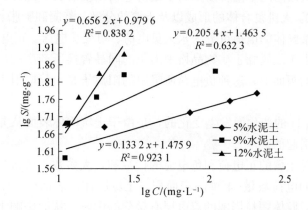

图 2-52　Cu²⁺ 在 5%、9% 和 12% 水泥土上的 Freundlich 吸附等温线

　　为了比较几种等温线对 Cu²⁺ 吸附行为的符合情况，求出线性吸附等温线的线性回归值
（R_1^2），Langmuir 常数（B，K_L）及回归值（R_2^2），Freundlich 常数（K_f，n）及回归值
（R_3^2），结果见表 2-15。由表可知，Cu²⁺ 在 5% 水泥土上的吸附等温线符合 Langmuir 模式
和 Freundlich 模式，在 9% 水泥土上的吸附等温线只符合 Langmuir 模式，在 12% 水泥土
上的吸附等温线只符合 Freundlich 模式。

　　Cu²⁺ 在不同配比的固化水泥土上的吸附符合 Langmuir 等温线或 Freundlich 等温线。这些结
果与本章前面 Ni²⁺，Zn²⁺，Cd²⁺ 和 Pb²⁺ 的研究结果一致，也与国外一些学者的研究结果相吻合，
即在高浓度下，金属离子的吸附等温线是非线性的，一般符合 Langmuir 和 Freundlich 模式。

表 2-15　　　　　　　　　　　Cu^{2+} 的等温线参数和回归分析

吸附剂种类	吸附等温线形式							
	线性等温线	Langmuir 吸附等温线				Freundlich 吸附等温线		
	R_1^2	$1/(K_L B)$	$(1/B)/$ $(g \cdot mg^{-1})$	$B/$ $(mg \cdot g^{-1})$	R_2^2	$\lg K_f$	n	R_3^2
5％水泥土	0.818 6	0.129 5	0.016 2	61.73	0.998 3	1.475 9	0.133 2	0.923 1
9％水泥土	0.459 6	0.079 4	0.013 6	73.53	0.995 7	1.463 5	0.205 4	0.632 3
12％水泥土	0.849 5	0.173 9	0.000 6	1 666.67	0.688 0	0.979 6	0.656 2	0.838 2

2.9　吸附影响因素讨论

离子吸附是指固体吸附剂在强电解质中对溶质离子的吸附。根据电中性的原理，在土壤中产生电荷的同时，即有等当量的反离子被土粒吸附。但一般所观察到的离子吸附现象，则是通过离子交换反应表现出来的（于天仁，1987）。

2.9.1　土壤电荷与土壤表面电荷密度

土壤的细粒是带有电荷的，这些电荷基本上集中在胶体部分，土壤电荷通过电荷数量和电荷密度两种方式对土壤性质发生影响。例如，土壤吸附离子的多少，取决于其所带电荷的数量，而离子被吸附的牢固程度则与土壤的电荷密度有关。此外，离子在土壤中的移动和扩散，土壤有机-无机复合体的形成以及土壤的分散、絮凝和膨胀、收缩等性质，也都受电荷的影响。土壤胶体的电荷可分为永久负电荷、可变负电荷、正电荷和净电荷等几种。

永久负电荷是由于晶质黏土矿物晶格中离子的同晶置换所产生的，大部分分布在层状铝硅酸盐黏土矿物的板面上，这种负电荷所吸附的阳离子是由静电引力所保护，并且是可以交换的。

可变电荷是随 pH 的变化而发生变化的，是由于土壤固体表面从介质中吸附离子或向介质中释放离子而引起的。

土壤的净电荷是土壤的正电荷和负电荷的代数和，大多数土壤带有净负电荷。土壤表面电荷密度＝土壤的电荷数量/土壤的表面积。土壤胶体的表面电荷密度决定着胶体颗粒周围的电场强度，对胶体颗粒周围的双电层有深刻的影响，从而影响土壤一系列物理和化学性质。离子吸附是由库仑力引起的，所以，从数量上来讲，吸附剂所带的电荷越多，则吸附的离子数量越多；吸附剂表面的电荷密度越大，离子所带的电荷数量越多，则吸附性越强。

由于土壤的净负电荷随 pH 值的升高而增加，而土壤的表面积则基本上不受 pH 的影响。因此，土壤胶体表面的电荷密度随 pH 值的升高而增大。

2.9.2　pH、阳离子交换容量对吸附的影响

土壤的正电荷量随 pH 值的增大而降低，pH 对负电荷的影响主要是影响可变负电荷，永久负电荷则不受 pH 的变化影响。研究表明，随着 pH 值的增大，负电荷量增大，阳离

子交换容量也相应增大。如果土壤胶体带的是净正电荷，它就随 pH 值的降低而增加；而如果土壤胶体带的是净负电荷，它就随 pH 值的升高而增加。由于大多数土壤是带有净负电荷，所以随着 pH 值的升高，净负电荷数量增加，离子交换容量增大，对阳离子的吸附能力增强。但对阴离子来讲，pH 值越低，吸附的数量越多，当 pH 值充分高时，由于土壤以带负电荷为主，可以出现负吸附。

许多研究表明：pH 值越大，吸附剂所吸附的阳离子数量也越多。Yong（1987）的研究表明，pH 值增大，黏土对重金属离子如 Zn^{2+}，Cd^{2+}，Pb^{2+}，Hg^{2+} 的稀释作用增强。Weng（2002）对污泥灰在不同 pH 值下对 Ni^{2+} 的吸附表明，pH 值越大，对 Ni^{2+} 的吸附量也越大。张增强等（2000）对 Cd^{2+} 在黄绵土、黄褐土、沙土等几种 pH 不同的土壤中的吸附说明，pH 是影响土壤对 Cd^{2+} 吸附的重要因素，pH 值越大，对 Cd^{2+} 的吸附越强。邵涛、姜春梅（1999）对不同价态铬的吸附研究表明，Cr^{3+} 的吸附量随着 pH 值的升高而增大；Cr^{6+} 的吸附量在 pH 值<8 时，随 pH 值的升高而降低，当 pH 值>8 时，则随 pH 值的升高而增大。Lim 等（2001）研究了天然黏土在不同 pH 下对 Zn^{2+} 的吸附，发现 pH 值增大，对 Zn^{2+} 的吸附量明显增大，在高浓度下特别明显。

本章在研究黏土、粉质黏土、粉煤灰和膨润土在不同 pH 下对 Pb^{2+} 的吸附时，在配制 $Pb(NO_3)_2$ 溶液时，只加入了 1% 的 HNO_3，就使吸附平衡时的溶液从中性变成强酸性（pH 值=1），发现在强酸性条件下，这几种吸附剂对 Pb^{2+} 几乎没有吸附能力，见图 2-53。此外，比较粉煤灰、黏土、粉质黏土这三种吸附剂对金属离子 Ni^{2+}，Zn^{2+}，Cd^{2+}，Pb^{2+} 的吸附性能，粉煤灰极强的吸附性能归因于其极高的 pH 值（11.6）。

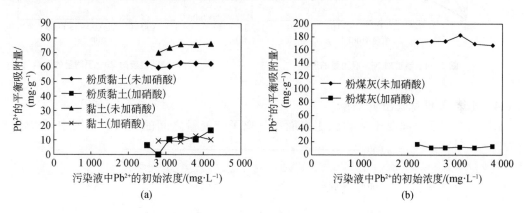

图 2-53 pH 对 Pb^{2+} 吸附的影响

离子交换在土、水与污染物系统中是一个重要过程，阳离子交换容量的大小取决于土壤负电荷数量的多少。单位质量土壤负电荷越多，对阳离子的吸附量越大。电荷对阳离子的吸附影响很大，如蒙脱石、伊利石、高岭土对阳离子的吸附作用次序为蒙脱石>伊利石>高岭土，这主要是由它们的离子交换能力决定的。早在 1964 年就有学者发现，在同一种溶液中，阳离子交换容量较大的黏土所吸附的阳离子的比例较大。本章通过试验比较膨润土、黏土、粉质黏土对金属阳离子的吸附能力（表 2-11），发现膨润土对金属阳离子的吸附能力远大于黏土和粉质黏土，这可以归因于膨润土极大的阳离子交换容量。

2.9.3 温度对吸附的影响

关于温度对吸附的影响机理目前尚不是很明确。温度变化时，离子的动能发生变化，会影响吸附强度，温度升高，离子的运动加快，动能增加。

Weng（2002）对不同温度下（4～40 ℃）污泥灰对 Ni^{2+} 的吸附研究表明，随着温度的升高，单位吸附量增大（图 2-54）。

但 Bereket（1997）研究了 Zn^{2+}，Cu^{2+}，Cd^{2+}，Pb^{2+} 在不同温度下（20 ℃，35 ℃，50 ℃）的热动力学性能时，发现这几种离子都随着温度的升高，吸附率下降，最大吸附量发生在 20 ℃时（图 2-55），这可能是随着温度的升高，吸附离子从表面解吸到溶液中的趋势增加。

从上面的研究可看出，温度对吸附的影响与离子、吸附剂的种类有关，不同离子在不同吸附剂上的吸附对温度的反应也不一样。

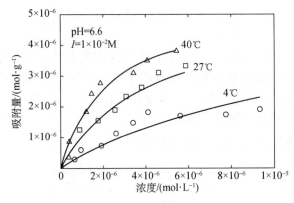

图 2-54　温度对 Ni^{2+} 吸附量的影响

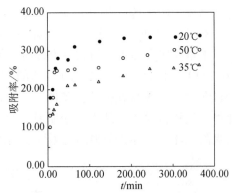

图 2-55　温度对 Zn^{2+} 吸附量的影响

2.9.4 比表面积对吸附的影响

图 2-56 表示不同黏土矿物的比表面积与离子交换量之间的关系。从图中可以看出，

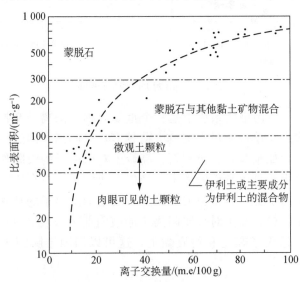

图 2-56　不同黏土矿物的比表面积与离子交换量之间的关系

颗粒尺寸越小，可能的离子交换量越大。所以一般黏土衬垫是由细颗粒组成的，故离子交换的能力比粉土或沙质土大得多。

Weng（2002）比较了污泥灰、粉煤灰、活性污泥、活性炭等几种吸附剂对 Ni^{2+} 的饱和吸附量（Q_m）的大小（表 2-16），从表中可以看出，比表面积大的吸附剂对 Ni^{2+} 的饱和吸附量也大，但不是呈正比关系，如表中活性炭的比表面积最大，但对 Ni^{2+} 的饱和吸附量并不是最大，这说明饱和吸附量的大小还和其他许多因素有关。

表 2-16 不同吸附剂对 Ni^{2+} 的饱和吸附量

吸附剂	pH 值	离子强度/M	比表面积 / （$m^2 \cdot g^{-1}$）	Q_m/ （$\mu mol \cdot g^{-1}$）	来源
污泥灰	6.6	1×10^{-2}	10.0	5.41	Weng（2002）
粉煤灰	6.0	1×10^{-1}	4.5	11.1	Weng（1990）
$Fe(OH)_3$	7.08	—	—	115	Mustafa, Haq（1988）
泥煤	4.5	—	—	113	McKay 等（1997）
活性污泥	6.5	1×10^{-2}	107	202	Weng（2002）
消化污泥	6.5	1×10^{-2}	118	274	Weng（2002）
沸石凝灰岩	4.0	—	—	436	Ali, El-Bishtawi（1997）
活性炭	6.0	5×10^{-2}	1 236	88	Corapcioglu, Huang（1987a, b）
软木废料	6.0	—	—	70	Villaesusa 等（2000）
Yohimbe 树皮废料	6.0	—	—	152	Villaesusa 等（2000）

注：所有试验均是在室温下进行。

2.9.5 离子本身的性质（离子大小等）对吸附的影响

从离子的本性上看，不同价态的离子与土粒表面的亲和力的次序一般为 $M^+ < M^{2+} < M^{3+}$。根据双电层的理论推导出，当溶液中含有相同浓度的一价、二价和三价阳离子时，土壤主要吸附三价阳离子。对于同类电荷的离子，主要取决于离子的水合半径，一般离子半径较大者即水合半径较小者的吸附强度比水合半径较大者大（于天仁，1987）。

从本试验表 2-11 中的结果可看出，4 种离子中 Pb^{2+} 的半径明显比其他 3 种离子大，结果是黏土、粉质黏土、粉煤灰和膨润土对 Pb^{2+} 的吸附量远大于对 Ni^{2+}，Zn^{2+}，Cd^{2+} 的吸附量。Ni^{2+}，Zn^{2+}，Cd^{2+} 这 3 种离子的半径相差不多，吸附性能相差也不明显。

2.9.6 固水比对吸附的影响

从大量的文献中看出，用摇动法（Batch 技术）研究吸附时，关于固体和水溶液的比例没有统一的规定。摇动法通常把试样捏成粉末，进行摇动试验，求得吸附的数据。根据这种试验，可以得到不同材料的不同吸附量对比，可以确定个别物质理论上的最大可能吸附量。但现有的研究发现，在摇动法试验中，固水比（s/w）对吸附能力是有影响的。Manassero（1998）从 K^+ 在一系列 s/w 从 1/4 到 1/0.75 的摇动法吸附试验中发现，在同样的平衡浓度下，随着 s/w 的增大，Freundlich 吸附等温线常数 K_f 明显降低，而同时 n 值稍有些增加，阳离子吸附能力显著降低（图 2-57），这可以理解为主要是由于离子固相表面积的减小而造成的。

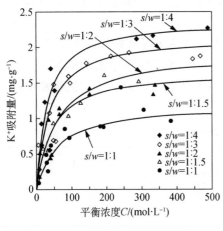
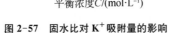

图 2-57　固水比对 K^+ 吸附量的影响

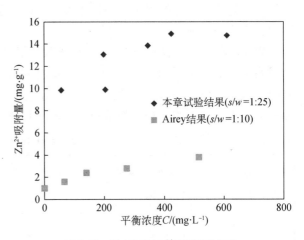

图 2-58　固水比对 Zn^{2+} 吸附量的影响

本章试验中所用的 s/w 值较小，所以得到的阳离子的吸附数据比其他文献中的结果大。比如 Airey（1995）对 Zn^{2+} 在粉质黏土（液限为 54%，塑性指数为 35%）中，采用 s/w 为 1/10，得到 Zn^{2+} 的吸附数据，与本章试验得到的 Zn^{2+} 在粉质黏土（液限为 37.36%，塑性指数为 13.36%）中的吸附数据相比（图 2-58），本章试验的结果是其 3 倍。比较 pH，Airey 试验中所用的锌土混合液的 pH 值是 4.5~5.5，本章试验中锌土混合液的 pH 值是 6.5，相差不多。所以本章试验的结果是 Airey 结果的 3 倍主要可能是由于固水比不同造成的。

2.9.7　试验方法

由于固水比（s/w）对吸附能力是有影响的，所以对于从摇动试验得到的吸附数据能否用于填埋条件还存在疑问。这是由于摇动试验中固体与液体之比（s/w）一般较小，而实际填埋场泥浆墙中这个比值一般较大。Airey（1995）比较了铬从摇动试验和扩散试验反分析得出的吸附数据，发现在压实的土中铬吸附量减小。Khandelwal（1998）在研究有机物质通过用活性炭改良的土-膨润土柱样时，也发现用单独测得的摇动数值计算柱扩散试验的击穿时间不符合，除非将吸附系数除以 2，也就是说，摇动试验测得的结果大。所以在污染物模拟中应考虑到这一点。将摇动试验得到的结果用于现场，显然是高估了，是偏不安全的，这值得进一步研究。

参考文献

于天仁，1987. 土壤化学原理[M].北京:科学出版社.

李廷强,朱恩,杨肖娥,等,2008. 超积累植物东南景天根际可溶性有机质对土壤锌吸附解吸的影响[J].应用生态学报,(4):838-844.

李丽,刘中,宁阳,等,2017. 不同类型粘土矿物对镉吸附与解吸行为的研究[J].山西农业大学学报(自然科学版),37(1):60-66.

张乃娴,李幼琴,赵慧敏,等,1990. 粘土矿物研究方法[M].北京:科学出版社:180-186.

张增强,张一平,朱兆华,2000. 镉在土壤中吸持的动力学特征研究[J].环境科学学报,20(3):370-375.

邵涛,姜春梅,1999. 膨润土对不同价态铬的吸附研究[J].环境科学研究,12(6):47-49.

席永慧,2006. 铅离子吸附材料试验研究[J].同济大学学报(自然科学版),(9):1226-1230.

席永慧,赵红,胡中雄,2005. 粉煤灰粘土粉质粘土膨润土对镍离子吸附试验研究[J].岩土工程学报,(1): 59-63.

AIREY D W,CARTER J P,1995. Properties of a natural clay used to contain liquid wastes[C]//Specialty Conference on Geoenvironment,758-774.

BEREKET G,AROGUZ A Z,OZEL M Z,1997. Removal of Pb(Ⅱ),Cd(Ⅱ),Cu(Ⅱ),and Zn(Ⅱ) from aqueous solutions by adsorption on bentonite[J]. Journal of Colloid and Interface Science,187:338-343.

KHANDELWAL A,RABIDEAU A J,SHEN PEILIANG,1998. Analysis of diffusion and sorption of organic solutes in soil-bentonite barrier materials[J]. Environmental Science & Technology,32:1333-1339.

LIM T T,TAY J H,THE C I,2001. Influence of metal loading on the mode of metal retention in a natural clay[J]. Journal of Environmental Engineering,6: 539-545.

MANASSERO M,PASQUALINI E,SANI D,1998. Potassium sorption isotherms of a natural clayey-silt for pollutant containment. Environmental Geotechnics [M]. Seco e Pinto (ed.), Balkema, Rotterdam, 235-240.

WENG C H, 2002. Removal of Nickel(Ⅱ) from dilute aqueous solution by sludge-ash[J]. Journal of Environmental Engineering,128(8): 716-722.

YONG R N,WRAITH M H,BOONSINSUK P,1987. Attenuation of landfill leachate contamination by clay soil: a comparative laboratory and field study [C]//International Symposium on Environmental Geotechnology. Atlantowm,PA,U. S. A. ,12: 4-19.

第3章　污染物在多孔介质中的迁移

3.1　概述

当前，固体废弃物的处理正面临着污染物数量剧增、种类复杂、受环境制约、合适的处理场地日益匮乏等一系列问题。工业生产还产生大量的废渣、污泥、废酸、废碱、塑料制品、放射性废弃物等。目前除少数国家外，大部分对固体废弃物的处置仍以填埋为主。固体废弃物通过自身分解和接受大气降水的淋滤会产生大量渗出液，含有大量的污染物质，污染物质随同渗出液下渗，以间接和直接的方式污染土壤和地下水系统，填埋场渗滤液的典型组成及浓度如表 3-1 所示。

表 3-1　　　　　　　　　　填埋场渗滤液的典型组成及浓度　　　　　　　　　（单位：mg/L）

成分	Wigh（1979）	Breland（1972）	Friffin&Shimp	蒋海涛等（2001）
有机酸	—	—	—	46～24 600
BOD_5	—	13 400	—	116～19 000
COD_{cr}	42 000	18 100	1 340	189～54 412
$P-PO_4^{3}$	—	—	—	<0.5～80
NO_3^--N	—	107	—	0.59～19.26
NH_3^--N	950	117	862	20～7 400
pH 值	6.2	5.1	6.9	5.5～8.5（3.7～8.5）
总碱度（$CaCO_3$）	8 965	2 480	—	3 000～10 000
砷 As	—	—	0.11	0.1～0.5
硼 B	—	—	29.9	—
镉 Cd	—	—	1.95	0～0.13
钙 Ca	2 300	1 250	354.1	200～300
氯化物 Cl^-	2 260	180	1.95	189～3 262
铬 Cr	—	—	<0.1	0.01～2.61
铜 Cu	—	—	<0.1	0.1～1.43
铁 Fe	1 185	185	4.2	6.92～66.8
铅 Pb	—	—	4.46	0.069～1.53
镁 Mg	410	260	233	50～1 500
汞 Hg	—	—	0.008	0～0.032
镍 Ni	—	—	0.3	—
钾 K	1 890	500	—	200～2 000

成分	Wigh（1979）	Breland（1972）	Friffin&Shimp	蒋海涛等（2001）
钠 Na	1 375	160	—	200～2 000
硫酸盐 SO_4^{3-}	1 280	—	<0.1	9～736
锌 Zn	67	—	18.8	0.2～3.48
锰 Mn	—	—	—	0.47～3.85

固体废弃物的简单填埋是地下水资源的污染源。为防止废弃物对周边环境造成污染，不少国家已广泛采用岩土工程技术，即在填埋场或污染源周围设置隔离屏障系统（Barrier System）来阻止有害物质的迁移。所谓隔离屏障系统就是在地下设置一道低透水的墙或衬垫，有毒有害物质通过时，被截留、吸附、交换或降价，使流出的水达到卫生标准。屏障系统的材料常常会添加具有一定活性的物质、吸附和交换容量大的改性材料如膨润土（Smith 等，2004；Munro 等，1997），或者加设具有半渗透性的土工膜。美国甚至在隔离屏障中采用具有微生物降价的材料处理有机污染物（夏立江 等，2001）。填埋场隔离屏障主要是指填埋场的防渗系统，其防渗形式有垂直防渗墙和水平防渗衬垫。建造这些隔离屏障的目的是确保结构的完整性，减少由于渗滤液迁移造成的潜在危害。这些设施的屏障系统可分为两类：为补救而建造的屏障和用在新的处置设施中的屏障。这些屏障往往由一种或多种成分组成，如土工薄膜、板桩、泥浆槽截水墙、灌浆围幕或单独黏土衬垫。含有细颗粒成分较多的土屏障由于具有低渗透系数和较高的吸附性能，能在设施外侧阻止污染物的迁移。土屏障，包括压实土垫层和泥浆墙，也称为"黏土屏障"或"细粒土屏障"。

在我国，固体废弃物填埋也得到越来越广泛的重视，新建的固体废弃物填埋场也开始采用国外先进的技术。上海老港填埋场四期工程采取了垂直防渗墙和水平复合衬垫相结合的隔离措施，而一、二、三期工程由于受资金限制，没有采取任何防渗措施，工程没有达到国家建设城市生活垃圾卫生填埋场的相关标准。如果不对前三期的填埋区进行防渗处理，那么即便四期工程采取完整的防渗措施，老港填埋场作为一个整体，还是会对周围地下水资源产生严重污染。所以在进行四期工程建设时，考虑了对一、二、三期工程的老填埋区采取必要的垂直防渗措施，即在库区四周设置一道低透水的塑性防渗墙，垂直防渗墙深入天然相对不透水层中 2 m，使各个库区成为独立的水文地址单元。

3.2　污染物在多孔介质中的迁移理论和模型

美国、欧共体等国家对屏障系统的研究，无论在理论研究还是在工程实践上都已经有相当的深度。但在我国，关于这方面的研究还处于初始阶段。对屏障系统的研究涉及化学、土壤学、材料科学、地下水动力学、岩土工程学和环境科学等各个方面，是一门新的学科——环境岩土工程（Geoenvironmental Engineering）（张在明，2001）。

数学模拟是环境治理系统设计和分析的一种常规方法。由于废弃物填埋场中污染物运移过程时间长，所以模拟在污染物系统分析中起到重要的作用。屏障系统性能的许多方面服从于模拟分析。在一般应用于地下水模拟的假设条件下［包括连续性假定、守恒方程、经验的流动定律的有效性（达西定律，菲克定律）和可应用的基本关系］，屏障系统是当作多孔介质对待的。关于污染物在多孔介质中的迁移已有相当多的研究。大部分的研究已经被应用到以对流为主的系统中，但正如一些学者所指出的，在设计条件下，填埋场中对流速度较小，填埋场屏障系统中分子扩散要比对流重要得多（Rowe 等，1988a；Doodle 等，1997）。

从填埋场防渗存在的问题不难看出，渗滤液中污染物通过衬垫层渗漏难以避免，特别是在填埋场不能有效地实现"防""排"等功能的情况下。因此对污染物通过屏障的迁移规律进行研究，预测污染物可能对周边环境造成的危害是十分有必要的。这就涉及渗滤液中污染物在填埋场屏障中的对流-扩散问题。

本章重点研究污染物溶质在防渗屏障中的迁移。渗滤液中污染物在屏障中的迁移受各种物理、化学和生物反应的影响，是一个复杂的过程，包括对流、弥散、扩散、吸附、溶解、沉淀等作用，在实际应用中将其简化成污染物的对流-扩散问题。目前，对污染物在土中迁移机理的研究较多见于土壤学和水力学方面，已建立了多种模拟污染物质在土中迁移的数学模型，其中应用最广泛的是对流-扩散模型。该模型只考虑对流、弥散和扩散引起的溶质运移，以及在此过程中伴随的溶质被吸附或分解的过程，涉及阻滞因子、扩散系数以及渗流速度等参数。除黏土衬垫外，还有一些学者对土工膜、GCL 等土工合成材料中污染物迁移也进行了研究，这些研究仍是基于传统的污染物迁移对流-扩散模型进行的。确定了污染物在衬垫中的阻滞因子、扩散系数等参数，即可根据对流-扩散模型对污染物在衬垫中的迁移进行相关研究（李宪，2005）。

通常污染物在土中的迁移可以概括为以下几种机理（雷志栋 等，1986；谢海建，2008）：

（1）对流运移：由土中的水力梯度引起，污染物随土中孔隙水的流动而迁移。

（2）分子扩散：由分子的不规则热运动（即布朗运动）引起，污染物由高浓度区向低浓度区迁移。

（3）机械弥散：由于孔隙通道不均匀导致水流速度不相同，使溶质逐渐分散开来。机械弥散和分子扩散都是由浓度梯度引起的。

（4）吸附作用：当污染物随水流通过土中时，由于机械阻留、离子吸附和交换、化学反应等作用，污染物将被减速、滞留在土中，使溶液中的污染物浓度发生变化。

（5）源、汇项：溶质的源、汇项是指由于抽、注作用而造成溶质的产生和消失。

当填埋场产生的渗滤液在底部衬垫中迁移时，渗滤液中的污染物将受到以上各种机理的作用，其在黏土衬垫中的迁移如图 3-1 所示。

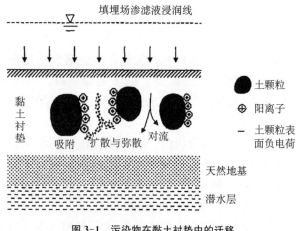

图 3-1 污染物在黏土衬垫中的迁移

3.2.1 污染物在饱和多孔介质中的迁移方程

由于化学反应及蜕变过程，溶解在水中的物质会被稀释。描述污染物离子在土壤中的迁移，通常采用一维数学表达式，这类偏微分方程统称为迁移方程。式（3-1）是包括了对流、弥散、吸附和蜕变所有过程的对流-弥散反应方程（简称 ADRE 方程）（Rabideau，1999）：

$$R_f \frac{\partial C}{\partial f} = \underbrace{\frac{\partial}{\partial x_i}\left(D_{ij}\frac{\partial C}{\partial x_j}\right)}_{1} - \underbrace{\frac{\partial}{\partial x_j}(v_i C)}_{2} - \underbrace{\frac{\rho_b}{n}\left(\frac{\partial S}{\partial t}\right)_{srp}}_{3} - \underbrace{\left(\lambda_a C + \lambda_s \frac{\rho_b}{n}S\right)}_{4} + \underbrace{\frac{q_s}{n}C_s}_{5} \quad (3-1)$$

（注：1 表示扩散，2 表示对流，3 表示吸附，4 表示蜕变，5 表示源、汇；srp 表示吸附反应）

式中 i,j—— 与笛卡尔坐标系统有关的方向的脚标；

       x—— 空间坐标；

       v—— 渗流速度；

       D—— 弥散系数；

       q_s—— 液体源(或汇)；

       C_s—— 源或汇污染物的浓度；

       ρ_b—— 介质干密度；

       S—— 吸附相中的污染物质量百分数；

       λ_a—— 液相的一阶递降(蜕变)系数；

       λ_s—— 固相的一阶递降(蜕变)系数。

弥散张量一般由两部分组成，用式（3-2）表示（Rowe 等，1988a；Folkes，1982；Rowe，1988b；Shackelford 等，1991；Freeze 等，1979；Rowe 等，1996）：

$$D_{ij} = D_{hij} + D_s \quad (3-2)$$

式中，D_h 为机械的水动力混合，即机械弥散系数；D_s 为溶质的有效分子扩散系数。

式（3-2）中，D_h 是速度和多孔介质孔隙系统几何学的函数。对污染物屏障系统来讲，渗透速度若非常小，可忽略不计。因此，分子弥散被认为是主要的迁移过程。多孔介质（在宏观范围下）中的溶质扩散系数一般与溶质在液体中污染物的扩散系数有关，关系如下（Shackelford 等，1991；Rowe 等，1996）：

$$D_s = \frac{D_l}{\tau} \quad (3-3)$$

式中，D_l 为液体扩散系数；τ 为弯曲因子。

在式（3-1）中，假设只有吸附相和含水相两种污染相存在。为了封闭这一系统，必须提供附加方程来表达污染物在溶解和吸附之间的分布。在大多数运移模型中，固相被作为单独的一部分，用吸附模式来定义平衡时溶解和吸附二者之间的关系。普遍使用的吸附模式是线性等温线（式 3-4）和 Freundlich 等温线（式 3-5）（Shackelford 等，1991；Freeze 等，1979；Van 等，1976）：

$$S = k_d C \quad (3-4)$$

$$S = k_f C^{n_F} \quad (3-5)$$

式中，k_d 为溶质的分布系数；k_f 和 n_F 是 Freundlich 经验常数。Freundlich 等温线是几个常用的非线性等温线之一。

如果考虑线性吸附模式，则对流-弥散反应方程 [式(3-1)]可简化为式（3-6）：

$$R_f \frac{\partial C}{\partial f} = \frac{\partial}{\partial x_i}\left(D_{ij}\frac{\partial C}{\partial x_j}\right) - \frac{\partial}{\partial x_j}(v_i C) - \left(\lambda_a C + \lambda_s \frac{\rho_b}{n}S\right) + \frac{q_s}{n}C_s \tag{3-6}$$

式中，R_f 是阻滞因子。

$$R_f = 1 + \frac{\rho_b k_d}{n} \tag{3-7}$$

式中，n 为孔隙率。

如果不考虑污染物的源、汇项，则式（3-6）的一维形式为（Shackelford，1996）：

$$R_f \frac{\partial C}{\partial f} = D\frac{\partial^2 C}{\partial x^2} - v\frac{\partial C}{\partial x} - \lambda_a C - (R_f - 1)\lambda_s C \tag{3-8}$$

如果既不考虑污染物的源、汇项，也不考虑污染物的蜕变，则式（3-8）又可进一步简化为式(3-9)（Acar 等，1990）：

$$R_f \frac{\partial C}{\partial f} = D\frac{\partial^2 C}{\partial x^2} - v\frac{\partial C}{\partial x} \tag{3-9}$$

3.2.2 污染物在非饱和多孔介质中的迁移方程

污染物在包气带下在非饱和土壤多孔介质中迁移时，它的弥散系数和平均孔隙流速等迁移参数均为土壤含水率 θ 的函数，迁移方程较为复杂。包括扩散、对流、弥散、蜕变等过程的一般方程为：

$$\frac{\partial(\theta \cdot R \cdot C)}{\partial t} = \frac{\partial}{\partial x}\left[\left(\underbrace{\theta \cdot D \cdot \gamma}_{1} + \underbrace{\alpha|V|}_{2}\right)\frac{\partial C}{\partial x} - \underbrace{V \cdot C}_{3}\right] - \underbrace{\mu \cdot \theta \cdot C}_{4} \tag{3-10}$$

［注：1表示扩散，2表示弥散，3表示对流，4表示递降（蜕变）］

式中 θ —— 体积含水率，m^3/m^3；

$\quad\quad \alpha$ —— 弥散距离，m；

$\quad\quad V$ —— z 方向的渗流线速度，m/s；

$\quad\quad \mu$ —— 蜕变常数。其他符号同前。

如果不考虑污染物的蜕变，假设线性吸附模式，则污染物溶质在非饱和土壤中的一维迁移方程为（Fityus 等，1999）：

$$(\theta + \rho_b k_d)\frac{\partial C}{\partial t} = \theta D\frac{\partial^2 C}{\partial z^2} + \left(\theta\frac{\partial D}{\partial z} + D\frac{\partial \theta}{\partial z} - \theta v\right)\frac{\partial C}{\partial z} \tag{3-11}$$

水气在土壤中的分布较复杂，线性分布是迁移方程中经常采用的一个假定，Fityus（1999）应用的一个 θ 线性分布如下：

$$\theta(z) = A + Bz \tag{3-12}$$

式中，A 和 B 为经验匹配常数；θ 为体积含水率，当土壤饱和时等于土的空隙率 n。

如果认为 D，θ 不随深度变化，则式（3-11）可简化为（Rowe 等，1996）：

$$(\theta + \rho_b k_d) \frac{\partial C}{\partial t} = \theta D \frac{\partial^2 C}{\partial z^2} - \theta v \frac{\partial C}{\partial z} \tag{3-13}$$

［注：式(3-11)、式(3-12)、式(3-13) 中的 z 是指空间坐标］

3.2.3　多孔介质中污染物迁移方程的解

3.2.3.1　边界条件

对流-弥散反应方程的解取决于规定的辅助边界条件。边界条件的形式对方程的解影响很大，特别是对扩散占主导的迁移。边界条件必须应用在屏障系统的污染物一侧（$x = 0$）（指屏障系统的入口）和屏障系统受污染少的一侧（$x = L$）（指屏障系统的出口）。

一般假设开始时屏障是不受污染的，即

$$C(x, 0) = 0 \tag{3-14}$$

总的来讲，边界条件可分为三类（Folkes，1982）：①第Ⅰ型或称为 Dirchlett 条件，浓度值在边界处是固定的；②第Ⅱ型或称为 Neumann 条件，边界处的浓度梯度是固定的；③第Ⅲ型或混合条件，边界处的浓度梯度是浓度的函数。表 3-2 列出了各种边界条件（Rabideau 等，1998）。

在进口边界条件中，常用的和保守的应用于一维问题的是常数浓度条件 $[C(0, t) = C_0]$，因为它使得对流-弥散反应方程得到封闭解。有限质量条件与常数浓度条件相比，保守性不够，但更符合实际。

在出口边界条件中，对扩散占主导的迁移来讲，零浓度条件 $[C(L, t) = 0]$ 是最保守的出口条件，Rabideau 等（1998）证明了此条件是一维低渗透垂直屏障系统模型最合适的条件，这个边界条件被称为"完全冲出条件"。半无限出口条件 $\frac{\partial C}{\partial x}(\infty, t) = 0$ 表示在屏障/含水层交界处的移动并不影响屏障系统内污染物的迁移，它适用于对流占主导的迁移。半无限出口条件使对流-弥散反应方程的求解过程变得容易。

表 3-2　　　　　　　　　　　　　　　　边界条件

进口边界条件	常数浓度　$C(0, t) = C_0$
	按指数律的衰减源　$C(0, t) = C_0 e^{-\lambda_s t}$
	Danckwerts　$C(0, t) = C_0 - \dfrac{D}{v} \dfrac{\partial C}{\partial x}(0, t)$
	有限质量（没有流入）　$C(0, t) = C_0 - \dfrac{A}{v_i} \displaystyle\int_0^t f(0, \tau) d\tau - \int_0^t \lambda_s C(0, \tau) d\tau$
	混合区域（没有初始质量） $C(0, t) = \dfrac{Q_i}{v_i} \displaystyle\int_0^t C_{in}(\tau) d\tau - \dfrac{A}{v_i} \int_0^t f(0, \tau) d\tau - \int_0^t \lambda_s C(0, \tau) d\tau$

	零浓度 $C(L, t) = 0$
出口边界条件	零梯度 $\dfrac{\partial C}{\partial x}(L, t) = 0$
	半无限零浓度 $C(\infty, t) = 0$
	半无限零梯度 $\dfrac{\partial C}{\partial x}(\infty, t) = 0$

表中符号的含义：λ_s——污染源区域内污染物的衰减速率；V_i——流入液的体积（$x=0$）；A——屏障垂直于 x 方向的面积；C_0——流入液的初始浓度；$f(0, t)$ 和 $f(L, t)$——$x=0$ 和 $x=L$ 处的流量；Q_i——污染源区域内污染物的流入速率；C_{in}——随时间变化的流入液的浓度。

Rabideau 等（1998）通过计算比较，指出从保守的角度出发，对野外设计应使用常数浓度进口条件和零浓度出口条件，特别是对于垂直屏障的设计。

3.2.3.2 土壤多孔介质中污染物迁移方程的解

污染物在多孔介质中的迁移方程，一般都是抛物线型的二阶线性偏微分方程，其求解方法总的来讲，可分为三大类：解析解、半解析解和数值解方法。实际发生的地下多孔介质中的污染问题十分复杂，只有对其加以抽象和简化或在很简单的边界条件下才能得出精确的解析解。对于无法求出解析解的迁移方程，一般只能用半解析解或数值方法来求解。

1. 解析解

Ogata（1970），Ogata 和 Banks（1961），Freez 和 Cherry（1979），Owen（1925），Carslaw 和 Jaeger（1959）给出了常数浓度进口条件和零浓度出口条件下的一维对流-弥散方程的解析解。此外，Van（1981），Lindstrom 等（1967）求出了其他几种以浓度为基础的边界条件下的一维对流-弥散方程的解析解。

（1）污染物在均质的、半无限多孔介质稳定流中的一维对流-弥散方程的解析解

假定：①土壤多孔介质系统是均质的、半无限的；②土壤是饱和的，地下水在土壤中的流动符合达西定律；③溶质沿一个方向迁移；④不考虑污染物的蜕变和吸附。一维对流-弥散迁移方程为

$$\frac{\partial C}{\partial t} = D\frac{\partial^2 C}{\partial x^2} - v\frac{\partial C}{\partial x} \tag{3-15}$$

式中，v 为单位时间内沿 x 方向的渗流速度，m/s；D 为溶质在土壤中的弥散系数，m^2/s。

假定：①土壤多孔介质系统是半无限的；②土体开始没有受到污染；③污染源浓度是常数。边界条件为

$$\begin{aligned} &C(x, 0) = 0 \\ &C(0, t) = C_0 \\ &C(\infty, t) = 0 \end{aligned} \tag{3-16}$$

式中，C_0 为常数，土和渗滤液交界面处的溶质浓度。

Crooks 和 Quigley（1984），Freez 和 Cherry（1979），Shackelford（1996），Ogata（1970），Ogata 和 Banks（1961）给出了迁移方程式（3-15）在上述边界条件下的解析解：

$$\frac{C}{C_0} = erfc(z_1) + \exp(z_2) erfc(z_3) \qquad (3-17)$$

式中　C——土液相中的溶质浓度，mol/L；

　　　x——离污染源的距离，m；

　　　t——时间，s；

　　　$erfc$——余误差函数，$erfc(z) = 1 - erf(z)$，$erf(z) = \dfrac{2}{\sqrt{\pi}} \displaystyle\int_0^z e^{-z^2} \mathrm{d}z$。

z_1，z_2，z_3 定义如下：

$$z_1 = \frac{x - vt}{2\sqrt{Dt}}; \quad z_2 = \frac{vx}{D}; \quad z_3 = \frac{x - vt}{2\sqrt{Dt}} \qquad (3-18)$$

对于反应性物质（$R_f \neq 1$），式（3-9）的解为

$$z_1 = \frac{x - v^* t}{2\sqrt{D^* t}}; \quad z_2 = \frac{v^* x}{D^*} = \frac{vx}{D}; \quad z_3 = \frac{x - v^* t}{2\sqrt{D^* t}} \qquad (3-19)$$

式中，$v^* = v/R_f$；　$D^* = D/R_f$（D^* 为有效扩散系数或表观扩散系数）。

这个解被广泛地应用在野外和实验室数据分析中。

Rabideau 和 Khandewel（1998），Shackelford（1990）给出了式（3-9）在同样边界条件［式(3-16)］下的解。

（2）污染物在均质的、有限深度的多孔介质稳定流中的一维对流-弥散方程的解析解

假设污染物在地下土壤多孔介质中发生蜕变和线性吸附现象，则一维对流-弥散方程为式（3-8），在式（3-8）中，令 $\lambda_a = \lambda_s$，则简化为（Schackelford，1996）：

$$R_f = \frac{\partial C}{\partial t} = D \frac{\partial^2 C}{\partial x^2} - v \frac{\partial C}{\partial x} - R_d \lambda_a C \qquad (3-20)$$

令 $R_f \lambda_a = \lambda$，则式（3-20）变成：

$$R_f = \frac{\partial C}{\partial t} = D \frac{\partial^2 C}{\partial x^2} - v \frac{\partial C}{\partial x} - \lambda C \qquad (3-21)$$

式中，λ 为一阶蜕变常数，其他符号同前。

边界条件为

$$\begin{cases} C(x, 0) = 0 \\ C(0, t) = C_0 \\ C(L, t) = 0 \end{cases} \qquad (3-22)$$

式中，L 为屏障的厚度。

Owen（1925），Carslaw 和 Jaeger（1959）给出了式(3-21)在边界条件式(3-22)下浓度 C 和流量 f 的解析解。

在垂直土屏障系统中，在低流速条件下，对扩散占主导的迁移来讲，Rabideau 和 Khandewel（1998）证明了 $C(L, t) = 0$ 是最保守的出口边界条件。

（3）其他Ⅰ型或浓度型进口边界条件、Ⅲ型或流量型进口边界条件下，污染物在多孔介质稳流中的一维对流-弥散方程的解析解

Van Genuchten（1981），Lindstrom（1967）等在四种以浓度为基础的边界条件下，给出了污染物在均质的、有限或无限深度的多孔介质稳定流中的一维对流-弥散方程的解析解（表3-3）。

表 3-3　　　　　　　　　　　　　　　　一维对流-弥散浓度模型

进口边界	出口边界	浓度解	备注
$C(0, t) = C_0$	$\dfrac{\partial C}{\partial x}(\infty, t) = 0$	$C = \dfrac{C_0}{2}\left[erfc\left(\dfrac{R_{\rm f}x - vt}{2\sqrt{DR_{\rm f}t}}\right) + \exp\left(\dfrac{vx}{D}\right)erfc\left(\dfrac{R_{\rm f}x + vt}{2\sqrt{DR_{\rm f}t}}\right)\right]$	
$C(0, t) = C_0$	$\dfrac{\partial C}{\partial x}(L, t) = 0$	$\dfrac{C}{C_0} = 1 - \sum_{m=1}^{\infty}\dfrac{2\alpha_m\sin\left(\dfrac{\alpha_m x}{L}\right)\exp\left(\dfrac{vx}{2D} - \dfrac{v^2 t}{4DR_{\rm f}} - \dfrac{\alpha_m^2 Dt}{L^2 R_{\rm f}}\right)}{\alpha_m^2 + \left(\dfrac{vL}{2D}\right)^2 + \dfrac{vL}{2D}}$ 式中，α_m 是方程 $\alpha_m\cot(\alpha_m) + \dfrac{vL}{2D} = 0$ 的正根	C 为土孔隙中驻留溶质的浓度；$R_{\rm f}$ 为阻滞因子。
$\left(vC - D\dfrac{\partial C}{\partial x}\right)\Big|_{x=0} = vC_0$	$\dfrac{\partial C}{\partial x}(\infty, t) = 0$	$\dfrac{C}{C_0} = 0.5\left\{\begin{array}{l} erfc\left(\dfrac{R_{\rm f}x - vt}{2\sqrt{DR_{\rm f}t}}\right) + 2\sqrt{\dfrac{v^2 t}{\pi DR_{\rm f}}}\exp\left[-\dfrac{(R_{\rm f}x - vt)^2}{4DR_{\rm f}t}\right] - \\ \left(1 + \dfrac{vx}{D} + \dfrac{v^2 t}{DR_{\rm f}}\right)\exp\left(\dfrac{vx}{D}\right)erfc\left(\dfrac{R_{\rm f}x + vt}{2\sqrt{DR_{\rm f}t}}\right) \end{array}\right\}$	
$\left(vC - D\dfrac{\partial C}{\partial x}\right)\Big|_{x=0} = vC_0$	$\dfrac{\partial C}{\partial x}(L, t) = 0$	$\dfrac{C}{C_0} =$ $1 - \sum_{m=1}^{\infty}\dfrac{\dfrac{2vL}{D}\beta_m\left[\beta_m\cos\left(\dfrac{\beta_m x}{L}\right) + \dfrac{vL}{2D}\sin\left(\dfrac{\beta_m x}{L}\right)\right]\exp\left(\dfrac{vx}{2D} - \dfrac{v^2 t}{4DR_{\rm f}} - \dfrac{\beta_m^2 Dt}{L^2 R_{\rm f}}\right)}{\left[\beta_m^2 + \left(\dfrac{vL}{2D}\right)^2 + \dfrac{vL}{D}\right]\left[\beta_m^2 + \left(\dfrac{vL}{2D}\right)^2\right]}$ 式中，β_m 是方程 $\beta_m\cot(\beta_m) - \dfrac{\beta_m^2 D}{vL} + \dfrac{vL}{4D} = 0$ 的正根	

2. 半解析解

（1）污染物在多孔介质稳定流中的对流-弥散迁移方程的半解析解

求解污染物在地下饱和土壤中迁移方程的半解析解的一个有效方法是采用拉普拉斯变换。Rowe 和 Booker（1984，1985a，1985b，1986，1995a，1995b），Booker 和 Rowe（1987），Rowe（1988b）解决了层状土多孔介质中，一维、二维、三维污染物溶质的运移方程分析的方法，建立了 Pollute 模型，并编制了计算机程序。该方法有以下几个优点：①表达有限质量进口和冲刷出口边界条件的能力；②表达复合阻隔坝系统的能力；③与数值模型比较，计算效率高。这个方法的缺点是它的复杂性。但是 POLLUTE 程序可以商业化，不仅可用于水平屏障系统，也可用于垂直屏障系统，只需对参数定义重新说明。

一维对流-弥散迁移方程的拉普拉斯变换过程如下：

考虑污染物吸附、蜕变的多孔介质稳定流中的一维对流-弥散方程为

74

$$R_f \frac{\partial C}{\partial t} = D \frac{\partial^2 C}{\partial x^2} - v \frac{\partial C}{\partial x} - \lambda C \tag{3-23}$$

质量流量由菲克定律给出：

$$f = nvC - nD \frac{\partial C}{\partial z} \tag{3-24}$$

引入拉普拉斯变换（Rowe 等，1985a）：

$$\bar{C} = \int_0^\infty e^{-st} C(z, t) dt \tag{3-25}$$

式中，s 为拉普拉斯常数。

将拉普拉斯变换式（3-25）代入式（3-23）和式（3-24）中，得到浓度和流量的拉普拉斯解 $\bar{C}$，$\bar{f}$：

$$\begin{cases} \bar{C} = B_1 \exp(\phi_1, Z) + B_2 \exp(\phi_2, Z) \\ \bar{f} = nDB_1 \exp(\phi_1, Z) + nDB_2 \phi_1 \exp(\phi_2, Z) \end{cases} \tag{3-26}$$

式中，B_1，B_2 为根据边界条件求得的积分常数；ϕ_1，ϕ_2 的定义如下：

$$\begin{cases} \phi_1 = \dfrac{v}{2D} + \sqrt{\dfrac{v^2}{4D^2} + \dfrac{R_f s + \lambda}{D}} \\ \phi_2 = \dfrac{v}{2D} - \sqrt{\dfrac{v^2}{4D^2} + \dfrac{R_f s + \lambda}{D}} \end{cases} \tag{3-27}$$

Rabideau 和 Khandelwal（1998）总结了常用边界条件下 B_1，B_2 的表达式（表 3-4）。

表 3-4　　　　　　　　　　　　　各种边界条件下的积分常数表达式

进口边界条件	
常数浓度 $C(0, t) = C_0$	$B_1 + B_2 = \dfrac{C_0}{s}$
按指数规律衰减源 $C(0, t) = C_0 \exp(-\lambda_s t)$	$B_1 + B_2 = \dfrac{C_0}{s + \lambda_s}$
Danckwerts $C(L, t) = C_0 - \dfrac{D}{v} \dfrac{\partial C}{\partial x}(0, t)$	$B_1 nDA\phi_2 + B_2 nDA\phi_1 = \dfrac{Q_i P_0}{s}$
有限质量（没有流入） $C(0, t) = C_0 - \dfrac{A}{v_i} \int_0^t f(0, \tau) d\tau - \int_0^t \lambda_s C(0, \tau) d\tau$	$B_1 \left(1 + \dfrac{nv_i \phi_2}{sA}\right) + B_2 \left(1 + \dfrac{nv_i \phi_1}{sA}\right) = \dfrac{C_0}{s}$
混合范围（没有初始质量） $C(0, t) = \dfrac{Q_i}{v_i} \int_0^t C_{in} \tau d\tau - \dfrac{A}{v_i} \int_0^t f(0, \tau) d\tau - \int_0^t \lambda_s C(0, \tau) d\tau$	$B_1 \left(1 + \dfrac{nv_i \phi_2}{sv_i}\right) + B_2 \left(1 + \dfrac{nv_i \phi_1}{sv_i}\right) =$ $\dfrac{Q_i}{v_i s} \left(\dfrac{P_0}{s} + \dfrac{P_1}{s^2} + \dfrac{2P_2}{s^3}\right)$
出口边界条件	
零浓度 $C(0, t) = 0$	$B_1 \exp(\phi_1 L) + B_2 \exp(\phi_2 L) = 0$

出口边界条件	
零梯度 $\dfrac{\partial C}{\partial x}(L, t)=0$	$B_1\phi_1\exp(\phi_1 L)+B_2\phi_2\exp(\phi_2 L)=0$
半无限零梯度 $\dfrac{\partial C}{\partial x}(\infty, t)=0$	$B_1=0$

（2）污染物迁移进入半无限均质土壤平面的一维对流-弥散方程的半解析解

一定质量（M_0）的污染源在时间 $t=0$ 时一次性输入半无限均质土壤平面上，由质量平衡可知，任何时刻 t 的表面浓度 $C(0, t)$ 定义如下：

$$C(0, t)=\omega_0-\frac{1}{H_f}\int_0^t f(0, t)\mathrm{d}t \tag{3-28}$$

式中，H_f 为污染源的厚度；ω_0 为污染源的起始浓度（$\omega_0=M_0/V$，V 是污染物的体积）。

边界条件为

$$\left.\begin{aligned}
C(0, 0)&=\omega_0\\
C(0, t)&=\omega_0-\frac{1}{H_f}\int_0^t f(0, \tau)\mathrm{d}\tau\\
C(\infty, t)&=0
\end{aligned}\right\} \tag{3-29}$$

Rowe 和 Booker（1985a），Booker 和 Rowe（1987）求出了式（3-24）在边界条件 [式（3-29）] 下任意时刻 t 的浓度 C 和流量 f 的表达式。

假定输入的污染源质量 M 不是常数，而是时间的函数 $M(t)$，其他条件同上，则

$$C(0, t)=\omega(t)-\frac{1}{H_f}\int_0^t f(0, \tau)\mathrm{d}t \tag{3-30}$$

式中，$\omega(t)$ 为污染源的起始浓度，$\omega(t)=M(t)/V$。

假设 $\omega(t)$ 与迁移的时间成正比，即 $\omega(t)=mt$，Booker 和 Rowe（1987）求解出了浓度。

（3）污染物迁移进入均质的有限深度的土壤多孔介质的一维对流-弥散方程的半解析解

Rowe 和 Booker（1985a）提出了图 3-2 所示的模型。污染物起始表面浓度为常数 C_0，表面浓度随着扩散的进行而减小，并且考虑下卧透水层中由于地下水流动引起的对流移动。假设：①土是均质的；②地下水流动符合达西定律；③迁移沿 Z 方向进行。

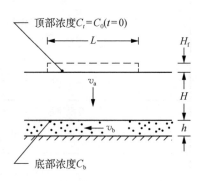

图 3-2　有限深度一维扩散模型

考虑污染物被吸附，不考虑污染物的蜕变的一维对流-弥散方程为

$$(n+\rho_b k_d)\frac{\partial C}{\partial t}=nD\frac{\partial^2 C}{\partial z^2}-nv\frac{\partial C}{\partial z} \tag{3-31}$$

边界条件为

$$
\left.
\begin{aligned}
&C(0,\ 0)=C_0 \\
&C(0,\ t)=C_0-\frac{1}{H_f}\int_0^t f(0,\ \tau)\mathrm{d}\tau \\
&C=\int_0^t \frac{f(C,\ \tau)}{n_b h}\mathrm{d}\tau-\int_0^t \frac{v_b}{n_b L}\mathrm{d}\tau,\ z=H
\end{aligned}
\right\}
\tag{3-32}
$$

式中　$f(C,\ \tau)$——在 H 处进入可渗透薄层的流量；

　　　v_b——可渗透薄层中水平方向的达西速度；

　　　n_b——薄层的孔隙率；

　　　$H_f,\ L$——污染源的厚度和宽度。

Rowe 和 Booker（1985）同样引入拉普拉斯变换，求出了式（3-31）在任意时刻 t，距污染源输入边界 z 处的溶质浓度 $C(z,\ t)$ 和流量 $f(x,\ t)$ 在拉普拉斯空间的解。

（4）污染物迁移进入均质的有限深度的土壤多孔介质的二维对流-弥散方程的半解析解

Rowe 和 Booker（1985b）将上述一维问题拓展为二维问题，模型如图 3-3 所示。模型假设同上，只是认为扩散沿 x 和 z 两个方向进行。

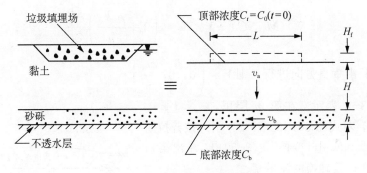

图 3-3　有限深度的二维扩散模型

污染物通过一般饱和土的二维迁移，可用菲克定律来估计：

$$
\begin{cases}
f_x=nCv_x-nD_{xx}\dfrac{\partial C}{\partial x} \\[3mm]
f_z=nCv_z-nD_{zz}\dfrac{\partial C}{\partial z}
\end{cases}
\tag{3-33}
$$

式中　$D_{xx},\ D_{zz}$——沿 x 方向和 z 方向的水动力弥散系数；

　　　$v_x,\ v_z$——渗透系数的水平分量和垂直分量；

　　　$f_x=f_x(x,\ z,\ t)$——x 方向的流量；

　　　$f_z=f_z(x,\ z,\ t)$——z 方向的流量。

对孔隙流速均匀的土壤而言，二维对流-弥散方程为（Rowe 等，1985b）：

$$
\frac{\partial C}{\partial x}\left(nD_{xx}\frac{\partial C}{\partial z}\right)+\frac{\partial}{\partial z}\left(nD_{zz}\frac{\partial C}{\partial z}\right)-\frac{\partial}{\partial x}(nv_x C)-\frac{\partial}{\partial z}(nv_z C)=(n+\rho_b k_d)\frac{\partial C}{\partial z}
\tag{3-34}
$$

假设边界条件为

$$
\left.\begin{array}{l}
C_{\mathrm{T}}=C_{\mathrm{LF}}(t)\,,\ \ x<L/2 \\[4pt]
C_{\mathrm{T}}=0\,,\ \ x>L/2 \\[4pt]
C_{\mathrm{LF}}(t)=C_0-\dfrac{1}{LH_{\mathrm{f}}}\displaystyle\int_0^t\int_{-L/2}^{L/2}f_z(x,\ 0,\ \tau)\mathrm{d}x\mathrm{d}\tau \\[8pt]
v_x=0\,,\ \ v_z=v_{\mathrm{a}}/n
\end{array}\right\}
\tag{3-35}
$$

Rowe 和 Booker（1985b）引入拉普拉斯变换和傅里叶变换，求出了式（3-34）在转换空间的解，再通过数值积分求得浓度 C 和流量 f 的解。

（5）污染物迁移进入均质的、有限深度的土壤多孔介质的三维对流-弥散方程的半解析解 Rowe 和 Booker（1986）用有限层方法考虑一般水平层状土中的三维扩散问题。

由菲克定律可知，溶质通过饱和黏土的迁移方程如下：

$$
\begin{aligned}
f&=nvC-n\boldsymbol{M}_{\mathrm{D}}\,\nabla C \\
\boldsymbol{M}_{\mathrm{D}}&=\mathrm{diag}(D_{xx},\ D_{yy},\ D_{zz})
\end{aligned}
\tag{3-36}
$$

式中，$\boldsymbol{M}_{\mathrm{D}}$ 为水动力弥散系数矩阵。

假设：①土是各向同性的；②土中孔隙液体流速均匀，符合达西定律；③溶质在土中的吸附是线性的。三维对流-弥散方程为

$$
\nabla^{\mathrm{T}}(\boldsymbol{M}_{\mathrm{D}}\,\nabla C)-\boldsymbol{V}^{\mathrm{T}}\,\nabla C=\left(1+\frac{\rho_{\mathrm{b}}k_{\mathrm{d}}}{n}\right)\frac{\partial C}{\partial t}
\tag{3-37}
$$

假定渗透只沿垂直方向进行，则 $\boldsymbol{V}=\left(0,\ 0,\ \dfrac{v_{\mathrm{a}}}{n}\right)^{\mathrm{T}}$。

模型用图 3-4 表示。在第 m 层里，$z_m\leqslant z\leqslant z_p(p=m+1)$，对式(3-36)和式(3-37)引入拉普拉斯变换[式(3-38)]和傅里叶变换[式(3-39)]，求出第 m 层内转换的浓度 $\bar{C}$ 及转换的流量 $\bar{f}$。

$$
(\bar{C},\ \bar{f})=\int_0^\infty(C,\ f)\exp(-st)\mathrm{d}t
\tag{3-38}
$$

$$
(C,\ f)=\frac{1}{4\pi^2}\int_0^\infty\int_0^\infty(C,\ f)\exp[-i(\xi x+\eta y)]\mathrm{d}x\mathrm{d}y
\tag{3-39}
$$

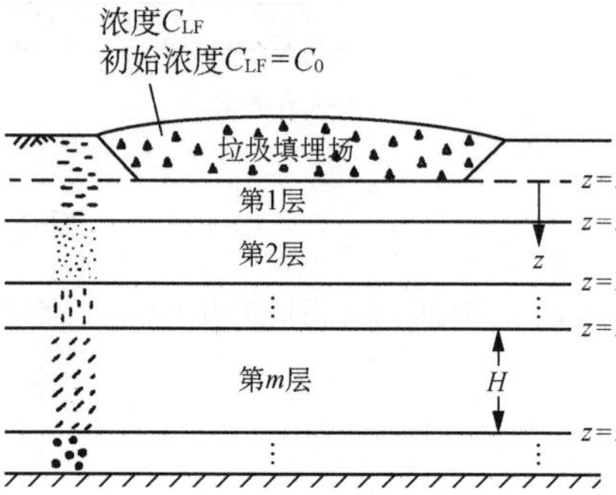

图 3-4　层状土剖面图

求出转换的浓度后，再利用边界条件求出浓度在转换空间的解。Rowe 和 Booker（1986）采用与二维模型相同的假设：①在黏土层下面有一渗透性强的薄层；②对表面浓度为常数 C_0 和表面浓度随时间变化两种情况分析了结果。

3. 数值解

污染物的对流-迁移方程的数值解法，就是把连续问题离散化，用只含有有限个未知数的线性代数方程组去代替连续变量的定解问题，并把相应方程组的解作为定解问题的数值近似解。数值解法使得边界条件的指定有很大的灵活性，允许把诸如非线性/非平衡反应以及屏障内参数的空间变化都考虑到（Folkes，1982），对三维问题的求解也能适用。对流-迁移方程的一维解答一般可用传统的有限差分法或有限元法。

对流-迁移数值方程中考虑非线性和（或）非平衡反应项可通过许多途径，特别是劈裂算符方法（Kaluarachchi 等，1995）已经在模拟多孔介质的反应性运移中得到相当的应用，但 split-operator 方法的应用需要对时间步距进行仔细的选择（Folkes，1982）。目前关于劈裂算符方法应用于低渗透屏障迁移方面的研究很少。

3.3 污染物在土壤中迁移系数的试验研究

3.3.1 污染物在土壤多孔介质中的迁移理论

描述污染物在饱和和不饱和多孔介质中迁移的基本方程常用式（3-1）来表达，在大多数污染问题中，吸附作用是影响污染物迁移的主要因素，不考虑放射性衰变或生物降解过程，且假定吸附作用是线性时，在饱和多孔介质中的一维基本迁移方程可用式（3-9）表达。

式（3-9）中的 D 为水动力弥散系数，也称扩散-弥散系数，量纲为 L^2/T。弥散作用是由分子扩散作用和机械弥散两种作用构成的。分子扩散是物理化学作用的结果，是分子布朗运动的一种现象，也称物理化学弥散，当液体中溶质浓度不均匀时，则会形成化学势，溶质会在浓度梯度的作用下，由浓度高处向浓度低处运动，以使液体中的溶质浓度趋于均匀。机械弥散是当含有污染物质的溶液进入多孔介质的含水层后，由于两种液体在孔隙范围内的速度分布不均匀，使得两种液体产生机械混合。一般情况下，当地下水在土壤介质中流动时，分子扩散和机械弥散在弥散过程中同时起作用。这两项作用的叠加，合起来称为水动力弥散，详见式（3-2）。当地下水流速稍大时，机械弥散在水动力弥散中起主导作用；当地下水的流速很小时，分子扩散的作用就会变得很显著。

Rowe（1988）在研究污染物通过黏土的运移时发现，在水流渗透速度 v 不大于 0.035 m/年时，没有明显的机械弥散现象，而当 v 处于 0.064~0.094 m/年之间时，扩散是污染物迁移的主要过程。因此，在野外屏障设计中，由于地下水流速一般很小，因此扩散占主导。所以，在屏障系统设计条件中，分子扩散要比机械弥散重要得多。

从式（3-9）中可看出，进行屏障设计时，需知道迁移参数 n，ρ_b，v，D 和 k_d。其中，n，ρ_b 可由常规土工试验确定，孔隙水流速度 v 由渗透系数 k 决定。扩散系数 D 和分配系数 k_d 可通过室内模拟试验测得。

污染物的迁移过程受许多因素的影响，不仅与污染物的组成、浓度、荷载有关，还与场地的水文地质条件有关，所以离子迁移的整个过程是随机的，但实验室模拟试验要尽量符合实际情况。

3.3.2 扩散试验装置及试验方法

实验室测定弥散系数 D 和分配系数 k_d 的模型大多采用柱型试验（Rowe，1988b；Crooks 等，1984；Rowe 等，1995a；Barone 等，1989）。图 3-5 是浓度控制的扩散试验装置，污染物的浓度 C_0 保持不变，待扩散进行一定时间后，将土样分段切开，得到浓度沿土样高度的分布曲线，假设 D 和 k_d 值，用理论曲线向试验数据回归，得到匹配的 D，k_d 值。在图 3-5 的模型中，要保证污染源的浓度为常数是很难做到的。在图 3-6 所示流量控制的扩散试验装置中，监测污染源浓度随时间的变化，收集器皿中浓度随时间的变化，试验结束后，测出浓度沿土样高度的分布。Rowe（1988a），Rowe 等（1995a）用拉普拉斯变换求出了式（3-8）在实验室边界条件下的解，并编制了 Pollute 计算机程序。

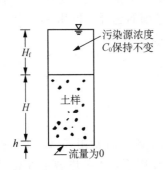

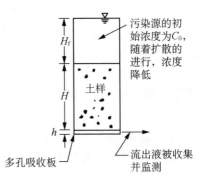

图 3-5　浓度控制的扩散试验装置　　　**图 3-6　流量控制的扩散试验装置**

用来测定扩散系数 D 和分配系数 k_d 的装置见图 3-7。此装置是由化学稳定性极好的聚乙烯塑料板制成的长方形盒，由多孔板隔成 3 部分，中间部分为试样室，放置人工制备的或天然的土样，左右两边分别是污染源室和蒸馏水室。

本试验采用的土样是上海地区浅层土，液限 ω_L 为 30.5%，塑限 ω_P 为 18.9%，塑性指数 I_P 为 11.6，属粉质黏土。试验前，先将土样风干，去掉 2 mm 以上的大颗粒，然后放入装置的中间部分，分层夯实，形成土屏障，再在两边加入蒸馏水，使得土样慢慢地吸水饱和，这个过程大约持续了 2 个月。待土样饱和后，在装置的一侧加入配制好的浓度为 C_0 的污染液，另一侧加入蒸馏水。这样扩散过程就开始了。试样的入口边界初始浓度为 C_0，出口边界初始浓度为 0，两边水头差为 0。

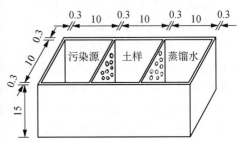

图 3-7　纯扩散试验装置（单位：cm）

本扩散试验共进行了 5 组，污染源分别是 $ZnSO_4$，$CuSO_4$，$CaCl_2$，KCl 和 $NaCl$，其中除了第 4 组试验采用复合溶液，其余均为单一溶液。在扩散进行到一定时间后，测定试样内不同距离位置上的污染物离子的浓度 C（表 3-5）。阴离子（Cl^-）的浓度测定采用滴定法，阳离子（K^+，Ca^{2+}，Zn^{2+}，Cu^{2+}）的浓度测定采用原子吸收法。

表 3-5　　　　　　　　　　　　　　　　　　试验数据

组号	污染源	污染初始浓度 C_0 / (mol·L^{-1})		土样干密度 γ_d / (g·cm^{-3})	孔隙率 n	测试时间 /d	说明
		阳离子	阴离子				
1	$ZnSO_4$	0.1	0.1	1.50	0.43	63	
2	$CuSO_4$	0.1	0.1	1.50	0.43	63	
3	$CaCl_2$	0.1	0.1	1.50	0.43	63	第 5 组中土样的厚度为 18 cm，其余组中土样厚度均为 10 cm
4	$CaCl_2$	0.1	0.2	1.50	0.43	63	
	KCl	0.1	0.2				
5	$NaCl$	0.1	0.1	0.45	0.45	45	

3.3.3 迁移模型的解

本试验设计的装置是纯扩散装置，迁移方程用污染物在饱和多孔介质中的一维对流-弥散方程式（3-9）来表示，$v=0$ 时，式（3-9）简化为

$$R_{\mathrm{f}} \frac{\partial C}{\partial t} = D \frac{\partial^2 C}{\partial x^2} \qquad (3\text{-}40)$$

本试验的边界条件和初始条件如下：

$$C(x>0, \ t=0)=0 \qquad (3\text{-}41)$$

$$C(x=0, \ t=0)=C_0 \qquad (3\text{-}42)$$

$$C(x=L, \ t>0)=0 \qquad (3\text{-}43)$$

式（3-41）表示在扩散发生前，土壤中不存在污染物；式（3-42）表示污染源的初始浓度为常数 C_0；式（3-43）表示在整个扩散过程中，屏障另一侧的污染物浓度始终为 0。

随着扩散的进行，污染源中污染物的离子浓度由于污染物扩散进入土壤中而减小：

$$C(0, \ t)=C_0 - \frac{1}{H_{\mathrm{f}}} \int_0^t f(0, \ \tau) \mathrm{d}\tau \qquad (3\text{-}44)$$

式中，$f(0, \ \tau)$ 是 $x=0$ 处扩散进入土壤中的扩散通量；H_{f} 是污染源的厚度。

求解式（3-44）所示的迁移模型采用 3.2.3 节中提到的拉普拉斯变换，式（3-40）的解的一般形式为

$$\bar{C} = B_1 \exp(\phi_1, \ x) + B_2 \exp(\phi_2, \ x) \qquad (3\text{-}45)$$

$$\bar{f} = nDB_1\phi_2 \exp(\phi_1, \ x) + nDB_2\phi_1 \exp(\phi_1, \ x) \qquad (3\text{-}46)$$

式中，B_1，B_2 为积分常数。ϕ_1，ϕ_2 定义如下：

$$\phi_1 = \frac{v}{2D} + \sqrt{\frac{v^2}{4D^2} + \frac{R_{\mathrm{f}}s+\lambda}{D}} = \sqrt{\frac{R_{\mathrm{f}}s}{D}} = \sqrt{\frac{S}{D^*}}$$

$$\phi_2 = \frac{v}{2D} - \sqrt{\frac{v^2}{4D^2} + \frac{R_{\mathrm{f}}s+\lambda}{D}} = -\sqrt{\frac{R_{\mathrm{f}}s}{D}} = -\sqrt{\frac{S}{D^*}}$$

B_1，B_2 由边界条件求出，推导过程如下：

式（3-44）经拉普拉斯变换后的形式为

$$\bar{C}_{\mathrm{t}} = \frac{C_0}{s} - \frac{\bar{f}_0}{sH_{\mathrm{f}}} \qquad (3\text{-}47)$$

将式（3-45）代入式（3-47）得到：

$$B_1\left(1 + \frac{nD\phi_2}{sH_{\mathrm{f}}}\right) + B_2\left(1 + \frac{nD\phi_1}{sH_{\mathrm{f}}}\right) = \frac{C_0}{s} \qquad (3\text{-}48)$$

另将式（3-45）代入边界条件式（3-43）的拉普拉斯变换形式中，得

$$B_1 \exp(\phi_1 L) + B_2 \exp(\phi_2 L) = 0 \tag{3-49}$$

联立式（3-48）、式（3-49），得浓度 C 的拉普拉斯解如下：

$$\bar{C} = \frac{C_0}{\exp(\sqrt{sR_f/D}\,x)} \frac{\exp(2\sqrt{sR_f/Dx}) - epx(2\sqrt{sR_f/DL})}{s\left[1 - \exp(2\sqrt{sR_f/DL})\right] - \dfrac{nD}{H_f}\sqrt{sR_f/D}\left[1 + \exp(2\sqrt{sR_f/DL})\right]} \tag{3-50}$$

3.3.4 试验数据整理及迁移参数计算

为了计算扩散系数 D 和阻滞系数 R_f，以测试点离开污染源的距离 x 为横坐标，以该点的浓度 C 为纵坐标，将试验测得的数据整理在 C-x 坐标系统内，见图 3-8—图 3-12。

由于式（3-50）是拉普拉斯形式的浓度解，不能直接得出浓度值，必须通过拉普拉斯转换子程序来进行求解。将式（3-50）的解答用 Fortran 语言编制了一个主程序，调用拉普拉斯转换子程序，假设不同的 D，$\rho_b k_d$（图中简写为 ρk）值，将理论曲线向试验数据回归，成功地求出了与试验数据匹配的 D，R_f 值。计算结果见图 3-8—图 3-12 及表 3-6。

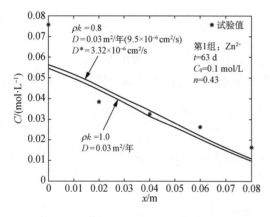

图 3-8　Zn^{2+} 的浓度-距离（C-x）关系曲线

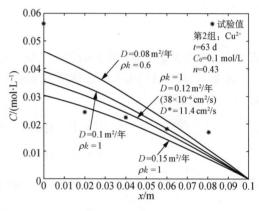

图 3-9　Cu^{2+} 的浓度-距离（C-x）关系曲线

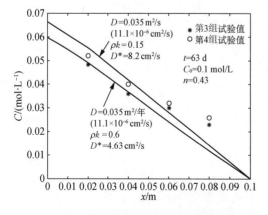

图 3-10　Ca^{2+} 的浓度-距离（C-x）关系曲线

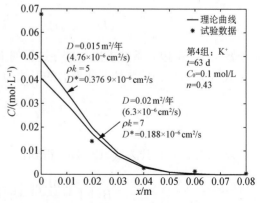

图 3-11　K^+ 的浓度-距离（C-x）关系曲线

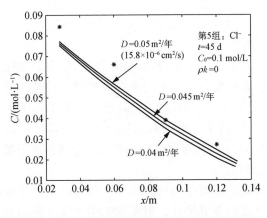

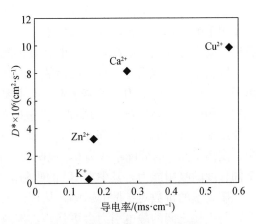

图 3-12　Cl⁻ 的浓度-距离 $(C\text{-}x)$ 关系曲线　　　　　　图 3-13　离子导电率对扩散的影响

表 3-6 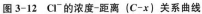 离子的扩散系数

离子种类		Ca^{2+}	Zn^{2+}	Cu^{2+}	K^+	Cl^-
离子半径（埃）		0.100	0.074	0.073	0.151	
$D \times 10^{-6} / (cm^2 \cdot s^{-1})$		11.1	9.5	31.7～38	4.76，6.3	15.8
$\rho_b k_d$		0.15	0.8	0.8	5，7	0
$D^* \times 10^{-6} / (cm^2 \cdot s^{-1})$		8.2	3.3	9.53～11.4	0.376 9，0.188	15.8
国外文献	$D \times 10^{-6} / (cm^2 \cdot s^{-1})$	3.84			6.3	4～10
	$\rho_b k_d$ 或 R_f	2.0			7	0
	$D^* \times 10^{-6} / (cm^2 \cdot s^{-1})$		3～4			

注：1 埃 $=10^{-10}$ m。

从试验结果可总结出以下几点：

（1）除 Cu^{2+} 的曲线拟合较差外，其他几种离子的曲线拟合结果较好。

（2）图 3-8、图 3-9、图 3-11 显示，在入口边界处，浓度发生突变现象。

（3）图 3-10 试验结果说明 $CaCl_2$ 和 KCl 复合溶液中，K^+ 的存在对 Ca^{2+} 离子的扩散系数影响很小。

（4）图 3-13 表示阳离子的导电率与扩散系数之间的关系。离子的导电率越高，扩散系数越大。

3.3.5　关于扩散试验结果和方法的讨论

离子在土壤多孔介质中的扩散受到一系列因素的影响，这些因素主要体现在三个方面：扩散离子本身的性质、扩散介质（土壤）和扩散的环境条件。它们的影响主要通过带电的离子和带电的土颗粒之间的相互作用来实现的。

1. 带电离子的性质、阳离子的价数、离子的大小对扩散的影响

本试验测得的离子扩散系数列于表 3-6 中。从试验结果发现：①阴离子 Cl^- 在黏土中的扩散系数比阳离子的有效扩散系数大得多；②一价阳离子 K^+ 的有效扩散系数比二价阳离子（Ca^{2+}，Zn^{2+}，Cu^{2+}）的有效扩散系数小得多，这些现象可以用离子与土壤之间的静电作用来解释；③二价阳离子的导电率与有效扩散系数之间有明显的关系，从图 3-13 可看出，离子的导电率越高，离子的有效扩散系数也越大。

因黏土颗粒表面是带有负电荷的，因此阳离子在孔隙中迁移时所受到的阻力显然比阴离子大。由于静电引力，阳离子不得不主要在离黏粒表面较近的水层中扩散，而越接近黏粒表面的水层的黏度越大，增加了扩散时的阻力（于天佑，1987），也可认为阳离子在多孔介质中，移动的自由空间小了，因而扩散系数减小。本试验也反映了这一特征，试验中，阴离子 Cl^- 的分配系数为 0，说明天然黏土对 Cl^- 无吸附性，而黏土对金属阳离子都有不同程度的吸附能力，其中对 K^+ 的吸附能力最强。

阳离子的价数对扩散的影响，从理论上来讲，阳离子的价数越高，所带的正电荷也越多，与土粒之间的静电引力会更强些，扩散速度也会更慢些。但本试验中发现一价阳离子 K^+ 的扩散系数比二价阳离子小，查阅文献得知，K^+ 的直径约为 3.0×10^{-10} m，很适合填入层状黏土矿物的孔穴中，可被牢固地吸附，所以 K^+ 在土壤中的扩散速度也较其他离子都慢，有效扩散系数比其他离子小得多（于天佑，1987）。而对于同价的阳离子，从静电作用的角度来讲，大离子的电荷密度要小一些，在土壤中的扩散速度要比直径小的同价阳离子快一些。但本试验中，这一点不是很符合，主要是 Cu^{2+} 扩散系数特别大，可能还与其他因素有关。

2. 相伴离子对扩散的影响

相伴离子对扩散的影响是指考虑一种离子扩散时，应该注意到另一种离子的存在对其扩散速度产生的影响。从图 3-10 中可看出，K^+ 的存在使 Ca^{2+} 的扩散系数稍有减小，但不明显。Barone（1989）发现多种混合液中 Na^+ 和 K^+ 迁移通过一种饱和的灰色黏质冰碛土的扩散系数都要比单种盐溶液的小 20%，而 Cl^- 则高 25%。相伴离子对扩散系数的影响是多方面的，不仅与离子之间的电化学作用有关（Barone，1989），还与离子的相对浓度有关，而且对于膨胀性矿物，相伴离子还可以通过影响其层间间距，进而影响扩散时的几何效应。

3. 关于污染源和土样交界面处浓度突变的现象

污染源和土样交界面处浓度突变的现象说明在交界面处发生了某种特别反应。国外一些学者在实验室试验和现场填埋场调查中也发现了这一现象，该现象有待于进一步研究，这对于测试研究工作具有重要的指导意义。

4. 关于试验方法和计算方法的讨论

前面在试验装置部分已提到过，扩散的实验室模拟大多采用柱型试验。本章提出的纯扩散试验装置，忽略由于水的流动引起的机械弥散作用对扩散的影响，更简便、实用。

下面比较一下本试验和国外学者的研究结果。表 3-6 中同时列出了国外文献中采用柱型试验对金属阳离子和阴离子在天然黏土中的一些扩散试验研究，除 Cu^{2+} 未找到有关的资料外，其他均有研究结果。但由于对同一种离子，不同的土样、不同的试验方法、不同的环境条件得到的结果都会有差别。例如，同样是黏土，它的颗粒大小、pH 值、扰动与否都会对扩散产生影响。表 3-6 中数据显示，Zn^{2+} 和 K^+ 的结果相当接近，Ca^{2+} 和 Cl^- 的结果相差大一些。其中一个对扩散系数有影响的原因就是，土壤中可能含有较高的 Ca^{2+} 和 Cl^- 背景浓度值，但由于条件限制，没有测定背景浓度，而在模型的解中，假设扩散离子的背景浓度为 0。表 3-7 列出了常见的金属阳离子和无机阴离子在天然黏土中的扩散系数。

表 3-7　　常见的金属阳离子和无机阴离子在天然黏土中的扩散系数

离子类别	D	R_f 或 $\rho_b k_d$	备注
Cl$^-$	6×10^{-6} cm^2/s（0.018 9 m^2/年）（20 ℃）（$v=0.46$ cm/s）	0	重塑压实粉质黏土（Crooks 等，1984）
	7.5×10^{-6} cm^2/s（野外渗滤液）（0.023 7 m^2/年）5.9×10^{-6} cm^2/s（单种盐溶液）（10 ℃）		饱和原状黏土（Barone 等，1989）
	0.018 m^2/年（22 ℃）		饱和原状黏土（Rowe 等，1988a）
	0.018～0.026 m^2/年（20 ℃）		压实粉质黏土（Rowe 等，1985c）
	$(4\sim10)\times10^{-6}$ cm^2/s		层状黏土（Shackelford 等，1991）
Br$^-$	5.7×10^{-6} cm^2/s（D^*）		（Shackelford 等，1991）
Na$^+$	2.5×10^{-6} cm^2/s（0.007 9 m^2/年）（20 ℃）（$v=0.46$ cm/s）		（Crooks 等，1984）
	4.6×10^{-6} cm^2/s（野外渗滤液）（0.014 5 m^2/年）5.6×10^{-6} cm^2/s（单种盐溶液）（10 ℃）	1.6（野外渗滤液）2.9（单种盐溶液）	
	0.015 m^2/年（22 ℃）	$\rho_b k_d=0.18$	（Rowe 等，1988a）
	0.013～0.015 m^2/年（20 ℃）	$\rho_b k_d=0.3$	（Rowe 等，1985c）
K$^+$	6.0×10^{-6} cm^2/s（野外渗滤液）7.5×10^{-6} cm^2/s（单种盐溶液）	5.4（野外渗滤液）12.5（单种盐溶液）	（Barone 等，1989）
	0.020 m^2/年（22 ℃）	$\rho_b k_d=7$	（Rowe 等，1988a）
Ca^{2+}	3.8×10^{-6} cm^2/s（单种盐溶液）	$\rho_b k_d=5$，$R_f=13.80$	（Barone 等，1989）
	0.012 m^2/年	$\rho_b k_d=2.0$	（Rowe 等，1988a）
Mg^{2+}	4.0×10^{-6} cm^2/s（单种盐溶液）	$\rho_b k_d=4.0$，$R_f=11.3$	（Barone 等，1989）
Zn^{2+}	$(3\sim4)\times10^{-6}$ cm^2/s（D^*）（23 ℃±2 ℃）		压实黏土：高岭土（Shackelford 等，1991）
Cd^{2+}	$(3\sim5)\times10^{-6}$ cm^2/s（D^*）（23 ℃±2 ℃）		压实黏土：高岭土（Shackelford 等，1991）
Cu^{2+}	$(9.53\sim11.4)\times10^{-6}$ cm^2/s		黏土（Xi 等，2006）

注：D（7 ℃）$=0.73D$（20 ℃）

3.3.6　污染物在粉煤灰改性黏土屏障中的扩散试验

1. 试验方法

前面对污染物的扩散试验采用的是天然土屏障，为了研究粉煤灰对金属离子的扩散影响，在土中掺入不同量的粉煤灰又进行了一组扩散试验，扩散试验装置同前面类似，只不过改变了部分尺寸，中间部分试样室的尺寸由 10 cm 加长到 24.5 cm，污染源部分由 10 cm 加长到 14.5 cm，见图 3-14。土屏障的制作过程同前。试验类型见表 3-8。

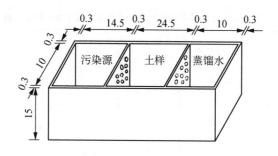

图 3-14　粉煤灰屏障试验装置（单位：cm）

表 3-8　　　　　　　　　　　　　　　　　加入粉煤灰的黏土屏障扩散试验数据

序号	组号	污染源	粉煤灰掺量/%（占土重的百分数）	污染物初始浓度 C_0 /(mol·L^{-1})	土样干密度 γ_d /(g·cm^{-3})	孔隙比 n	扩散时间/d	备注
一	1	NiSO₄	10	0.2	1.48	0.44	114	
	3	NiSO₄	5	0.2	1.45	0.45	114	
	5	NiSO₄	15	0.3	1.39	0.47		
	7	NiSO₄	20	0.3	1.44	0.45	114	第 4，5 组试验遭到破坏，没有采集到数据
二	2	ZnSO₄	10	0.35	1.44	0.45	106	
	4	ZnSO₄	5	0.35	1.40	0.47		
	6	ZnSO₄	15	0.40	1.42	0.46	108	
	8	ZnSO₄	20	0.40	1.44	0.45	104	

　　测试分为两部分：一是测定随着扩散的进行，污染源中的离子浓度随时间的变化；二是待扩散进行到一定时间后，测定屏障内不同位置上的离子浓度。Ni^{2+}，Zn^{2+} 的浓度由 X 射线荧光光谱仪分析测得。

2. 试验材料

　　本试验所用黏土来自上海地下第四层灰色淤泥质黏土，液限 ω_L 为 43.7，塑限 ω_P 为 24.3，塑性指数 I_P 为 19.4，粒径尺寸分布由 Particular Size Analyzer（Beckman Coulter）测得，土颗粒粒径的平均值为 16.08 μm，中间值为 12.25 μm，在水土比为 2.5：1（质量比）溶液中测得的 pH 值为 7.1，呈中性。

　　本试验所用的粉煤灰是上海宝钢发电厂的普通粉煤灰，其化学组成见表 2-1 中普通粉煤灰列，其物理性质指标见表 2-2 中粉煤灰栏。比表面积由上海硅酸盐研究所利用 BET Area 测定仪测得，为 0.98 m^2/g。

　　粉煤灰的粒径尺寸分布由 Particular Size Analyzer（Beckman Coulter）测得，见图 2-2，图中显示粉煤灰颗粒的平均值为 27.33 μm，中间值为 17.33 μm，这说明本试验所用的粉煤灰的颗粒并不是很细。在水土比为 2.5：1（质量比）溶液中测得的粉煤灰的 pH 值为 11.6。pH 值较高，可能是由于粉煤灰中存在着相当数量的氧化钙（CaO），这样可把粉煤灰看作是碱性吸附剂。

3. 扩散试验资料整理及迁移参数计算

　　（1）扩散试验资料整理及结果

　　根据试验数据，可以绘制出两类曲线，一类是污染源中离子浓度 C 随时间 t 的变化曲线(图 3-15— 图 3-20)，另一类是屏障中污染物离子的浓度 C 随距离 x 的变化曲线（图 3-21—图 3-26）。第二类曲线点数较少，是由于粉煤灰屏障对金属阳离子的吸附能力强，离子扩散速度慢，扩散时间短，取不到足够的点。

应用前面的拉普拉斯计算程序，假设 D，ρk（即 $\rho_b k_d$）值，将理论曲线向试验曲线回归，得到匹配的 D，ρk 值，结果见图 3-15—图 3-26 及表 3-9。

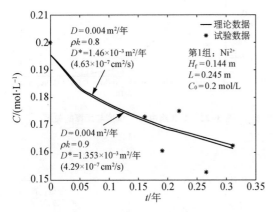

图 3-15　第 1 组中 Ni^{2+} 浓度与时间的关系

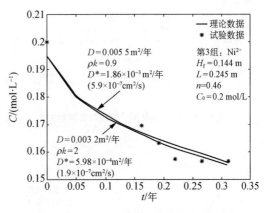

图 3-16　第 3 组中 Ni^{2+} 浓度与时间的关系

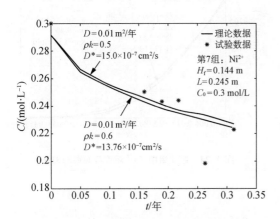

图 3-17　第 7 组中 Ni^{2+} 浓度与时间的关系

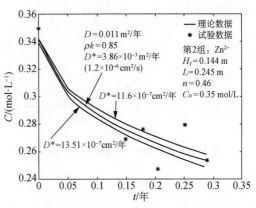

图 3-18　第 2 组中 Zn^{2+} 浓度与时间的关系

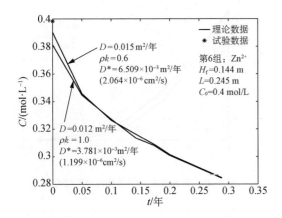

图 3-19　第 6 组中 Zn^{2+} 浓度与时间的关系

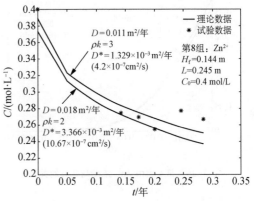

图 3-20　第 8 组中 Zn^{2+} 浓度与时间的关系

87

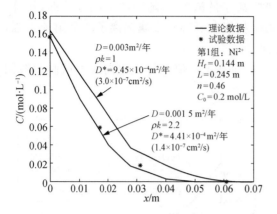

图 3-21　第 1 组中 Ni^{2+} 浓度与距离的关系

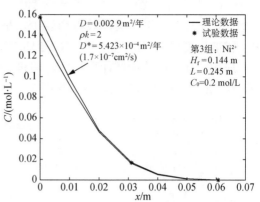

图 3-22　第 3 组中 Ni^{2+} 浓度与距离的关系

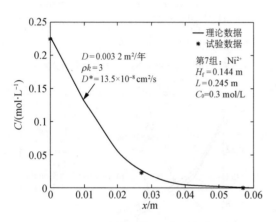

图 3-23　第 7 组中 Ni^{2+} 浓度与距离的关系

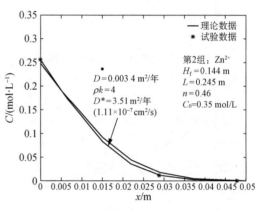

图 3-24　第 2 组中 Zn^{2+} 浓度与距离的关系

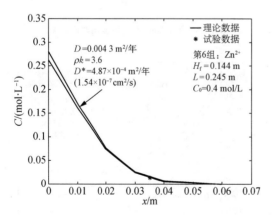

图 3-25　第 6 组中 Zn^{2+} 浓度与距离的关系

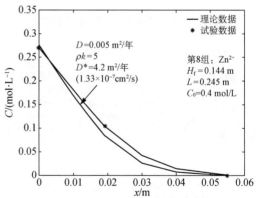

图 3-26　第 8 组中 Zn^{2+} 浓度与距离的关系

组号	粉煤灰掺入量 /%	污染源及初始浓度 C_0/ (mol·L^{-1})	$C\text{-}x$ 曲线求解值			$C\text{-}t$ 曲线求解值			备注
			$D\times10^{-7}$/ (cm^2·s^{-1})	$\rho_b k_d$	$D^*\times10^{-7}$/ (cm^2·s^{-1})	$D\times10^{-7}$/ (cm^2·s^{-1})	$\rho_b k_d$	$D^*\times10^{-7}$/ (cm^2·s^{-1})	
1	10	NiSO$_4$ 0.2	4.76	2.2	1.4	12.7	0.8	4.6	Zn^{2+} 在高岭土中: $C\text{-}x$ 曲线求解值: $(3\sim4.2)\times10^{-6}$ cm^2/s; $C\text{-}t$ 曲线求解值: $(8.5\sim9.5)\times10^{-6}$ cm^2/s
3	5	NiSO$_4$ 0.2	9	2	1.7	17.4	0.9	5.9	
7	20	NiSO$_4$ 0.3	10	3	1.35	31.7	0.6	13.76	
2	10	ZnSO$_4$ 0.35	10.1	4	1.1	35	0.85	12.2	
6	15	ZnSO$_4$ 0.4	13.6	3.6	1.54	38	1	12	
8	20	ZnSO$_4$ 0.4	15.8	5	1.33	35	3	4.2	

（2）结果讨论

从图 3-15—图 3-26 及表 3-9 可以总结出以下几点：

① 从 $C\text{-}t$ 曲线中得到的 D，D^* 值较从 $C\text{-}x$ 曲线中得到的值大得多，但 $\rho_b k_d$ 值要小。如第 1，3，7 组的 D^* 值从 $C\text{-}x$ 曲线中求得为 $(1.3\sim1.7)\times10^{-7}$ cm^2/s，但 $C\text{-}t$ 曲线中的结果是 $(4.6\sim13)\times10^{-7}$ cm^2/s，后者为前者的 $4\sim9$ 倍。$\rho_b k_d$ 值从 $C\text{-}x$ 曲线中求得为 $2\sim3$，但 $C\text{-}t$ 曲线中的结果是 $1\sim2$。第 2，6，8 组从 $C\text{-}x$ 曲线中得到的 D^* 值是 $(1.1\sim1.5)\times10^{-7}$ cm^2/s，$C\text{-}t$ 曲线中是 $(4\sim12)\times10^{-7}$ cm^2/s，后者为前者的 $4\sim8$ 倍。$\rho_b k_d$ 值从 $C\text{-}x$ 曲线中求得为 $3.6\sim5$，而 $C\text{-}t$ 曲线中的结果是 $0.85\sim3$。

② 掺入粉煤灰对扩散的影响。表 3-9 中列出了文献中查得的 Zn^{2+} 在高岭土中扩散试验的结果，与用天然黏土所做的纯扩散试验中的结果（3.3×10^{-6} cm^2/s）比较发现：屏障加入粉煤灰后，离子在其中的扩散系数大大降低，$C\text{-}x$ 曲线中的 D^* 值从 $(3\sim4)\times10^{-6}$ cm^2/s 降到 $(1.1\sim1.5)\times10^{-7}$ cm^2/s，降幅达 30 倍。$C\text{-}t$ 曲线中的结果也说明了这一点，D^* 值从 $(8.5\sim9.5)\times10^{-6}$ cm^2/s 降到 $(0.4\sim1.2)\times10^{-6}$ cm^2/s，降幅达 10 倍。这些数据充分说明粉煤灰的效果是明显的。

③ 粉煤灰掺入量对扩散结果的影响。比较第 1，3，7 组从 $C\text{-}x$ 曲线中求得的 D，D^* 值，发现掺入量增多，$\rho_b k_d$ 值稍有增加，D^* 值稍有降低，说明掺入量多少对扩散影响不明显。第 2，6，8 组的结果也反映了这一点。$C\text{-}t$ 曲线中，第 2，6，8 组中，掺量为 20% 的第 8 组的 D^* 值最小，但第 1，3，7 组中，掺量为 20% 的结果反而大。这说明，粉煤灰掺入量不一定越多越好，10%～15% 较为合适。

④ 从 $C\text{-}x$ 曲线中求得的 Ni^{2+} 和 Zn^{2+} 的 D^* 值相差不多，Zn^{2+} 的 $\rho_b k_d$ 值要比 Ni^{2+} 的大，说明屏障对 Zn^{2+} 的吸附能力要比 Ni^{2+} 大一些，这一点与第 2 章吸附试验的结论相吻合。Ni^{2+} 和 Zn^{2+} 在屏障中的扩散速度差不多。

这里讨论一下第一个结论：为什么从 $C\text{-}t$ 曲线中得到的 D，D^* 值较 $C\text{-}x$ 曲线中得到的高？这一点和国外有些学者发现的现象相同。Shackelford 和 Daniel（1991）对金属阳离子 Cu^{2+} 和 Zn^{2+} 的试验中发现，从污染源浓度随时间的变化曲线（$C\text{-}t$）中得到的 D^* 值比从相应的浓度剖面中（$C\text{-}x$）得到的 D^* 值大得多，至少大 2 倍多。分析原因可能有两个方面：

一是在高浓度下吸附可能是非线性的，这样用假设线性吸附的迁移方程求解是存在一定问题的；二是金属离子的沉淀也会导致较高的 D^* 值，因为在某些条件下（如有厌氧菌存在时），SO_4^{2-} 降为硫化物 S^{3-}，导致金属离子的沉淀。

此外，为什么粉煤灰掺入量不一定越大越好。分析其原因可能是粉煤灰的密度（$1.15\ g/cm^3$）较小，孔隙率较大，如果掺入量大的话，反而给污染物离子扩散构成了通道。

4. 拉普拉斯方法和半无限方法的比较

为了再次验证拉普拉斯解的正确性，将图 3-14 所示试验装置的中间屏障部分看成是半无限体，这样边界条件和初始条件如下：

$$\begin{cases} C(x,\ 0)=0 \\ C(0,\ 0)=C_0,\ C(0,\ t)=C_0-\dfrac{1}{H_f}\int_0^t f(0,\ \tau)\mathrm{d}\tau \\ C(\infty,\ t)=0 \end{cases} \quad (3\text{-}51)$$

式（3-40）在上述边界条件和初始条件下的浓度 C 和流量 f 的解已由 Booker 和 Rowe（1987）给出：

$$\begin{cases} C(z,\ t)=\dfrac{C_0 e^{ak-a^2 t}}{a-b}[af(a,\ t)-b(b,\ t)] \\ f(q,\ t)=e^{qk+q^2 t}erfc\left(q\sqrt{t}+\dfrac{k}{2\sqrt{t}}\right),\ (q=a,\ b) \end{cases} \quad (3\text{-}52)$$

式中，$b=\dfrac{nD\gamma}{H_f}-a$，$a=\dfrac{v}{2\gamma D}$，$\gamma=\sqrt{\dfrac{1+\rho_b k_d/n}{D}}$。

对式（3-52）编制了 Fortran 程序，并用该程序验算了第 1 组中的 $C\text{-}t$ 及 $C\text{-}x$ 曲线（图 3-27），结果和拉普拉斯解吻合。这一方面说明了拉普拉斯解的正确性，另一方面也说明了将图 3-14 所示的中间屏障可近似视为半无限体，求出的结果偏差不大。

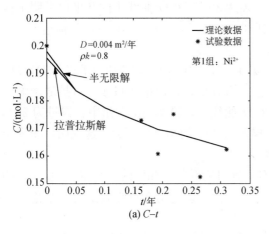

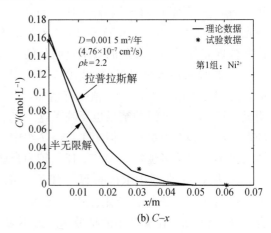

(a) $C\text{-}t$ (b) $C\text{-}x$

图 3-27 拉普拉斯解与半无限解的比较

综上所述：

（1）本扩散试验装置简便、实用。

（2）本试验模型的拉普拉斯解是合理的。

（3）Ni^{2+} 和 Zn^{2+} 在加入粉煤灰的土屏障中的扩散试验结果表明：粉煤灰对金属离子的阻滞作用是明显的，使离子在屏障中的扩散系数、有效扩散系数大大降低，降幅达一个数量级，但粉煤灰掺入量不一定要大，10%～15%即可。

3.4 污染物在水泥土屏障中迁移系数的实验室测定

3.4.1 锌离子在水泥土屏障中迁移参数的实验室测定与拟合计算

1. 试验材料

（1）土样

土样取自上海市某工地（第③层土，淤泥质粉质黏土），风干后磨细过 2.5 mm 筛后储存待用。具体颗粒组成见表 3-10。

表 3-10　　　　　　　　　　　　　土样颗粒级配

成分	砂	粉粒			黏粒
粒径/mm	0.25～0.075 mm	0.075～0.05 mm	0.05～0.01 mm	0.01～0.005 mm	<0.005 mm
含量/%	5.9	8.5	65.3	4.1	16.2

（2）水泥

采用海螺牌水泥，标号 42.5。

（3）污染物质

经过对上海地区大量的污染场地的取样调查，检测结果显示，上海地区重金属污染较重的元素是镉、铅、铜、锌，故本试验选择其中的锌作为污染离子，使用氯化锌（分析纯，含量大于 98.0%）作为污染物进行试验。

（4）仪器设备

试验中使用的主要仪器设备有离心机（将取得的水样、泥浆样离心取得清样）和原子吸收分光光度计（测金属离子浓度）等。

2. 试验装置

根据一维屏障迁移扩散理论，设计的试验模型如图 3-28 所示。该模型由 PVC 板加工而成，板厚 10 mm。模型的内部尺寸如下：长×宽×高为 1 200 mm×300 mm×300 mm。模型由两道水泥土屏障分成三个仓，中间仓作为污染源，其长度为 600 mm，远大于屏障厚度，两边仓长度为 300 mm，装未受污染的土。

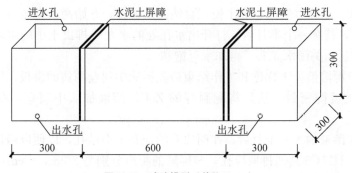

图 3-28　试验模型（单位：mm）

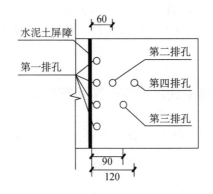

图 3-29　取样孔位置（单位：mm）

3. 试验方案及步骤

金属离子在屏障中的扩散系数主要取决于屏障本身的特性，本试验选取水泥掺量和屏障厚度作为两个影响因素，设计了 6 组屏障试验，试验方案见表 3-11。

表 3-11　　　　　　　　　　　　　　　试验方案

屏障编号	厚度/mm	水泥掺量/%
H10C9	10	9
H10C12	10	12
H10C15	10	15
H15C5	15	5
H20C5	20	5
H30C5	30	5

试验步骤如下：

① 模型制作。由专业装潢公司按图 3-28 加工成 PVC 模型。

② 屏障制作。总共制作 3 个 PVC 模型，每个模型内原位制作 2 个水泥土屏障，其屏障参数列于表 3-11。制作屏障时，两侧用 PVC 板作为模板，模板用固定在外侧 PVC 板上的加劲肋固定。将一定量的土和水泥混合均匀，加水成水泥浆后注入模板中。经过 14 d 养护成型，拆除需要装净土侧的模板，用不锈钢钢丝网作为屏障的临时支护。

③ 夯土。先将土壤自然风干，然后过 2.5 mm 筛倒入模型两端的空仓中，分层压实，边压边加少量水以便压实。

④ 土样饱和。土样夯实后，为了模拟自然固结过程，开始两天先加 30% 的水，以后每天加入少量的水，持续一个半月后，打开出水孔处的水龙头排出土中的水和气。排水固结的过程持续两周后，关闭水龙头，再加水至饱和。

⑤ 加入污染源溶液。土样饱和工作结束后先拆除中间仓两边的模板，用水泥浆将屏障与 PVC 板之间的缝隙密封。然后将配制好的 $ZnCl_2$ 溶液加入中间仓，Zn^{2+} 浓度控制在 0.3 mol/L 左右。

⑥ 钻孔。在溶液加入一个月后，在两边仓的饱和土中钻孔，以便以后取样用。取样孔布置见图 3-29。H15C5 共四排取样孔，与屏障的距离分别为 2 cm，6 cm，9 cm，12 cm。其余均只有第一排取样孔，与屏障距离为 2 cm。

⑦ 取样。本试验共进行三次取样，分别在试验进行到 4 个月、6 个月、12 个月时，从孔中取得水样或泥浆样。

⑧ 浓度测定。将取得的水样（或泥浆样）进行离心以获得清液，接着将清液稀释，最后利用原子吸收分光度法测定清样中的 Zn^{2+} 浓度。

4. 试验结果与迁移系数的求解

试验进行到 4 个月及 6 个月时的两次取样结果，Zn^{2+} 的浓度如表 3-12 所示。

表 3-12 　　　　　　　　　　　　　　　 Zn^{2+} 的浓度 　　　　　　　　　　　　 （单位：g/L）

取样编号	H10C9-1	H10C12-1	H10C15-1	H15C5-1	H15C5-2	H15C5-3	H15C5-4	H20C5-1	H30C5-1
第一次	0.25	0.00	0.00	2.26	0.10	0.07	0.06	0.95	0.05
第二次	2.32	0.12	0.00	4.88	4.39	1.93	0.60	1.34	0.15

注：编号最后一位数字代表取样孔为第几排。

（1）一维对流-弥散迁移方程及边界条件

一维对流-弥散迁移方程为式（3-9），本试验中，迁移方程可以表示为

$$\begin{cases} \dfrac{\partial C_1}{\partial t} = D_{e1} \dfrac{\partial^2 C_1}{\partial x^2}, \ 0 < x < h \\[2mm] \dfrac{\partial C_2}{\partial t} = D_{e2} \dfrac{\partial^2 C_2}{\partial x^2}, \ h < x < H \end{cases} \tag{3-53}$$

初始条件为

$$t = 0, \ C(x, \ t) = 0 \tag{3-54}$$

边界条件如下：

① 在左边界，假设浓度恒定：

$$x = 0, \ C(x, \ t) = C_0 \tag{3-55}$$

② 在右边界，假设浓度恒定：

$$x = H, \ C(x, \ t) = 0 \tag{3-56}$$

③ 在土与水泥土的交接面，保持浓度连续和通量连续：

$$x = h, \ C_1(x, \ t) = C_2(x, \ t) \tag{3-57}$$

$$x = h, \ n_1 D_{e1} \frac{\partial C}{\partial x} = n_2 D_{e2} \frac{\partial C}{\partial x} \tag{3-58}$$

式中 　C_1，C_2——Zn^{2+} 在水泥土和土中的浓度；

　　　h——水泥土屏障厚度；

　　　H——水泥土屏障厚度加上土的厚度；

　　　C_0　　初始浓度；

　　　n_1，n_2——水泥土和土的空隙率；

　　　D_{e1}，D_{e2}——Zn^{2+} 在水泥土和土中的有效扩散系数或表观扩散系数（等于扩散系数与阻滞因子的比值）。

（2）Zn^{2+}通过水泥土屏障的扩散系数求解

图3-30是在水泥掺量为5％，水泥土屏障墙厚度为15 mm时，与水泥土屏障距离不同的四排取样孔中Zn^{2+}两次取样浓度的比较结果。在第一次取样时，第一排孔中浓度比其他孔高出许多倍，而在第二次取样时，第二、三、四排取样浓度已明显高于第一次取样浓度。

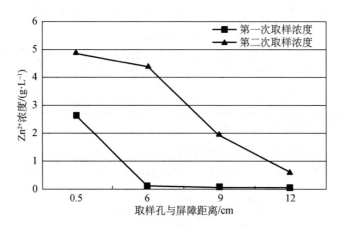

图3-30　孔中锌离子浓度与取样孔与屏障距离的关系（H15C5）

为了求得Zn^{2+}在水泥土中的扩散系数，在试验进行到12个月时对H20C5进行了第三次取样，第一排孔中Zn^{2+}浓度为2.44 g/L。由于扩散方程和边界条件的复杂性，通过解析法求得Zn^{2+}在水泥土屏障中的扩散系数十分困难，本试验采用有限差分数值方法，运用MATLAB软件，依据式（3-53）—式（3-58）编制程序对试验结果进行模拟。模拟过程中，Zn^{2+}在土中的有效扩散系数（D_{e2}）取为$3.3×10^{-6}$ cm²/s（席永慧 等，2006；Do 等，2006），分别对H20C5和H15C5进行拟合，H20C5中Zn^{2+}浓度拟合时考虑对时间t的变化，H15C5中Zn^{2+}浓度拟合时考虑对距离x的变化，结果分别见图3-31和图3-32，求得的Zn^{2+}在水泥掺量为5％的水泥土屏障中的有效扩散系数D_e分别为$1.3×10^{-7}$ cm²/s，$3.8×10^{-7}$ cm²/s，两种方法求得的结果比较接近，这说明本章的试验方法及计算方法均是可行的，计算结果是可信的。

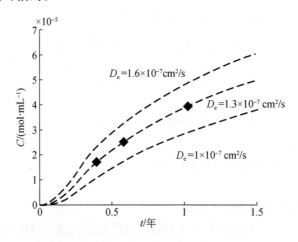

图3-31　Zn^{2+}在水泥土屏障中的表观扩散系数拟合（H20C5，C-t）

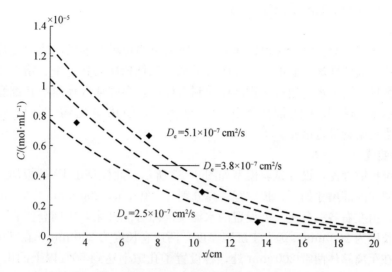

图 3-32　Zn²⁺ 在水泥土屏障中的表观扩散系数拟合（H15C5，C-x）

现有研究表明，Zn^{2+} 在天然土中的有效扩散系数在 $3\times10^{-6}\sim4\times10^{-6}$ cm²/s（席永慧等，2006；Do 等，2006）。与本试验结果对比可知，Zn^{2+} 在土中的有效扩散系数远大于在水泥土中的有效扩散系数，近 10 倍关系。这个结果说明，在实际工程中，一旦水泥土墙失效，其污染的危害将大大增加，这也要求对水泥土墙的施工质量要严格把关，保证其在使用年限内不会出现裂缝等质量问题。

5. 结论

通过 Zn^{2+} 通过水泥土屏障的试验，得到以下结论：

(1) 在水泥掺量介于 5%～30% 之间时，随着水泥掺量的增加，水泥土屏障对 Zn^{2+} 的隔离效果会大幅提升。

(2) Zn^{2+} 在水泥土（水泥掺量为 5%）中的表观扩散系数为 $(1\sim4)\times10^{-7}$ cm²/s。

(3) Zn^{2+} 在土中的有效扩散系数比在水泥土中的有效扩散系数大得多，所以一旦水泥土屏障失效，对周围的污染危害将大大增加。因此，当水泥土屏障墙应用于填埋场时，施工质量要严格控制，以保证其在使用年限内不会出现裂缝等质量问题。

3.4.2　铜离子在水泥土屏障中迁移参数的实验室测定与拟合计算

1. 试验材料与试验方法

(1) 土样

土样取自上海市某工地（第③层土，淤泥质粉质黏土），风干后磨细过 2.5 mm 筛后储存待用。颗粒组成见表 3-10。

(2) 水泥和膨润土

水泥采用海螺牌水泥，标号 42.5。膨润土采用高庙子膨润土 GMZ001。高庙子膨润土，产自中国内蒙古境内。矿物成分：蒙脱石，75.4%；石英，11.7%；方石英，7.3%；长石，4.3%；高岭石，0.8%；方解石，0.5%。

(3) 仪器设备

试验中使用的主要仪器设备有离心机（将取得的水样、泥浆样离心取得清样）和原子吸收分光光度计（测金属离子浓度）、超声波振荡仪等。

（4）污染物质

朱伟等（2016）对上海、杭州、深圳等六座城市的垃圾填埋场渗滤液进行了采样，结果显示，这些垃圾填埋场渗滤液中重金属含量从高到低依次为锌、铜、铬、砷。若这些重金属离子扩散进入地下水并通过食物链传导到人体内，会破坏人体组织和细胞，引发各种疾病。故本试验选择其中的铜离子作为污染离子，使用氯化铜（分析纯，含量大于98.0%）作为污染物进行试验。

2. 试验装置

根据一维扩散理论，设计试验模型如图3-33所示。此模型由PVC板加工而成，板厚10 mm。模型的内部尺寸如下：长、宽、高分别为600 mm，200 mm，300 mm。模型内腔分为三部分，由左右各三分之一处设置的水泥土屏障分隔开来，中间仓空置，后面放置污染液体，其长度为200 mm，远大于屏障厚度；两边仓长度为200 mm，在其中填装未受污染的净土。在距离箱体两端200 mm处，各设置了孔隙率达到50%以上的由PVC板加工而成的挡板，此挡板的目的在于加强箱体的侧向稳定性，在试验模型加入水和土之后，不会因为侧压力而拉断隔离屏障。

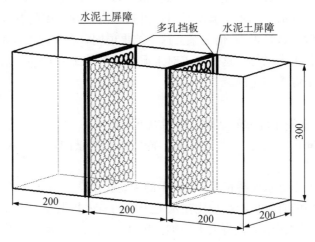

图3-33 试验模型（单位：mm）

3. 试验方案及步骤

金属离子在屏障中的扩散系数大小主要取决于屏障本身的特性，本试验选取屏障材料中水泥掺量和屏障厚度作为两个影响因素，并考虑到试验过程中屏障过薄可能会提前破坏和屏障过厚可能导致金属离子无法在试验期间击穿防渗屏障，设计了水泥掺量为5%~15%、厚度为10 mm和15 mm的5组屏障试验。另外依据上海老港填埋场实际防渗屏障的配方设计了3组屏障试验。试验方案如表3-13所示。

表3-13 　　　　　　　　　　　　　　试验方案

屏障编号	厚度/mm	配方
H10C5	10	水泥含量5%
H10C9	10	水泥含量9%
H10C12	15	水泥含量12%

屏障编号	厚度/mm	配方
H15C15	10	水泥含量15%
H15C5	15	水泥含量5%
H10L	10	老港配方
H15L	15	老港配方
H10L	10	老港配方

注：屏障编号中，H代表厚度；C代表水泥掺量；L代表老港配方；膨润土：水泥：砂=2.57：1：1.2。

试验步骤如下：

① 模型制作。按图 3-33 加工 PVC 模型。②材料准备。胶水、自然风干的土样、水泥。③屏障预制。按照表 3-13，将土和水泥混合均匀，在模板中养护成型。④屏障放置。将制作好的屏障放置在净土侧，并用胶水固定在 PVC 板上。⑤土样夯实。将土样倒入模型两端空仓中，分层夯实。⑥土样饱和。土样夯实后，为模拟自然固结过程，每天向土样中加入适量水，直至土样饱和。⑦钻孔。待两边仓的土样饱和后，按图 3-34 所示位置钻孔，以便以后取样。⑧加入污染源溶液。待两侧净土固结完成后，配置浓度为 0.3 mol/L 的 $CuCl_2$ 溶液，将其加入中间仓。⑨取样。每隔三个月从预先钻好的孔中取得水样（或泥浆样）。⑩浓度测定。将取得的水样（或泥浆样）在离心机上进行离心，取其清液进行稀释，然后利用 ICP 原子发射光谱仪测清样中的 Cu^{2+} 浓度。每个样品平行测定三次然后取其平均值。

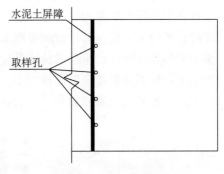

图 3-34 取样孔位置

4. 试验结果与迁移系数的求解

Cu^{2+} 在水泥土防渗屏障中的扩散试验共进行了 3 次取样，3 次取样的 Cu^{2+} 质量浓度结果如表 3-14 所示。

表 3-14　　　　　　　　　　Cu^{2+} 的质量浓度

屏障编号	Cu^{2+} 浓度/ $(mg \cdot L^{-1})$		
	第1次	第2次	第3次
H10C5	98.34	465.1	693.0
H10C9	57.5	309.9	452.7
H10C12	29.5	195.6	409.5
H15C15	12.4	60.8	81.59
H15C5	7.31	44.5	158.9
H10L	123.1	435.8	710.0
H10L	175.68	336.7	582.6
H15L	86.01	147.1	295.3

注：污染源浓度为 0.3 mol/L。

（1）屏障厚度、水泥掺量对阻滞效果的影响

图 3-35 是厚度为 10 mm，水泥掺量分别为 5％，9％，12％的屏障三次取样浓度的比较结果。三次取样的浓度曲线表明，随着水泥掺量的增大，取样孔中 Cu^{2+} 浓度大幅降低，说明屏障的阻滞效果大幅提升，净土中受污染程度大幅降低。以第一次取样为例，当水泥掺量为 5％，取样孔中 Cu^{2+} 浓度为 98.34 mg/L；当水泥掺量增加至 12％时，取样孔中 Cu^{2+} 浓度为 29.5 mg/L。由此可见，水泥掺量增加 2.4 倍，取样孔中 Cu^{2+} 浓度降低了约 3.3 倍。

图 3-36 是水泥掺量同为 5％、厚度不同的屏障两次取样浓度的比较结果。可以看出，随着厚度的增加，取样孔中 Cu^{2+} 浓度降低，说明阻滞效果随之提高。以第三次取样结果为例，当厚度为 10 mm 时，取样孔中质量浓度高达 693.00 mg/L；当厚度增至 15 mm 时，取样孔中质量浓度降为 158.90 mg/L。由此可见，屏障厚度增加 1.5 倍，取样孔中 Cu^{2+} 浓度降低了约 4.4 倍。对比增加屏障水泥掺量和厚度对屏障阻滞效果的影响，可以看出此结果与乔兵等（2017）所得试验结果较为相符，铜固化淤泥孔隙直径以 0.1~1 μm 为主，增加水泥掺量不能有效降低孔径大小，所以在水泥土中盲目增加水泥掺量并不能使水泥土屏障的阻滞效果达到质的提升，反而会降低其经济性。

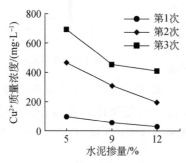

图 3-35　孔中 Cu^{2+} 浓度与水泥掺量的关系
（屏障厚度为 10 mm）

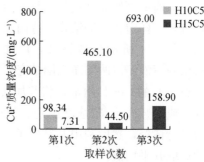

图 3-36　孔中 Cu^{2+} 浓度与屏障厚度的关系
（水泥掺量为 5％）

（2）Cu^{2+} 在水泥土中扩散系数的求解及分析

采用有限差分数值方法，运用 MATLAB 软件，按照式（3-53）—式（3-58）编制程序对试验数据进行模拟。席永慧等（2006）研究得到 Cu^{2+} 在土中的有效扩散系数为 $(9.53 \sim 11.4) \times 10^{-6}$ cm²/s，模拟时，Cu^{2+} 在土中的有效扩散系数或表观扩散系数 (D_{e2}) 取为 1.0×10^{-5} cm²/s。H10C5，H15C5 中 Cu^{2+} 浓度 C 和时间 t 的关系分别见图 3-37 和图 3-38，对其拟合求得 Cu^{2+} 在水泥掺量为 5％的水泥土屏障中的有效扩散系数或表观扩散系数 D_e 分别为 2.5×10^{-7} cm²/s，1.0×10^{-7} cm²/s。两种屏障求得的 Cu^{2+} 在水泥土中的有效扩散系数的结果比较接近，这说明本章的试验方法及计算方法均是可行的，计算结果是可信的。对比 Zn^{2+} 在水泥掺量为 5％的水泥土中的有效扩散系数[$(1.0 \sim 4.0) \times 10^{-7}$ cm²/s]，可见 Zn^{2+} 和 Cu^{2+} 两种离子在水泥土屏障中的有效扩散系数相差并不大。

将本试验求得的 Cu^{2+} 在水泥土中的有效扩散系数与 Cu^{2+} 在一般黏土中的有效扩散系数[$(9.53 \sim 11.4) \times 10^{-6}$ cm²/s]对比可知，Cu^{2+} 在水泥土中的有效扩散系数远小于在土中的有效扩散系数，只有土中的 1/100~1/35。这个结果说明，水泥土防渗屏障对 Cu^{2+} 的

阻滞效果远好于一般的土屏障。Li 等（2017）研究了金属离子在页岩黏土混合物防渗屏障中的有效扩散系数，测得金属离子的有效扩散系数为（1.816～14.18）×10⁻⁶ cm²/s。对比可以看出，金属离子在水泥土屏障中的有效扩散系数［（1.0～2.5）×10⁻⁷ cm²/s］为在页岩黏土屏障中的有效扩散系数的 1/140～1/10，说明水泥土屏障对金属离子的阻滞效果明显好于黏土。

上海老港填埋场 H15L 屏障中 Cu^{2+} 浓度 C 和时间 t 的关系见图 3-39，对其拟合求得 Cu^{2+} 在老港填埋场防渗屏障的有效扩散系数约为 $4.5×10^{-7}$ cm²/s，比在水泥掺量为 5% 的水泥土中的有效扩散系数大约两倍，证明上海老港填埋场的塑性混凝土防渗屏障对 Cu^{2+} 的阻滞性能略差于水泥土屏障。Cu^{2+} 在塑性混凝土防渗屏障中的有效扩散系数与 Cu^{2+} 在一般黏土中的有效扩散系数［（9.53～11.4）×10⁻⁶ cm²/s］对比可知，Cu^{2+} 在塑性混凝土防渗屏障中的有效扩散系数远小于在土中的有效扩散系数，只有土中的 1/25～1/21，同时通过数值计算，Cu^{2+} 击穿上海老港填埋场的塑性混凝土屏障的时间约为 53 年（席永慧 等，2018），可见老港填埋场的防渗屏障对 Cu^{2+} 的阻滞性能也较好，在屏障不出现质量问题的前提下可保证 Cu^{2+} 不对周边环境产生影响。

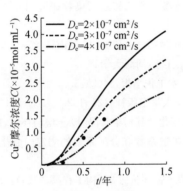

图 3-37　Cu^{2+} 在水泥土中的有效扩散
系数拟合（H10C5）

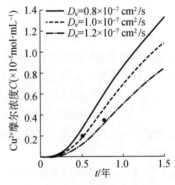

图 3-38　Cu^{2+} 在水泥土中的有效扩散
系数拟合（H15C5）

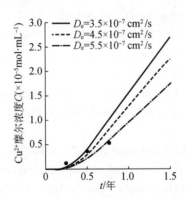

图 3-39　Cu^{2+} 在水泥土中的有效扩散系数拟合（H15L）

5. 结论

（1）在水泥掺量介于 5%～15% 之间时，随着屏障水泥掺量和厚度增加，水泥土屏障对金属离子的阻滞效果会大幅提升，但盲目提升水泥掺量不会对屏障的阻滞效果有质的提升，需综合考虑经济效益。

（2）Cu^{2+} 在水泥土（水泥掺量为 5%）中的有效扩散系数为 $(1.0\sim2.5)\times10^{-7}$ cm^2/s，与 Zn^{2+} 的有效扩散系数接近，说明水泥土屏障对 Cu^{2+} 和 Zn^{2+} 的阻滞性能均较好。

（3）Cu^{2+} 在土中的有效扩散系数 $[(9.53\sim11.4)\times10^{-6}$ $cm^2/s]$ 比在水泥土 $[(1.0\sim4.0)\times10^{-7}$ $cm^2/s]$ 中的有效扩散系数大 35 倍以上，说明一旦水泥土屏障失效，离子进入周围土体中，对周围的污染危害将大大增加。因此，当水泥土屏障应用于填埋场时，施工质量要严格控制，以保证其在正常使用年限内不会出现裂缝等质量问题。

（4）Cu^{2+} 在上海老港填埋场塑性混凝土防渗屏障中的有效扩散系数（即表观扩散系数）约为 4.5×10^{-7} cm^2/s，是其在土中的有效扩散系数的 $1/25\sim1/21$，表明老港填埋场的塑性混凝土防渗屏障对 Cu^{2+} 有较好的阻滞性能。

参考文献

于天佑，1987. 土壤化学原理[M].北京：北京科学出版社.

朱伟，舒实，王升位，等，2016. 垃圾填埋场渗沥液击穿防渗系统的指示污染物研究[J].岩土工程学报，38(4)：619-626.

乔兵，赵仲辉，王苏娜，等，2017. 水泥固化淤泥中重金属扩散的试验研究[J].河南科学，35(3)：452-459.

李宪，2005. GCL防渗特性及填埋场防渗系统的研究[D].江苏：河海大学.

张在明，2001. 对于发展环境岩土工程的初步探讨[J].土木工程学报，34(2)：5.

俞调梅，朱百里，1999. 废弃物填埋场设计[M].上海：同济大学出版社：121-122.

夏立江，温小乐，2001. 生活垃圾堆填区周边土壤的性状变化及其污染状况[J].土壤与环境，10(1)：17-19.

席永慧，任杰，胡中雄，2006. 污染物离子在粘土介质中扩散系数和分配系数的测定[J].岩土工程学报，28(3)：397-402.

席永慧，杨帆，蔡策毅，2018. 垃圾填埋场防渗屏障的服役寿命评价[J].结构工程师，34(4)：60-65.

谢海建，2008. 成层介质污染物的运移机理及衬垫系统防污性能研究[D].杭州：浙江大学.

雷志栋，杨诗秀，谢森传，1986. 土壤水动力学[M].北京：清华大学出版社.

ACAR Y B，HAIDER L，1990. Transport of low-concentration contaminants in satured earthen barriers[J]. Journal of Geotechnical Engineering，116(7)：1031-1052.

BARONE F S，YANFUL E K，QUIGLEY R M，et al.，1989. Effect of multiple contaminant migration on diffusion and adsorption of some domestic waste contaminants in a natural clayey soil[J]. Canadian Geotechnical Journal，26(2)：189-198.

BOOKER J R，ROWE R K，1987. One-dimensional advective-dispersive transport into a deep layer having a variable surface concentration[J]. International Journal For Numerical and Nanlytical Methods in Geomechanics，11：131-141.

CARSLAW H S，JAEGER J C，1959. Conduction of heat in solids[M]. Oxford，London.

CROOKS V E，QUIGLEY R M，1984. Saline leachate migration through clay：A comparative laboratory and field investigation[J]. Canadian Geotechnical Journal，21(2)：349-362.

DIETRICH K，2002. Bentonites as a basic material for technical base liners and site encapsulation cut-off walls[J]. Applied Clay Science(21)：1-11.

DO N Y，LEE S R，2006. Temperature effect on migration of zn and cd through natural clay[J]. Environmental Monitoring & Assessment，118(1-3)：267-291.

DOODLE D C，QUIGLEY R M，1997. Pollutant migration from two sanitary landfill sites near Sarnia

Ontario[J]. Canadian Geotechnical Journal(14): 223-236.

FITYUS S G,SMITH D W,BOOKER J R,1999. Contaminant transport through an unsaturated soil liner beneath a landfill[J]. Canadian Geotechnical Journal,36:330-354.

FOLKES D J,1982. Fifth Canadian Geotechnical Colloquium: control of contaminant migration by the use of liners[J]. Canadian Geotechnical Journal,19:320-343.

FREEZE R A,CHERRY J A,1979. Groundwater[M]. Prentice-Hall,Englewood Cliffs:604.

GENUCHTEN M T V,1981. Analytical solutions for chemical transport with simultaneous adsorption,zero-order production and first-order decay[J]. Journal of Hydrology,49(3):213-233.

KALUARACHCHI J J, MORSHED J, 1995. Critical assessment of the operator-splitting technique in solving the advection-dispersion-reaction equation: 1. First-order reaction [J]. Advances in Water Resources,18(2):89-100.

LI L,LIN C,ZHANG Z,2017. Utilization of shale-clay mixtures as a landfill liner material to retain heavy metals[J]. Materials & Design,114: 73-82.

LINDSTROM F T,HAQUE R,FREED V H,et al.,1967. Theory of the movement of some herbicides in soils: Linear diffusion and convection if chemicals on soils[J]. Environmental Science and Technology, 1(7):561-565.

MUNRO I R P,MACQUARRIE K T B,VALSANGKAR A J,et al.,1997. Migration of landfill leachate into a shallow clayey till in southern New Brunswick: a field and modelling investigation[J]. Revue Canadienne De Géotechnique,34(2):204-219.

OGATA A,BANKS R B,1961. A solution of the differential equation of longitudinal dispersion in porous media[M]. U. S. Geologic Survey,Professional Paper 411-A.

OGATA A,1970. Theory of dispersion in granular medium[M]. U. S. Geologic Survey,professional Paper 411-I.

OWEN S P,1925. The distribution of temperature in a column if liquid flowing from a cold source into a receiver maintain at a higher temperature[C]//Proceedings of the Physics Society of London, 23: 238-249.

RABIDEAU A J,1999. Contaminant transport modeling. Section 10: assessment of barrier containment technologies[M]//International Containment Technology Workshop. Baltimore, Maryland, August, 247-299.

RABIDEAU A,KHANDELWAL A,1998. Boundary condition for modeling transport in vertical barriers[J]. Journal of Environmental Engineering,124(11): 1135-1139.

ROWE R K,BADV K,1996. Advection-diffusive contaminant migration in unsaturated sand and gravel[J]. Journal of Geotechnical Engineering,122(12): 965-975.

ROWE R K, BOOKER J R, 1984. The analysis of pollutant migration in a non-homogeneous soil[J]. Geotechnoque,4:601-612.

ROWE R K, BOOKER J R, 1985a. Two-dimensional migration in soils of finite depth[J]. Canadian Geotechnical Journal,22:429-436.

ROWE R K,BOOKER J R,1985b. 1-D pollutant migration in soils of finite depth[J]. Journal of Geotechnical Engineering,4:479-499.

ROWE R K, BOOKER J R, 1986. A finite layer technique for calculating three-dimensional pollutant migration in soil[J]. Geotechnique,36(2):205-214.

ROWE R K, BOOKER J R, 1995a. A finite layer technique for modeling complex landfill history[J]. Canadian Geotechnical Journal,32: 660-676.

ROWE R K,BOOKER J R,1995b. Clayey barrier system for waste disposal facilities[M]. E&FN Spoon,

London.

ROWE R K, CAERS C J, BARONE F, 1988a. Laboratory determination of diffusion coefficients of contaminants using undisturbed clayey soil[J]. Canadian Geotechnical Journal(25): 107-118.

ROWE R K, CAERS C J, CROOKS V E, 1985c. Pollutant migration through clay soils[C]//Proceedings of XI th international Conference on Soil Mechanics and Foundation engineering, SanFrancisco.

ROWE R K, 1988b. Eleventh Canadian Geotechnical Colloquium: contaminant migration through groundwater—the role of modeling in the design of barriers[J]. Canadian Geotechnical Journal, 25: 778-798.

SHACKELFORD C D, 1990. Transit-time design of earthen barriers[J]. Engineering Geology, 29: 79-94.

SHACKELFORD C D, 1996. Modeling and analysis in environmental geotechnics: An overview of practical applications[C]//Second International Congress on Environmental Geotechnics, November 5 - 8, 141-171.

SHACKELFORD C D, DANIEL D E, 1991. Diffusion in saturated soil background[J]. Journal of Geotechnical Engineering, 117(3): 467-484.

SHACKELFORD C D, DANIEL D E, 1991. Diffusion in saturated soil. II: Results for compacted clay[J]. Journal of Geotechnical Engineering, 117(3): 485-506.

SMITH D, PIVONKA P, JUNGNICKEL C, et al., 2004. Theoretical analysis ofanion exclusion and diffusive transport through platy—clay soils[J]. Transport in Porous Media, 57(3): 251-277.

VAN G M T, WIERENGA P J, 1976. Mass transfer studies in sorbing porous media I: Analytical solution [J]. Soil Science Society of American Journal, 41:273-278.

XI Y H, REN J, HU Z X, 2006. Laboratory determination of diffusion and distribution coefficients of contaminants in clay soil[J]. Chinese Journal of Geotechnical Engineering, 28(3): 397-402.

第 4 章 废弃物屏障系统设计理论及实例

4.1 概述

为保护地下水、土壤或混凝土免受可能遭受的污染，需要对建设中的浅层土壤处置设施及已存在的未设计设施或场地采用污染物屏障技术，建造这些屏障的目的是确保结构的完整性，减少由于渗滤液的迁移造成的潜在危害。这些设施的屏障系统可分为两类：为补救而建造的屏障和用在新的处置设施中的屏障。这些屏障往往由一个或多个部分组成，如土工薄膜、板桩、泥浆槽截水墙、灌浆围幕或单独土壤屏障。含有细颗粒成分较多的土壤屏障由于具有低渗透系数和较高的吸附性能，能在设施外侧阻止污染物的迁移。土屏障（包括压实土垫层和泥浆墙）也称为"黏土屏障"或"细粒土屏障"。

现行的废弃物屏障的设计标准要求场地渗透系数$\leqslant 1 \times 10^{-7}$ cm/s，屏障的厚度根据水的移动速度和要求的设计期限而定。污染物通过土壤的迁移主要受对流-弥散迁移机理的影响，但吸附过程阻滞了迁移，降解过程使污染物的强度衰减。一些有机污染物由于电化学、光化学和生物化学等过程而被降解。因此污染物的迁移受许多因素影响，包括污染物的特性、土性能、环境因素和时间。

本章运用溶质在饱和细粒土中迁移的一维对流-弥散运移模型，根据影响污染物迁移的基本参数，对饱和细粒土屏障建立一套估算污染物击穿时间、对指定的击穿浓度和设计寿命确定屏障厚度的设计分析方法。

4.2 废弃物屏障设计的理论和方法

对野外废弃物屏障设计，有若干分析标准用于确定迁移时间，通常应用的分析标准有两类。第一类考虑污染物浓度在屏障出口处达到一定值所需要的时间；第二类考虑污染物流量在屏障出口处达到一定值所需要的时间。这里采用第一类分析标准。先假定设施的设计寿命，然后根据实际场地能够达到和维持的渗透系数和指定的击穿浓度，确定废弃物屏障的厚度。

4.2.1 废弃物屏障设计理论

1. 理论背景——一维对流-弥散方程及解

在第 3 章已对该理论进行了初步介绍，化学污染物质通过饱和土壤的一维迁移模型由对流-弥散方程式（3-9）来表达。

2. 传统的扩散试验方法

传统的扩散试验为柱试验，一般分三步进行。第一步，建立通过长度为 L 的土柱的稳定流；第二步，稳定流建立后，将已知浓度为 C_0 的一种或多种可溶性污染物放入土柱的流入液侧；第三步测定不同时间流出液中污染物的浓度 C，得出 C/C_0 对时间 t 的分布曲线，该曲线称为溶质或流出液的击穿曲线。在试验结束后，还可测定不同位置上的污染物浓度。根据 C/C_0-t 曲线或 C-x 曲线，用式(3-9)的合适解来分析迁移参数 D 和 R_f 的值，用于实际问题（如废弃物处置或修补的土壤屏障的设计）、可溶性污染物迁移的描述或预测解析模型中。

3. 基于浓度的模型

式（3-9）的解析解详见表 4-1。模型（1）—（5）是 Ⅰ 型或浓度型输入边界条件，而模型（6）和（7）是 Ⅲ 型或流量型输入边界条件。此外，模型（1），（3），（5），（7）适合于半无限土柱模型，模型（2），（4），（6）适合于有限土柱模型。

表 4-1 中浓度的解析解模型可用于评价土柱流出液的数据，只要将 $x = L$ 代入合适的模型中，将理论解向测得的渗滤液数据回归，由于渗出液数据是参数 D 和 R_f 的函数，理论曲线与试验数据最匹配时的 D 和 R_f 值就是实验室测得的运移参数。也可将同一时间不同 x 值代入模型中，将 C-x 理论解向不同位置上测得的浓度数据回归，同样可以得出匹配的 D 和 R_f 值。

4.2.2 适用于野外屏障设计的模型分析

1. 边界条件分析

在野外废弃物屏障设计中，究竟采用表 4-1 中哪个模型比较合适呢？一些学者如 Rabideau（1998），Shackelford（1990）研究发现，对于进口边界来讲，最适合的条件是有限质量进口条件。但由于相对于屏障而言，污染源的尺寸要大得多，这样实际上有限质量对屏障的影响很小，可以认为浓度是不变的，而且这样假设是偏于安全的，可使对流-弥散方程得到封闭的解。当然如果由于设计的修补、治理导致污染源区域内污染物浓度的降低，则应认为污染源浓度是随时间变化的或在方程中引入不等于零的污染源蜕变速率项。

关于出口条件，一维迁移有时被模拟成半无限系统，在这个系统中，出口边界条件被定义在 $x = \infty$，而不是在屏障和含水层交界处，如 $\dfrac{\partial C}{\partial x}(\infty, t) = 0$，尽管这个边界条件意味着在屏障与周围含水层处的迁移并不影响屏障内污染物的运移，但对对流占主导的实验室试验中，此边界条件常被应用。在对流占主导的实验室研究中，Ⅱ 型边界条件 $\dfrac{\partial C}{\partial x}(L, t) = 0$ 也是合适的，它意味着在屏障出口处的扩散流量为 0。

在屏障内扩散迁移占主导的野外条件下，在屏障外的邻近含水区域里，地下水的流量会导致出口处污染物的快速去除，这点可由 Rowe 和 Booker（1995）提出的描述填埋场垫层处条件（Ⅲ型边界条件）来表达，这样会导致较高的浓度梯度和相应的屏障出口处较大的扩散流量。在极限条件下，该边界条件可简化为 Ⅰ 型出口条件 $C(L, t) = 0$。对扩散占主导的迁移来讲，此边界条件是最保守的出口条件。研究证实它是一维低渗透垂直屏障的最合适的条件，这个条件称为完全冲出条件（Rabideau 等，1998）。

从上面的分析比较可以得出以下结论：对野外条件下的垂直屏障设计，从保守的角度出发，应使用常数浓度进口条件和零浓度出口条件。

表 4-1　　　　　　　一维对流-弥散方程的浓度模型

模型	进口边界	出口边界	浓度解
(1)	$C(0,\ t)=C_0$	$C(\infty,\ t)=0$	$C=\dfrac{C_0}{2}\left[erfc\left(\dfrac{R_f x-vt}{2\sqrt{DR_f t}}\right)+\exp\left(\dfrac{vx}{D}\right)erfc\left(\dfrac{R_f x+vt}{2\sqrt{DR_f t}}\right)\right]$
(2) $R_f\dfrac{\partial C}{\partial t}=$ $D\dfrac{\partial^2 C}{\partial x^2}-$ $v\dfrac{\partial C}{\partial x}-\lambda C$	$C(0,\ t)=C_0$	$C(L,\ t)=0$	$\dfrac{C}{C_0}=\dfrac{\sinh[(L-x)\sqrt{v^2+4\lambda D}]}{\sinh(L\sqrt{v^2+4\lambda D})}\exp\left(\dfrac{xv}{2D}\right)+$ $\dfrac{2\pi}{L^2}\exp\left(\dfrac{xv}{2D}\right)\sum_m^\infty\dfrac{(-1)^m m\sin\left(\dfrac{m\pi x}{L}\right)}{\dfrac{\lambda}{D}+\dfrac{v^2}{4D^2}+\dfrac{m\pi^2}{L_2}}\exp\left[-\left(\dfrac{\lambda}{R_f}+\dfrac{v^2}{4DR_f}+\dfrac{Dm\pi^2}{R_f L^2}\right)t\right]$
(3)	$C(0,\ t)=C_0$	$\dfrac{\partial C}{\partial x}(\infty,\ t)=0$	$C=\dfrac{C_0}{2}\left[erfc\left(\dfrac{R_f x-vt}{2\sqrt{DR_f t}}\right)+\exp\left(\dfrac{vx}{D}\right)erfc\left(\dfrac{R_f x+vt}{2\sqrt{DR_f t}}\right)\right]$
(4)	$C(0,\ t)=C_0$	$\dfrac{\partial C}{\partial x}(L,\ t)=0$	$\dfrac{C}{C_0}=1-\sum_{m=1}^{\infty}\dfrac{2\alpha_m\sin\left(\dfrac{\alpha_m x}{L}\right)\exp\left(\dfrac{vx}{2D}-\dfrac{v^2 t}{4DR_f}-\dfrac{\alpha_m^2 Dt}{L^2 R_f}\right)}{\alpha_m^2+\left(\dfrac{vL}{2D}\right)^2+\dfrac{vL}{2D}}$ 式中，α_m 是方程 $\alpha_m\cot\alpha_m+\dfrac{vL}{2D}=0$ 的正根
(5)	$C(0,\ t)=C_0-$ $\dfrac{1}{H_f}\int_0^t f(0,\ \tau)d\tau$	$C(\infty,\ t)=0$	$C(x,\ t)=\dfrac{C_0 e^{ak-a^b t}}{a-b}[af(a,\ t)-bf(b,\ t)]$ $f(q,\ t)=e^{qk+q^b}erfc\left(q\sqrt{t}+\dfrac{k}{2\sqrt{t}}\right)$ ($q=a$ 或 b) $a=\dfrac{v}{2\gamma D},\ b=\dfrac{nD\gamma}{H_f}-a,\ \gamma=\sqrt{\dfrac{1+(\rho k/n)}{D}}$
(6)	$\left(vC-D\dfrac{\partial C}{\partial x}\right)\bigg|_{x=0}=vC_0$	$\dfrac{\partial C}{\partial x}(\infty,\ t)=0$	$\dfrac{C}{C_0}=0.5\left\{erfc\left(\dfrac{R_f x-vt}{2\sqrt{DR_f t}}\right)+2\sqrt{\dfrac{v^2 t}{\pi DR_f}}\exp\left[-\dfrac{(R_f x-vt)^2}{4DR_f t}\right]-\left(1+\dfrac{vx}{D}+\dfrac{v^2 t}{DR_f}\right)\exp\left(\dfrac{vx}{D}\right)erfc\left(\dfrac{R_f x+vt}{2\sqrt{DR_f t}}\right)\right\}$
(7)	$\left(vC-D\dfrac{\partial C}{\partial x}\right)\bigg|_{x=0}=vC_0$	$\dfrac{\partial C}{\partial x}(L,\ t)=0$	$\dfrac{C}{C_0}=1-$ $\sum_{m=1}^{\infty}\dfrac{\dfrac{2vL}{D}\beta_m\left[\beta_m\cos\left(\dfrac{\beta_m x}{L}\right)+\dfrac{vL}{2D}\sin\left(\dfrac{\beta_m x}{L}\right)\right]\exp\left(\dfrac{vx}{2D}-\dfrac{v^2 t}{4DR_f}-\dfrac{\beta_m^2 Dt}{L^2 R_f}\right)}{\left[\beta_m^2+\left(\dfrac{vL}{2D}\right)^2+\dfrac{vL}{2D}\right]\left[\beta_m^2+\left(\dfrac{vL}{2D}\right)^2\right]}$ 式中，β_m 是方程 $\beta_m\cot\beta_m-\dfrac{\beta_m^2 D}{vL}+\dfrac{vL}{4D}=0$ 的正根

2. 一维对流-弥散方程在常数浓度进口条件和半无限零浓度出口条件下的解

假定：①土壤屏障是均质的，半无限的；②土壤是饱和的，地下水在土壤中的流动呈稳流状态，即符合达西定律；③溶质迁移沿一个方向发生。符合这些假定的模型如下：

$$\begin{cases} R_f \dfrac{\partial C}{\partial t} = D \dfrac{\partial^2 C}{\partial x^2} - v \dfrac{\partial C}{\partial x} \\ C(x,\ 0) = 0 \\ C(0,\ t) = C_0 \\ C(\infty,\ t) = 0 \end{cases} \tag{4-1}$$

式中　C ——土壤液相中溶质的浓度，mol/L；

　　　C_0 ——假设的常数，是屏障与渗滤液交界面进口处的溶质浓度，mol/L；

　　　v ——孔隙水渗流速度，m/年；

　　　D ——土中溶质的扩散系数，m^2/年；

　　　R_f ——溶质阻滞因子。

式（4-1）的解为

$$\frac{C}{C_0} = \frac{erfc(z_1) + \exp(z_2)erfc(z_3)}{2} \tag{4-2}$$

对于反应性物质（$R_f \neq 1$）：

$$z_1 = \frac{x - v^* t}{2\sqrt{D_e t}}; \quad z_2 = \frac{v^* x}{D_e} = \frac{vx}{D}; \quad z_3 = \frac{x + v^* t}{2\sqrt{D_e t}} \tag{4-3}$$

式中，$v^* = v/R_f$；　$D_e = D/R_f$（D_e 为有效扩散系数或表观扩散系数）。

对有限厚度（L）的土屏障（图 4-1），给定 C，C_0，V，D_e 值，在屏障出口处污染液的浓度可将 L 代入方程中的 x 计算求得，这样可得到屏障出口处相对浓度与时间（$C/C_0 - t$）的关系图。如果给定 t，则可求得屏障不同位置上的污染物浓度值 C，这样可画出 $C/C_0 - x$ 图。通过 Fortran 程序，绘制了不同 D（0.005 m^2/年，0.02 m^2/年，0.04 m^2/年）和 v（0.005 m/年，0.05 m/年，0.5 m/年）组合下，不同屏障厚度出口处的 $C/C_0 - t$ 曲线（图 4-2—图 4-4）。

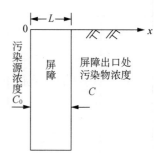

图 4-1　土屏障模型

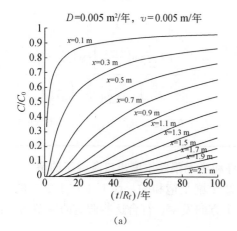

(a)

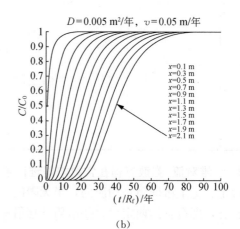

(b)

106

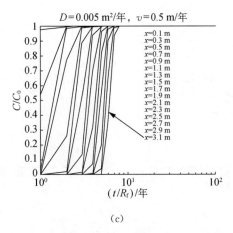

（c）

图 4-2 $D=0.005$ m²/年时的 C/C_0-t/R_f 曲线

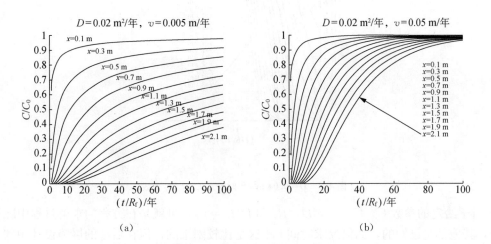

（a）   （b）

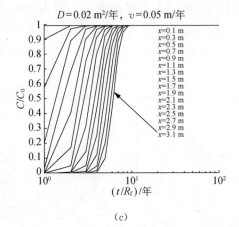

（c）

图 4-3 $D=0.02$ m²/年时的 C/C_0-t/R_f 曲线

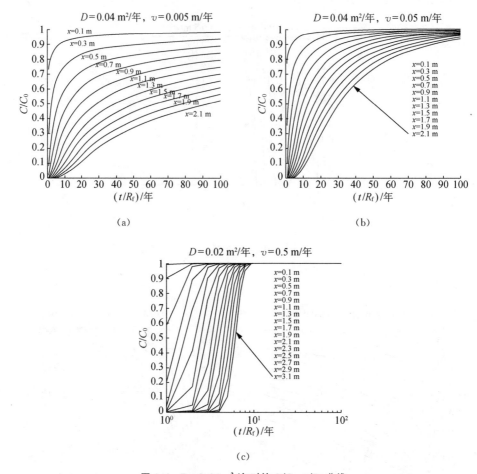

图 4-4 $D=0.04\ \text{m}^2/\text{年时的}\ C/C_0 - t/R_f$ 曲线

对于给定的参数 C，C_0，v，D，R_f 和 $L(L=x)$，也就是在方程的求解过程中除了时间 t，其他都是已知的，如何反求时间 t，这是比较困难的，但在后续的屏障设计中却非常有用。本章根据牛顿力学迭代原理求方程根的方法，用 Mathematic 语言编制了程序，可以很方便地求出不同 x 对应的变量 t 值，并给出了不同 D（0.005 m²/年，0.02 m²/年）和 v（0.005 m/年，0.05 m/年，0.05 m/年）组合下的 $t/R_f - x$ 曲线（图 4-5—图 4-6）。

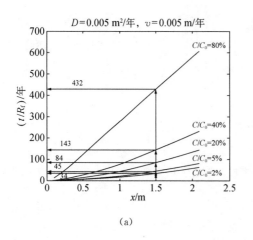

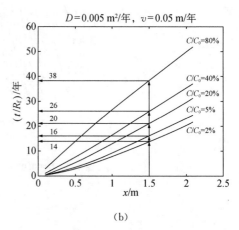

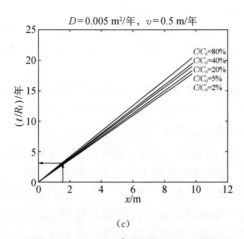

(c)

图 4-5 $D = 0.005 \, \mathrm{m^2/}$年时的 t/R_f-x 曲线

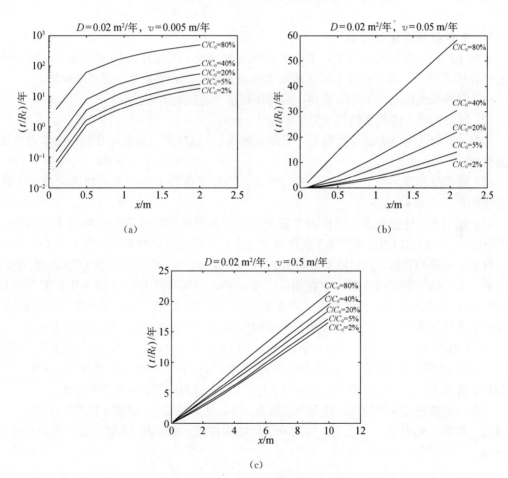

(a)

(b)

(c)

图 4-6 $D = 0.02 \, \mathrm{m^2/}$年时的 t/R_f-x 曲线

3. 一维对流-弥散方程在常数浓度进口条件和半无限零浓度出口条件下的解

从图 4-2 可查出，当 $D = 0.005 \, \mathrm{m^2/}$年（$1.59 \, \mathrm{cm^2/s}$）时，$v = 0.005 \, \mathrm{m/}$年、$0.05 \, \mathrm{m/}$年、$0.5 \, \mathrm{m/}$年三种不同渗流速度下，对 $L = 1.5 \, \mathrm{m}$ 的屏障，达到 50 年（$R_f = 1$）的

年限时，屏障出口处污染物的相对浓度分别是 0.08，0.97，1.0。$D=0.02$ m^2/年（6.3 cm^2/s）时，三种不同渗流速度下出口处污染物的相对浓度分别是 0.33，0.87，1.0（图 4-3）。$D=0.04$ m^2/年时，三种不同渗流速度下出口处污染物的相对浓度分别是 0.48，0.83，1.0（图 4-3）。

渗流速度 v 对弥散系数 D 的影响。从上面几组数据可以看出，D 一定时，随着 v 的增加，出口相对浓度明显增大，当 D 较小时，这种增大特别明显。当 $D=0.005$ m^2/年，v 增大到 0.05 m/年时，污染物的迁移主要由渗流控制。

弥散系数 D 对渗流速度 v 的影响。当 v 一定时，如 v 较小（如 =0.005 m/年），随着 D 的增大，浓度增大比较明显，说明此时迁移主要受扩散控制。但如 v 较大（如 $v=0.05$ m/年，0.5 m/年）时，则 D 的变化对浓度影响不明显，说明此时迁移主要受渗流控制。

图 4-5、图 4-6 可用于屏障设计时确定屏障的厚度。在已知迁移参数 D，v，C_0，R_f 的情况下，根据设计要求的屏障寿命和屏障击穿浓度 C/C_0，可直接从图中查得所需的屏障厚度；或已知屏障的厚度，反过来也可查得该屏障的寿命。

4.2.3 废弃物屏障设计方法

在黏土污染物屏障的设计中，主要关心的问题是在一组给定的标准要求下，对屏障的厚度作合理的估计。为了估计不同屏障厚度的击穿时间，必须建立一套性能标准：

（1）野外水头梯度在 1～10 之间，通常接近这个范围的下限。

（2）屏障的最大渗透系数标准是 $1×10^{-7}$ cm/s。

（3）污染物认为是非反应性物质，阻滞系数为 1。这种假设是偏保守的，除非有可靠的试验数据。

（4）在渗流速度小于 10^{-6} cm/s 的情形下，弥散系数认为等于污染物的分子在大体积溶液中的扩散系数。

对给定的上述性能标准，用图表来说明如何根据屏障厚度确定污染物的击穿时间。图 4-7 中标出了不同出口浓度水平和不同屏障厚度下污染物的击穿时间。从图 4-7（a）中可看出，对 1.5 m 厚的屏障，出口浓度分别为 2%，20%，20%，40%，80%的原渗滤液浓度时，若令 $R_f=1$，则击穿时间分别发生在第 34，45，84，143，432 年。对同一扩散系数（$D=0.005$ m/年）、不同孔隙水渗流速度下的击穿时间作比较，结果发现：随着渗流速度的增加，污染物的迁移将主要由渗透速度控制，击穿时间减小，特别是在 D 比较小的情况下。比如 $D=0.005$ m/年时，在 $v=0.005$ m/年，$v=0.05$ m/年及 $v=0.5$ m/年三种情况下，屏障厚 $L=1.5$ m，击穿水平 $C/C_0=20$% 分别发生在第 84，20，3 年。随着 D 的增大，v 对击穿时间的影响将随之减小。比如 $D=0.02$ m^2/年时，v 对击穿时间的影响相对要小些。

如果污染物是反应性物质，即阻滞系数 $R_f≠1$，从一维对流-弥散方程的解［式（4-3）］可看出，可将 t/R_f 作为一个变量，将从 t-x 图中求得的 t 乘以 R_f 即为求得的 $R_f≠1$ 时的击穿时间。

4.2.4 废弃物屏障设计

根据溶质在饱和细粒垫层中迁移的一维对流-弥散-反应性模型，对低浓度下的饱和土屏障建立了一套设计分析方法和相应的规则。影响设计的基本参数是渗流速度 v、阻滞因子 R_f 和孔隙液体中污染物的化学扩散。

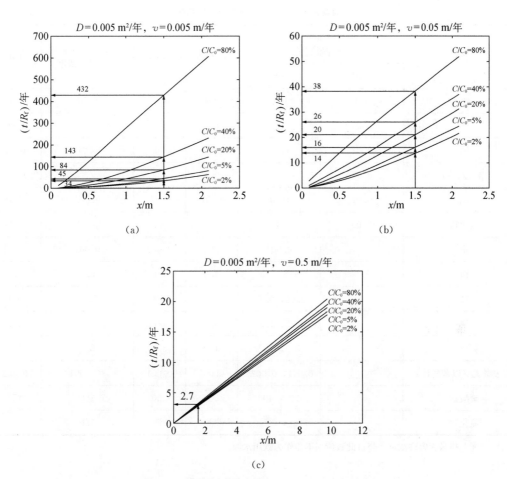

图 4-7　击穿时间与屏障厚度（t/R_t-x）的关系曲线

确定土屏障的厚度按照下列步骤进行：

（1）选择设计标准。

① 选定设计寿命，一般至少 30 年，如果土中污染物的生物降解时间已知，就以该时间作为设计寿命。

② 确定设施在设计寿命期中土屏障中最大的渗流速度。

③ 确定污染物的击穿浓度 C_e，可用水环境浓度。表 4-2 给出了我国和国外规范中规定的一些无机和有机污染物的生活饮用水标准值，即自来水中有毒物质的允许限量（中华人民共和国卫生部 等，2007；史安洋 等，1980）。

（2）确定或估计设计中渗滤液的初始浓度 C_0。

（3）计算击穿水平 C_e/C_0。

（4）估计有效扩散系数，根据已报道的研究成果或通过扩散试验确定。第 3 章表 3-7 列出了一些常见的无机金属阳离子和无机阴离子在天然黏土中的扩散系数值。

（5）确定阻滞因子 R_1。除非是采用实际的渗滤液和用作土屏障的细粒土做试验，否则一般取保守的值 1.0。研究表明，阻滞因子的影响因素很多，如混合液与单种溶液的有效扩散系数和阻滞因子是有差别的，相伴离子对扩散的影响也是明显的。

（6）利用图表估计屏障的厚度。

表 4-2 自来水中有毒及有害物质允许限量值 （单位：mg/L）

物质	世界卫生组织的允许限制量		俄罗斯	美国	欧洲共同体（允许最大浓度）	中国
	欧洲	其他				
铅	0.1	0.1	0.1	0.05	0.05	0.05
砷	0.05	0.05	0.05	0.05	0.05	0.05
硒	0.01	0.01	0.01	0.01	0.01	0.01
铬（六价）	0.05	—	0.1	0.05		0.05
镉	0.01	0.01	0.01	0.01	0.005	0.01
氰化物	0.05	0.05	0.1	0.2	0.05	0.05
汞	—	0.001	0.005	0.002	0.001	0.001
钡	1.0	—	4.0	1.0	0.1	
锰		0.05，0.5*		0.05	0.05	0.1
铜		0.05，1.5*	0.1	1.0		1.0
锌		5.0，15*	1.0	5.0	5.0	1.0
挥发酚类（以苯酚计）		0.001，0.002*	0.001	0.001	<0.001	0.002
硫酸盐		200，400	500	250	250	250
氯化物		200，600*	350	250	350	250

注："＊"指最大容许浓度，超过此数值则不能作为饮用水源。

4.3 废弃物屏障系统设计及污染物修复实例

4.3.1 工程概况

基地位于上海市东安路，紧靠一家化工厂（图 4-8），拟建一幢 28 层高层建筑。经上海勘察院对拟建场地的水样分样，地下水中 SO_4^{2-} 浓度沿土层浓度逐渐衰减，污染最重范围在地表下 6～9 m 处（图 4-9）。根据《岩土工程勘察规范》（GB 50021—2001）中"环境水对混凝土结晶性侵蚀标准"（表 4-3），5～9 m 范围内的地下水对混凝土具有强侵蚀性。

表 4-3 环境水对混凝土结晶性侵蚀判定标准

结晶性侵蚀指标 SO_4^{2-} /（mg·L^{-1}）	结晶性侵蚀判定	宜采用水泥品种
<1 500	无侵蚀	—
1 500～2 500	弱侵蚀	普通硅酸盐水泥（水泥标号不低于 500，水灰比不大于 0.6，CA 小于 896）
2 500～5 000	中等侵蚀	普通抗硫酸盐水泥
5 000～20 000	强侵蚀	高抗硫酸盐水泥

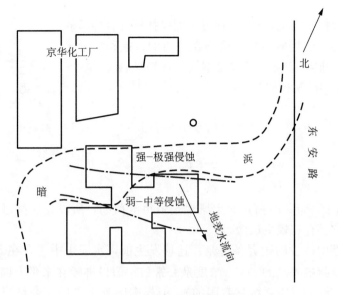

图 4-8　建筑物平面位置图

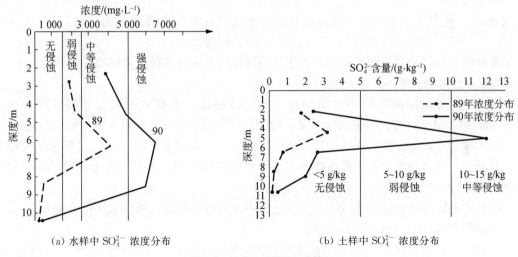

（a）水样中 SO_4^{2-} 浓度分布　　　　（b）土样中 SO_4^{2-} 浓度分布

图 4-9　建筑物地基受污染情况

从图 4-9 可看出，按水样和土样的分析资料对混凝土的侵蚀进行判别，差异很大，水样对混凝土的污染程度远比土样严重，这里以水样分析为标准。

造成地下水具有侵蚀性的原因是工厂长期排放工业废水。对排放的废水分析，SO_4^{2-} 含量最高达 91 025.34 mg/L，经三废处理后的废水中 SO_4^{2-} 含量为 28 250.344 mg/L。

本工程基础采用的是钻孔灌注桩，人防地下室底板离地表 4 m，位于强侵蚀范围内。为防止含 SO_4^{2-} 浓度很高的地下水对桩基及地下室的墙和底板混凝土造成危害，须进行防腐蚀处理。

4.3.2　水泥搅拌桩垂直屏障的设计

根据 SO_4^{2-} 浓度分布状况及开挖基坑时的受力状况初定的水泥搅拌桩屏障的模型如图

4-10 所示。

为简化设计及保守起见，SO_4^{2-} 通过水泥搅拌桩垂直屏障的运移规律用保守性（非反应性）污染物在均质的、饱和的半无限多孔介质中的一维对流-弥散迁移模型式（4-1）描述。

$R_f = 1$ 时该模型的解析解为

$$\frac{C}{C_0} = \frac{1}{2}\left[erfc(z_1) + \exp(z_2)erfc(z_3)\right] \qquad (4-4)$$

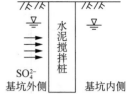

图 4-10 水泥搅拌桩屏障模型

式中，$z_1 = \dfrac{x - vt}{2\sqrt{Dt}}$；$z_2 = \dfrac{vx}{D}$；$z_3 = \dfrac{x + vt}{2\sqrt{Dt}}$。

SO_4^{2-} 是阴离子，带负电荷，而土壤也是带负电荷的，所以在迁移过程中不存在吸附反应，同时假设它不存在蜕变反应。

上述运移模型中假设的边界条件是：迁移发生前，水泥土中不存在 SO_4^{2-}，整个迁移过程中，水泥土搅拌桩外侧的 SO_4^{2-} 浓度是一常数；假设屏障在水平方向是半无限体，尽管与实际不符（实际的屏障系统是有限的），但根据国外学者的研究结果，在垂直屏障的设计中，常数浓度进口边界条件和零浓度出口条件是保守的安全的设计出发点。

根据场址勘探结果，场地地下水水力坡度 $i = 0.05$。水泥搅拌桩墙的渗透系数 k 取 10^{-7} cm/s，孔隙率 n 取 0.4。通过搅拌桩屏障的实际孔隙水流速根据达西定律 $v = k \times i/n = 10^{-7} \times 0.05/0.4 = 1.25 \times 10^{-8}$ cm/s = 0.004 m/年。

根据前面的屏障系统设计理论，确定屏障厚度时首先要选择设计标准：

（1）设计寿命：取 50 年以上。

（2）设计寿命期内屏障中最大的地下水渗流速度：根据实际勘探结果计算出 $v = 0.004$ m/年，设计时考虑一定的安全度，取 $v = 0.005$ m/年（安全度 = 5/4 = 1.25）。

（3）确定污染物的击穿浓度 C_e：击穿浓度 C_e，一般用水环境浓度。这里考虑两种浓度，如按照生活饮用水标准，硫酸盐的浓度不大于 250 mg/L，如按照混凝土结构不受侵蚀标准，硫酸盐浓度不大于 1 500 mg/L（表 4-3）。

（4）确定阻滞因子 R_f。由于 SO_4^{2-} 在土壤中没有吸附反应，所以取保守值 1.0。

屏障厚度设计中其他参数的选取：

渗滤液的初始浓度 C_0：根据对废水水样的分析结果，经三废处理后的废水中 SO_4^{2-} 含量为 28 250.344 mg/L，所以取 $C_0 = 28$ g/L。

设计击穿水平 C_e/C_0：取 $C_e = 250$ mg/L 和 1 500 mg/L，C_e/C_0 分别为 0.89% 和 5.3%。考虑到本设计只要达到混凝土免受 SO_4^{2-} 侵蚀的标准，所以设计时取 $C_e/C_0 = 5.3\% \approx 5\%$。

SO_4^{2-} 在水泥土搅拌桩（土中掺入 13% 水泥搅拌而成）中的扩散系数 D：关于 SO_4^{2-} 的扩散系数未见报道，这里参考 Cl^- 在土壤中的扩散系数值，根据表 3-7 中的数据，阴离子 Cl^- 在一般黏土中的扩散系数值在（5~10）× 10^{-6} cm²/s 范围内。考虑到离子在水泥土中的扩散系数应该比土中小得多，故设计时取 0.000 5 m²/年（1.5×10^{-7} cm²/s）。本设计中分别取 $D = 0.005$ m²/年（1.5×10^{-6} cm²/s）；$D = 0.000 5$ m²/年（1.5×10^{-7} cm²/s），$D = 0.02$ m²/年（6.3×10^{-6} cm²/s）三种扩散系数值进行分析对比。

（1）$v = 0.005$ m/年时，不同 D 取值下的 t-x 图（图 4-11）。从图 4-11 中可根据 t 查

得所需的屏障厚度。如设计寿命为 50 年，$D=0.000\ 5\ \text{m}^2/\text{年}$，$D=0.005\ \text{m}^2/\text{年}$，$D=0.02\ \text{m}^2/\text{年}$三种情况下，水泥土屏障所需的厚度分别为 0.7 m，1.6 m，3.05 m（图 4-11 及表 4-4）。根据开挖时的受力要求，实际采用的厚度是 3.2 m，足够满足即使是 D 较大（$0.02\ \text{m}^2/\text{年}$）时的要求。

从图 4-11 也可根据实际的屏障厚度 $x=3.2$ m，反过来查得 $C/C_0=5\%$，$v=0.005$ m/年时，$D=0.005\ \text{m}^2/\text{年}$，$D=0.005\ \text{m}^2/\text{年}$，$D=0.02\ \text{m}^2/\text{年}$三种情况下的实际击穿时间分别为 414 年、162 年和 57 年（表 4-5）。同样说明设计采用的屏障厚度足够满足 D 较大时要求的设计寿命。

如果假定设计寿命为 100 年，从图 4-11 中可查得三种 D 取值下所需的屏障厚度分别为 1.1 m，2.4 m 和 4.4 m（图 4-11 及表 4-4），实际屏障厚度 $x=3.2$ m 只在 $D=0.02\ \text{m}^2/\text{年}$ 的情况下不满足设计标准，但将 $0.02\ \text{m}^2/\text{年}$（$6.3\times10^{-6}\ \text{cm}^2/\text{年}$）作为 SO_4^{2-} 在水泥土中的扩散系数显然是偏大的，不合理的。

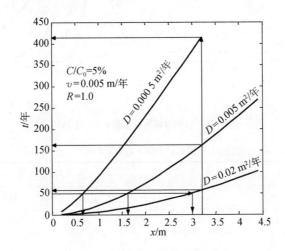

图 4-11 不同扩散系数下的 t-x 曲线

表 4-4   不同设计寿命所需屏障厚度

设计寿命/年	理论计算屏障所需厚度/m		
	$D=0.000\ 5\ \text{m}^2/\text{年}$	$D=0.005\ \text{m}^2/\text{年}$	$D=0.02\ \text{m}^2/\text{年}$
50	0.7	1.6	3.05
100	1.1	2.4	4.4

（2）$t=100$ 年，$t=50$ 年两种情况下墙体厚度与屏障出口处离子相对浓度（C/C_0）的关系图（图 4-12）。从图中可以查得一定设计寿命下，某一位置的浓度值或某一浓度标准下所需的屏障厚度值。如设计寿命为 100 年，$x=3.2$ m 处，从图 4-12（a）中，可查得三种 D 值（$D=0.000\ 5\ \text{m}^2/\text{年}$，$D=0.005\ \text{m}^2/\text{年}$，$D=0.02\ \text{m}^2/\text{年}$）下屏障的出口浓度 C/C_0 分别为 0，1% 和 17%。此结论和前面一致，即 $t=100$ 年，$x=3.2$ m 厚的屏障，只有在 $D=0.02\ \text{m}^2/\text{年}$ 时不满足要求。如设计寿命为 50 年，$x=3.2$ m，从图 4-12（b）中同样可查得相应于扩散系数 $D=0.000\ 5\ \text{m}^2/\text{年}$，$D=0.005\ \text{m}^2/\text{年}$，$D=0.02\ \text{m}^2/\text{年}$三种情况下的 C/C_0 分别为 0，0，3%，均满足出口浓度

$C_e/C_0 \leqslant 5\%$的设计标准。

如果设计寿命确定，根据图 4-12 同样可查得某一浓度水平下，不同扩散系数所需要的屏障厚度。如设计寿命为 100 年，击穿浓度水平 C_e/C_0 为 5%时，从图 4-12 中查得三种扩散系数下所需的屏障厚度为 1.1 m，2.4 m 和 4.4 m。如设计寿命为 100 年，出口浓度标准改为 10%，则三种扩散系数下所要求的屏障厚度分别为 0.95 m，2.1 m 和 3.7 m。

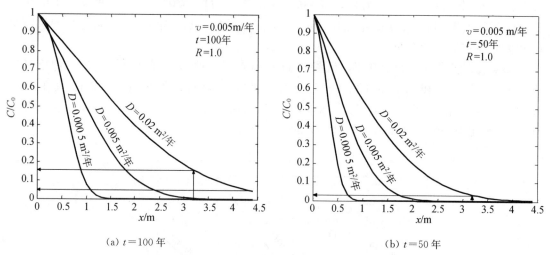

(a) $t=100$ 年　　　　　　　　　　　　(b) $t=50$ 年

图 4-12　不同设计寿命下的 C/C_0-x 曲线

表 4-5　　　　　　　　　　　　不同扩散系数下的击穿时间

扩散系数 $D/$（m^2/年）	击穿时间/年（$C_e/C_0=5\%$）
0.000 5	414
0.005	162
0.02	57

（3）不同浓度水平下的 t-x 曲线如图 4-13 所示。根据图 4-13，可查得不同 C/C_0 时所需的屏障厚度。表 4-6 列出了不同的浓度水平下不同屏障厚度对应的击穿时间。

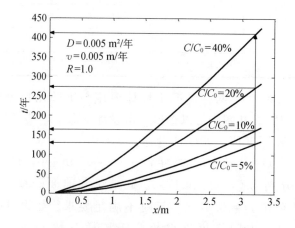

图 4-13　不同 C/C_0 浓度水平下的 t-x 曲线

表 4-6　　　　　　　　　　不同击穿浓度和屏障厚度下的击穿时间　　　　　　　　　（单位：年）

浓度水平（C/C_0）/%	屏障厚度/m				
	1.5	2.0	2.5	3.0	3.2
2	33.7	56.50	83.6	114.4	127.6
5	44.578 8	73.645 3	107.592	145.61	161.816
20	83.9	132.8	187.3	246.1	273.0

注：$v=0.005$ m/年，$D=0.005$ m^2/年，$R_f=1.0$。

从一维迁移模型的解析解中可看出，离子迁移到达屏障出口的浓度与运移时间 t、扩散系数 D、屏障厚度及地下水在屏障中的渗透系数 K 等变量有关。

计算结果表明，屏障出口处相对浓度水平 C/C_0 与 D，L，t，K 参数之间呈非线性关系，在 K 一定且比较小的情况下，扩散系数 D 起决定性的影响，D 越大，离子的扩散速度越快，屏障出口处的相对浓度 C/C_0 越大。如屏障的设计寿命为 50 年时，D 取 0.000 5 m^2/年，0.005 m^2/年及 0.02 m^2/年三种情况下要达到非侵蚀性标准（C/C_0 为 5%），所需的最小屏障厚度分别为 0.7 m，1.6 m 和 3.05 m。如屏障的设计寿命为 100 年，相应的所需屏障厚度分别为 1.1 m，2.4 m 和 4.4 m。所以如何准确地选取扩散系数是设计屏障的关键。

4.3.3　硫酸根离子对混凝土的腐蚀机理及处理方法

1. SO_4^{2-} 对混凝土的腐蚀机理

SO_4^{2-} 对混凝土的破坏作用，主要是产生结晶性侵蚀。当地下水中含有 SO_4^{2-} 较多时，会渗入混凝土中，与水泥中的氢氧化钙起作用而生成石膏（硫酸钙结晶）：

$$SO_4^{2-} + C_a(OH)_2 \longrightarrow CaSO_4 \cdot 2H_2O(石膏)$$

石膏再与混凝土中的水化铝酸钙起作用生成钙矾石（硫铝酸钙）结晶：

$$3CaO \cdot Al_2O_3 + 3CaSO_4 \cdot 2H_2O + 25H_2O \longrightarrow 3CaO \cdot Al_2O_3 \cdot 3CaSO_4 \cdot 31H_2O$$

由于新生成的结晶体含有大量结晶水，比原有体积增大 1.5 倍以上，具有膨胀作用，会对混凝土起到极大的破坏作用。

另外，水中硫酸盐浓度较高时，硫酸钙将在孔隙中直接结晶成二水石膏，使体积膨胀，导致混凝土中水泥石破坏。

土与水系统被环境污染，有三种基本机制：①降雨落在生活垃圾堆或化学废弃物堆上，溢流进入土层；②从污水管、储油罐或废弃物处理设施（如废弃物堆、化粪池、支渠和污泥贮留池）等泄漏出来的污染物；③由于物理化学的或化学的变化，使污染物在土层内部或土层之间移动。

污染物对基础的影响方面有沉降、承载力、边坡稳定、土压力（如随着时间变化）等。美国里海大学的 Nikroudis 开发了专家系统对地下结构的腐蚀问题进行评价，为岩土工程师提供对地下结构腐蚀问题的预估、检测和调查分析的方法。

近年来，由于上海地区工业的发展和人口的增长，工业废弃物和生活废弃物没有得到有效及时的控制和管理，不但使已经建造的建筑物受到了很大威胁，而且对未建的工程在地基设计上增加了许多复杂性。特别如化工厂、染化厂、制药厂、炼钢厂等，每天都要排放出大量的酸、碱溶液。长年累月，这些工厂的下水道都遭到了不同程度的腐蚀而损害，污水直接侵入地基。几乎所有的工厂砖墙腐蚀、混凝土剥蚀、钢筋严重腐蚀、地面下陷。

土层或岩层对混凝土腐蚀的评价标准如表 4-7 所列。

表 4-7 土层（岩层）对混凝土腐蚀的评价标准

腐蚀等级	土的盐酸浸出液中 SO_4^{2-} 含量/$(g \cdot kg^{-1})$		
	I 类环境	II 类环境	III 类环境
无腐蚀			<5.0
弱腐蚀			5～10
中等腐蚀			10～15
强腐蚀			15～20

注：III 类环境条件下，混凝土处于弱透水性土层、岩层或其他地下水中，且均不具有干湿交替或冰融交替作用。

2. 防 SO_4^{2-} 侵蚀的处理方法

SO_4^{2-} 对土体的破坏作用，主要是产生结晶性侵蚀。本工程的具体情况如下：

（1）SO_4^{2-} 是阴离子，而土颗粒通常带负电，土颗粒表面不可能吸附同号电荷的离子，所以 SO_4^{2-} 存在于水中。因此处理的重点是如何降低自由水中的 SO_4^{2-} 浓度和含量。

（2）地下水流动越快，这种侵蚀危害越严重，因为 SO_4^{2-} 可随着地下水流动而源源不断地得到补充，侵蚀性随时间而加剧。

（3）溶液中溶质的量越大，破坏性越强。

根据上述的基本概念，可以提出以下处理设想：

（1）围墙。用搅拌桩将基坑围起来，既可以起到围护基坑的作用，又可以隔离污染源，使基坑内土体中的自由水与外界隔离，不与外界连通。这样在封闭的情况下，SO_4^{2-} 的量得不到补充，使其浓度成为常量。

（2）降水。坑内降水使土体的自由水含量减少。由于 SO_4^{2-} 只存在于水中，因此，降水可以减少 SO_4^{2-} 的总量。本工程降水深度至少达 5 m。

（3）挖。为减少污染土的处理量，挖出底板标高以上的污染土体。本工程底板面离地面 5 m，因此挖深为 5 m。

（4）对底板标高以下 2～3 m 受污染的土体处理。从图 4-9 可以看出，SO_4^{2-} 污染的深度为 8 m 左右，因此，基础底板下尚有 2～3 m 的污染土体必须处理，处理的方法有石灰桩和钡盐废渣垫层。

石灰桩处理 SO_4^{2-} 的原理是利用石灰所含的 Ca^{2+} 与 SO_4^{2-} 反应生成难溶的 $CaSO_4$，结晶析出，从而将 SO_4^{2-} 固定起来，使其失去活动能力。

某难溶电解质（如 $CaSO_4$）在一定条件下，沉淀能否生成或溶解，可根据溶度积的概念来判断。在某难溶电解质溶液中，其离子的浓度称为离子积，用符号 Q_1 表示。K_{sp} 和 Q_1 的表达式相同，但二者的概念是有区别的，K_{sp} 表示难溶电解质溶液沉淀溶解平衡时，饱和溶液中离子浓度的乘积，对某一难溶电解质，在一定温度条件下，K_{sp} 为一常数。而 Q_1 则表示任何情况下离子浓度的乘积，其数值不定。K_{sp} 仅是 Q_1 的一个特例。

在任何给定的溶液中，离子积 Q_1 可能有三种情况：

① $Q_1 = K_{sp}$ 是饱和溶液，达到动态平衡；

② $Q_1 < K_{sp}$ 是不饱和溶液，无沉淀析出，若溶液中有固体存在，沉淀将溶解，直至饱

和为止；

③ $Q_1 > K_{sp}$ 是过饱和溶液，有沉淀析出，直至饱和。

以上规则称为溶解度规则。

$CaSO_4$ 在 25 ℃的溶度积 $K_{sp} = 2.45 \times 10^{-5}$，所以 $CaSO_4$ 的溶解度：

$$S = \sqrt{2.45 \times 10^{-5}} = 4.95 \times 10^{-2} \text{ mol/L}$$

根据溶解度规则，如果加入 Ca^{2+} 量足够，溶液中 SO_4^{2-} 的浓度就不会大于 4.95×10^{-3} mol/L，即 475 mg/L（<1 500 mg/L），这时 SO_4^{2-} 无侵蚀作用。

假设底板下土中的 SO_4^{2-} 浓度为 10 g/kg（根据上海勘察院对图样的分析资料得出），每立方米土重 1 800 kg，则每立方米土中 SO_4^{2-} 质量为

$$1\ 800 \text{ kg} \times 10 \text{ g/kg} = 18 \text{ kg}$$

吸收 18 kg SO_4^{2-} 所需的石灰量为

$$18 \times \frac{56}{96} = 10.5 \text{ kg}$$

若基坑面积为 700 m^2，处理深度为 3 m，则所需石灰量为

$$Q_1 = 700 \times 3 \times 10.5 = 22.05 \text{ t}$$

根据室内试验结果，石灰桩桩径为 20 cm，埋设密度为 1 根/m^2。1 根 1 m 长石灰桩所需的石灰量为

$$Q_2 = \frac{\pi}{4} \times 20^2 \times 1 \times 20\ 000 = 62.83 \text{ kg}$$

计算结果表明，石灰桩的用量远超过中和 SO_4^{2-} 所需的量。故不建议用纯石灰桩，而采用石灰砂桩，将石灰和砂搅拌，灌入预先钻好的孔中。

在底板下铺设一层钡盐废渣垫层，能很好地阻隔来自下部的污染源。Ba^{2+} 与 SO_4^{2-} 结合形成极难溶的 $BaSO_4$ 沉淀。$BaSO_4$ 在 25 ℃时的溶度积 $K_{sp} = 1.08 \times 10^{-10}$，溶解度 $S = \sqrt{1.08 \times 10^{-10}} = 1.04 \times 10^{-5}$ mol/L。可认为加入钡盐后，SO_4^{2-} 可以沉淀完全。

（5）地下室底板下采用沥青混凝土垫层，地下室外墙面用沥青涂刷，形成耐腐蚀性高且不透水的保护层。本工程施工程序如下：

搅拌桩围墙→坑内降水 5 m→基础钻孔灌注桩施工→开挖基坑深 5 m→基坑污染土处理：石灰桩和钡盐废渣垫层→防腐蚀施工：墙面涂刷沥青→基坑回填（控制回填质量）。

3. 施工过程中 SO_4^{2-} 的跟踪监测与分析

（1）井点降水后的土样与水样分析

在采取了搅拌桩隔离地下水和井点降水（降水深度 5～6 m）措施后，为进一步掌握土层（包括孔隙水）中 SO_4^{2-} 的含量，从而判别其危害程度，在前两次上海勘察院勘察分析的基础上，又布置了 8 个取样点，共钻取了 32 个土样，采集了 5 个水样（5 m 以下）、2 个废渣样品。土样和废渣由同济大学化学教研室进行分析，土样试验方法是先将土样在 105 ℃下烘干，然后碾碎，再加入水浸泡一昼夜，测定浸出液中 SO_4^{2-} 的浓度。水样由同济大学测试中心用离子色谱进行分析。

本次取样点的位置如图 4-14 所示，考虑到前两次勘察的结果，侵蚀性影响范围已划定，所以本次取样点主要布置在北和东北位置，即严重污染区。每个土样点在深度方向上分别按 2 m，3 m，4 m 和 5 m 用小螺钻钻取。水样是直接从 9 m 深的集水井中提取。此外在 3 号井又进行了 3 次抽水，测抽水后的水样浓度。在 4 号井投放 5 kg 建筑石灰，进行现场试验，投灰后 5 h，再取水样检验，目的是探究石灰处理的效果。

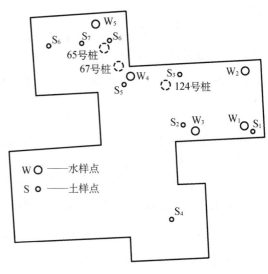

图 4-14 采样点的平面位置

表 4-8 是土样的分析结果，试验表明，SO_4^{2-} 的含量大小次序为：$S_3 > S_7 > S_6 > S_5 > S_8 > S_2 > S_4 > S_1$。$S_3$ 位置上 SO_4^{2-} 含量最高，平均为 4.65 g/kg，说明越靠近京华厂，土中 SO_4^{2-} 含量越高，这与上海勘察院第一次勘察报告的结论一致，也与搅拌桩施工时开挖暴露观察到的情况相符。按表中的数据评价土层对混凝土的侵蚀，均属无侵蚀，这说明降水是有效的，还需说明的是，本试验土样是用蒸馏水浸，不是用《土工试验方法标准》中规定的盐酸浸出法。但上海勘察院的对比试验表明，两种方法得到的结果相差不大，表中最后一栏是将土样中的 SO_4^{2-} 浓度换算到孔隙水中的浓度。

表 4-9 所列为集水井中的 SO_4^{2-} 浓度。从表中可看出，3 号和 4 号井中 SO_4^{2-} 浓度最高，这与前面土样分析结果是一致的。在 3 号井中，连续抽水三次，取抽水三次后的水样，测得 SO_4^{2-} 浓度为 810 mg/L，说明抽水的措施是可行的。另外，在 4 号井中投入 5 kg 建筑石灰，经 5 h 后，取水样分析，SO_4^{2-} 的浓度降为 842 mg/L，这说明用石灰处理 SO_4^{2-}，效果是很明显的。

表 4-8　　　　　　　　　　　　土样中 SO_4^{2-} 的浓度　　　　　　　　　　　　（单位：g/kg）

点位	深度					孔隙水中浓度/（mg·L^{-1}）
	2 m	3 m	4 m	5 m	平均	
S_1	0.79	0.86	0.93	2.57	1.28	4 476
S_2	1.25	2.41	2.72	3.19	2.39	8 357
S_3	4.49	4.45	5.30	4.36	4.65	16 259
S_4	1.86	1.84	1.64	1.10	1.61	5 629
S_5	2.19	3.01	3.24	3.30	2.93	10 245
S_6	3.94	3.59	3.40	3.05	3.50	12 238
S_7	3.97	3.67	3.79	4.06	3.87	13 531
S_8	2.94	3.43	3.20	2.02	2.90	10 140

表 4-9　　　　　　　　　　　　　　集水井中 SO_4^{2-} 的浓度

集水井号	W_1	W_2	W_3	W_4	W_5
SO_4^{2-} 浓度/（mg·L^{-1}）	3 518	3 125	6 964	10 473	1 714

在场地的表层土中有大量的白色废渣，为弄清楚其成分，采集了两份白色废渣样，用 1:5 的土水比浸泡 30 h，过滤后测浸取液中 SO_4^{2-} 的浓度，结果为 235 mg/L 和 122 mg/L，这说明白色废渣的溶解度不高，可能是石膏（$CaSO_4 \cdot H_2O$）。

表 4-10 列出了土样全量分析结果，土样取自 4 号土样点，4 m 深处。从表中可看出，CaO 和 MgO 含量较高，因此地下水中可能含有 SO_4^{2-}，Mg^{2+}，Ca^{2+} 和 $CaSO_4$ 晶体。土样中白色结晶体主要是以 $MgSO_4$ 和 $CaSO_4$ 为主的混合物。

表 4-10　　　　　　　　　　　　　　　　　　　土壤成分

试样编号	化学成分/%									pH 值
	SiO_2	Fe_2O_3	Al_2O_3	CaO	MgO	K^+	Na^+	SO_4^{2-}	Cl^-	
S_1	64.40	5.74	14.26	3.56	2.92	0.007	0.06	0.13	0.005	6.4
S_4	61.40	5.77	12.17	3.79	2.36	0.009	0.06	0.23	0.02	6.7

从试验所做的土样和水样的分析及上海勘察院对土样和水样的分析，可看出共同点，即用水样与用土样判别侵蚀性程度，二者相差甚远，水样对混凝土污染的程度远比土样严重，但规范中没有两种判别标准适用的范围。笔者认为，结构处于地下水位以下，应按侵蚀严重来判别，处在地下水位以上按土样来判别侵蚀程度。

（2）钻孔灌注桩泥浆跟踪检测

为了解 SO_4^{2-} 对灌注桩的质量有无影响，对位于污染最严重的 3 号土样点附近 124 号桩，位于 6 号和 8 号土样点附近的 65 号和 67 号桩（图 4-14），随着钻孔造浆深度连续采取泥浆样，经沉淀后的水样由同济大学测试中心用离子色谱测定其 SO_4^{2-} 含量，结果见表 4-11。3 根灌注桩的跟踪监测表明，钻孔至设计标高，在灌注混凝土前，孔中的 SO_4^{2-} 浓度远低于规范所规定的地下水污染标准。这说明 SO_4^{2-} 对灌注桩的质量无影响，故施工时的泥浆无须处理，可按常规方法施工。

表 4-11　　　　　　　　　　　　　　　　泥浆中 SO_4^{2-} 浓度　　　　　　　　　　　　（单位：mg/L）

桩号	深度/m					
	5	10	20	30	40	47
124	1 500	1 684	666	538	436	359
65		854	805	488	439	341
67		878	829	561	415	293

（3）结论

① 东安路老干部住宅 A 楼地基中 SO_4^{2-} 含量局部位置上偏高，主要分布在靠京华化工厂一侧，约占整个场地面积的 1/4，基本与上海勘察院第一次勘察结果相符。

② 施工过程中，土中 SO_4^{2-} 对灌注桩质量无不良影响。

③ 加强施工监测，如发现泥浆中 SO_4^{2-} 含量过高时，应及时采取投放石灰或钡盐等降低 SO_4^{2-} 含量的措施。

④ 认真做好后期防护的各项措施。

4. SO_4^{2-} 对水泥混凝土的作用机理及对水泥土的强度影响

（1）硫酸盐对水泥混凝土的早强作用

众所周知，硫酸盐复合早强剂的应用较为广泛。例如，H 型早强减水剂（简称 H

剂）由硫酸钠、钒泥、粉煤灰及木钙减水剂等复合配制而成。

水泥混凝土的早期强度通常取决于水泥矿物中硅酸盐组分（主要是 $C_3S_3 \cdot 3CaO \cdot SiO_2$）和铝酸盐组分（主要是 $C_3A_3 \cdot 3CaO \cdot Al_2O_3$）的水化速度。化学反应方程式如下：

$$2(3CaO \cdot SiO_2) + 6H_2O = 3CaO \cdot 2SiO_2 \cdot 3H_2O + 3Ca(OH)_2$$
$$3CaO \cdot Al_2O_3 + 6H_2O = CaO \cdot Al_2O_3 \cdot 6H_2O$$

当掺入硫酸盐后，SO_4^{2-} 与水泥石中的氢氧化钙起置换作用，生成硫酸钙（石膏）：

$$SO_4^{2-} + Ca(OH)_2 = CaSO_4 \cdot 2H_2O$$

石膏与水泥石中的水化铝酸钙作用生成硫铝酸钙（钙矾石）：

$$3CaO \cdot Al_2O_3 + 3CaSO_4 \cdot 6H_2O + 25H_2O = 3CaO \cdot Al_2O_3 \cdot 3CaSO_4 \cdot 31H_2O$$

从上述反应看出，由于硫酸盐的掺入，消耗水泥中的氢氧化钙，大大加快了 C_2S 的早期水化速度。因此，在水泥凝结、硬化的过程中，硫酸盐对水泥混凝土有早强作用。

（2）硫酸盐对水泥混凝土的腐蚀作用

上面提到的是硫酸盐对水泥的早强作用，但当硫酸盐用量过多时，在后期（硬化一定时间后），硫酸盐与水泥水化产物（水化铝酸盐）继续反应生成大量的钙矾石。生成的钙矾石含有大量结晶水（$3CaO \cdot Al_2O_3 \cdot 3CaSO_4 \cdot 31H_2O$），比原有体积增加 1.5 倍以上。由于这是在已经固化的水泥石中产生的反应，因此对水泥石有极大的破坏作用。当水中硫酸盐浓度较高时，硫酸钙将在孔隙中直接结晶成二水石膏，使体积膨胀，从而导致水泥石破坏。

由于硫酸盐对水泥混凝土的腐蚀作用，应对其用量加以控制，以确保混凝土结构的安全。混凝土掺入硫酸钠后，所引起的硫酸铝酸盐反应程度，主要取决于硫酸钠的掺量和细度、水泥的品种及矿物组分等因素，硫酸盐的总含量（折合成 SO_3）不超过水泥质量的 4.0% 时，不会发生有害的硫铝酸盐反应而引起混凝土强度和耐久性降低。另外，金属腐蚀的基本原理指出，Cl^-，SO_4^{2-} 等离子都能穿透金属表面的钝性保护膜，促进金属锈蚀的产生。在一般情况下，当硫酸钠的掺量不高时（如在水泥质量的 2% 以内），可以认为对钢筋及金属预埋件没有促进锈蚀的危害。

本工程灌注桩水泥用量为 450 kg/m^2，假设硫酸盐的最大掺量为 2%，即 9 kg/m^2，且假定 1 m^2 土中的 SO_4^{2-}（约为 8 kg/m^2）全部溶出进入混凝土中，约等于最大掺量，因此在本工程中，可认为 SO_4^{2-} 不会对灌注桩引起危害。

（3）SO_4^{2-} 对水泥土的强度增强作用

前面提到了 SO_4^{2-} 对水泥混凝土的腐蚀作用，但这里的搅拌桩围护结构是由水泥和土搅拌而成，SO_4^{2-} 对其没有破坏作用。这是因为土本身是固相、液相、气相三相组成的，土颗粒间的孔隙是很大的，因此，土的压缩性很大，这样由于硫酸盐反应引起的体积膨胀，不会引起水泥石的开裂而使强度降低，相反，这种膨胀使土更加密实，使强度提高。

室内试验也证明了这一点。在实验室配置了不同掺量（9%，13%，17%）的水泥土，在不同 SO_4^{2-} 浓度的溶液中养护，测其 34 d，64 d，94 d 的单轴抗压强度，得到强度与浓度（图 4-15），强度与水泥掺量（图 4-16、图 4-17）和强度与时间（图 4-18）的关系。从这些图可以看出，水泥土的强度随 SO_4^{2-} 浓度、时间、水泥掺量的增大而增加，这很好

地说明了 SO_4^{2-} 对水泥土无破坏作用，反而使强度有所增加。

在测水泥土强度的同时，还测了土样轴向附加应力 σ 与轴向应变 ε 之间的关系，如图 4-19—图 4-21 所示，反映了浓度、时间、水泥掺量对水泥土变形模量 E 的影响。从图 4-19 可以看出，养护液中 SO_4^{2-} 的浓度对变形模量 E 的影响并不明显。从图 4-20、图 4-21 可以清楚地看出，变形模量 E 随时间和水泥掺量的增大而显著增加。

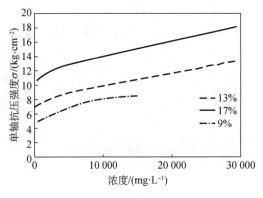

图 4-15　水泥土在不同溶液浓度中养护 34 d 强度

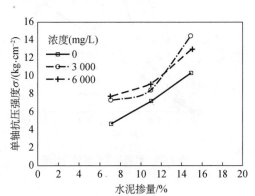

图 4-16　不同掺量水泥土 34 d 的强度

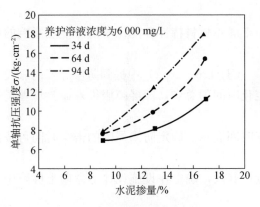

图 4-17　不同掺量的水泥土强度

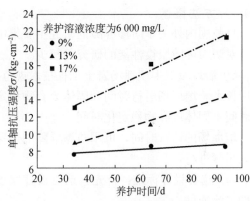

图 4-18　水泥土强度与时间的关系

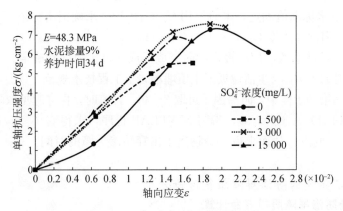

图 4-19　SO_4^{2-} 浓度对变形模量的影响

123

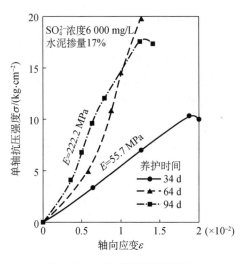

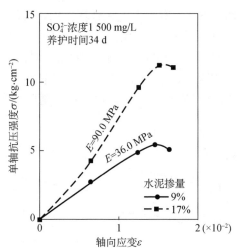

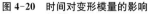

图 4-20　时间对变形模量的影响　　　　　　图 4-21　水泥掺量对变形模量的影响

4.4　防渗屏障服役性能的评价方法

4.4.1　方法概述

目前国内外关于防渗屏障的研究主要集中于屏障材料特性和配比对防渗性能影响的研究，对防渗屏障服役性能的研究仍较少。

《生活垃圾卫生填埋场岩土工程技术规范》（CJJ 176—2012）中提到防渗屏障的服役寿命应该大于填埋场运行时间和固体废弃物稳定化时间的总和，即屏障服役寿命≥填埋场运行时间＋固体废弃物稳定化时间。

填埋场的运行时间，可用防渗屏障的击穿时间表示。确定防渗屏障的击穿时间可按照下列步骤进行：

（1）选择设计标准：首先，选定设计厚度；其次，确定在设施设计寿命期土屏障中最大的渗流速度。

（2）确定或估计设计中渗滤液的初始浓度 C_0。

（3）计算击穿水平 C_e/C_0。关于击穿浓度标准没有统一说法，有按照击穿浓度相对值确定，有按照地下水标准值确定，本研究用 $C_e/C_0＝10\%$ 来确定击穿浓度 C_e，当溶液原浓度 C_0 较大时，宜用击穿浓度 C_e 不大于 1.0 mg/L。

（4）估计有效扩散系数，用已报道的研究成果或通过扩散试验确定。

（5）确定阻滞因子 R_f。《生活垃圾卫生填埋场岩土工程技术规范》（CJJ 176—2012）中提到在重金属离子污染的土体中，阻滞因子可取 3～40，计算时，保守起见取阻滞因子为 3。

（6）根据式(4-1)—式(4-3)，编写 MATLAB 程序，求得 $C/C_0\text{-}t/R_f$ 曲线，进而求出击穿水平为 10% 的点，从而求得污染物离子击穿防渗屏障的时间。

4.4.2　基于现实案例的防渗屏障服役寿命分析

1. 某填埋场防渗屏障服役寿命计算

上海老港卫生填埋场，填埋深度 3.5 m。为防止垃圾渗滤液扩散污染土壤与地下水，在垃圾体底部设有防渗衬垫，垃圾体周边设置竖向防渗墙，墙深 12 m，厚 300 mm，墙体采用混合材料，膨润土∶水泥∶砂＝2.57∶1∶1.2，水固比取 1.4。已知垃圾渗滤液中 Cu^{2+} 浓度为 2 mg/L，不考虑防渗屏障两侧的水头差。

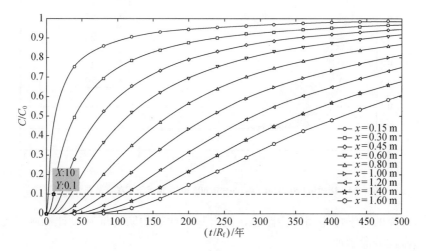

图 4-22　$D_e＝0.001\,4\ m^2/$年，$\upsilon＝0.003\ m/$年情况下 C/C_0-t/R_f 曲线选点图

通过第 3 章所得试验结果测得 Cu^{2+} 在上述混合材料的有效扩散系数 $D/R_f＝4.5\times10^{-7}\ cm^2/s$（$0.001\,4\ m^2/$年），渗滤液渗流速度为 $0.003\ m/$年，根据图 4-22 所示，击穿水平为 10% 时，在 MATLAB 程序中找到相对应的点，可知 $t/R_f＝10$ 年，已知阻滞因子为 3，故 Cu^{2+} 击穿屏障的时间 $t＝30$ 年。

王罗春、赵由才等（2001）对老港垃圾填埋场稳定化的研究表明：老港填埋场达到三级、二级、一级稳定化状态所需的时间分别为 4 年、10 年、32 年。李华、赵由才（2000）对上海老港填埋场研究，垃圾填埋 24 年后，垃圾中可生物降解含量为 2.55%，填埋场表面沉降速度为 0.009 m/年，渗滤液 COD 浓度约为 5 mg/L，即可认为达到稳定化。据此本节假定，老港填埋场的稳定化时间为 24 年。

根据公式（4-17）和第 3 章试验所得 Cu^{2+} 的有效扩散系数，老港填埋场的服役寿命为屏障击穿时间（30 年）与老港填埋场的稳定化时间（24 年）总和，即为 54 年，满足填埋场的一般设计使用年限 50 年的要求。

2. 某污染场地水泥土搅拌桩阻隔屏障设计

现有某工业搬迁场地，经调查，场地土壤地下水存在重金属等污染，其中地下水 Cu^{2+} 浓度为 500 mg/L，最大污染深度 4 m。拟对污染区域采用水泥土搅拌桩墙进行污染阻隔，水泥掺量为 15%，需设计此污染场地防渗屏障的厚度。

根据最新的室内扩散试验结果，以 Cu^{2+} 在水泥掺量为 12% 的防渗屏障中的表观扩散系数 $D_e/R_f＝1.5\times10^{-7}\ cm^2/s$（$0.000\,47\ m^2/$年）为参考，拟合的曲线局部如图 4-23 所示。

同样取稳定化时间为 24 年，假定 $t/R_f＝35$ 年（$R_f＝3$），根据拟合的曲线，在 MATLAB 中选择击穿水平 C/C_0 为 10% 的点，从图中查得所需的防渗屏障最小厚度为 $x＝0.202\ m$，结合结构使用的长久性和经济性，防渗屏障厚度宜设计为 0.25 m。

防污屏障的服役环境十分复杂，除了水力、化学场和温度场外，还受到填埋体产生的高应力场的影响（如不均匀沉降导致的屏障开裂和斜坡土工膜拉裂等问题），下一步应综

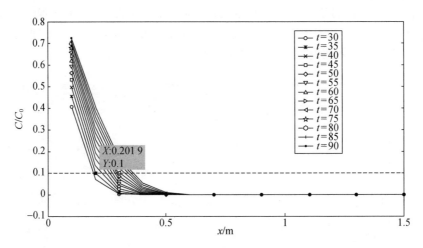

图 4-23 $D_e = 0.000\ 47\ \text{m}^2/\text{年}$，$v = 0.003\ \text{m/年}$情况下 $C/C_0 - x$ 曲线选点图

合考虑防污屏障的力学性能和防污性能，提出基于性能的防污屏障设计和施工方法，从而使填埋场的服役寿命增加。

4.5 本章小结

（1）本章采用浓度标准（即考虑污染物浓度在屏障出口处达到一定值所需要的时间）制定了一套屏障设计理论和相应的规则。

（2）梳理了屏障厚度的计算方法。

（3）结合一项受 SO_4^{2-} 污染的地基处理工程，对该工程采用的水泥土搅拌桩进行了击穿时间和屏障厚度的验算。结果证明，假定 SO_4^{2-} 在水泥土屏障中的扩散系数为 $0.005\ \text{m}^2/\text{年}$，按防止 SO_4^{2-} 侵蚀的标准，该 3.2 m 宽的搅拌桩至少达到 100 年的服役寿命要求。

（4）结合现实案例提出防渗评价、服役寿命预测的方法。

参考文献

王罗春，赵由才，陆雍森，2001. 垃圾填埋场稳定化评价[J].环境卫生工程，9(4)：157-159.

中华人民共和国卫生部，中国国家标准化管理委员会，2007. 生活饮用水卫生标准：GB 5749—2006[S].北京：中国标准出版社.

中华人民共和国住房和城乡建设部，2012. 生活垃圾卫生填埋场岩土工程技术规范：CJJ 176—2012[S].北京：中国建筑工业出版社.

史安洋，吴道星，佟亮，等，1980. 国外水和空气质量标准[M].北京：中国建筑工业出版社.

李华，赵由才，2000. 填埋场稳定化垃圾的开采，利用及填埋场土地利用分析[J].环境卫生工程，(2)：56-57.

RABIDEAU A，KHANDELWAL A，1998. Boundary condition for modeling transport in vertical barriers[J]. Journal of Environmental Engineering，124(11)：1135-1139.

ROWE R K，BOOKER J R，1995. Clayey barrier system for waste disposal facilities[M]. E&FN Spoon，London.

SHACKELFORD C D，1990. Transit-time design of earthen barriers[J]. Engineering Geology，29：79-94.

第5章 污染土的固化处理

5.1 概述

随着工业的发展，对自然环境和人类生存具有很大危害作用的重金属废弃物的排放量日益增多，被重金属污染的土壤也日益增多，这些将严重威胁到人类赖以生存的地表水和地下水的安全利用，并将制约社会发展，所以对重金属污染土的有效处置一直是人们所关注的热点问题。目前，在众多重金属污染土修复方法中，固化技术相对成本较低，施工方便，处理后的地基土强度高，应用最为广泛。

固化是指向污染的土壤中加入某一类或几类固化药剂，通过物理或化学过程防止或降低土壤中有毒污染物释放的一种技术。固化技术是比较成熟的废弃物处置技术，其突出优点是处理效果好（尤其对于重金属污染土）、处理成本低、适用范围广、操作简单且适于大面积工程应用。固化技术已成为当前重金属污染土修复研究中的热点。

本章主要对固化技术的分类及固化效果的测试方法进行了介绍，并对重金属污染土的固化进行了着重研究，其中重金属单离子污染土固化研究包括铅、锌、镉三种，双离子污染土固化研究包括镉和铅、镉和锌两种。

5.2 固化技术的分类

根据所采用的固化剂种类，固化技术可以分为水泥固化技术、石灰类固化技术、矿物吸附技术、塑性材料包容技术、玻璃化技术和化学稳定化处理技术等。其中，前两种技术在工程中应用较多。针对不同的废弃物类型，每种固化剂的效果不同。

1. 水泥固化技术

水泥固化技术是指在固化有毒有害废弃物时所用的胶结剂以水泥为主，需要时可掺入某些添加剂（如还原剂等化学药品）的修复技术。在处理废弃物过程中，胶结剂与污染物之间主要产生以下作用：复分解沉淀反应、氧化还原反应、物理吸附、同晶置换作用、微匣限（microencapsulation）作用。

2. 石灰固化技术

石灰固化是指以石灰（或生石灰、石灰石）、垃圾焚烧飞灰、水泥窑灰以及熔矿炉炉渣等具有火山灰质反应的物质为固化基材而进行的危险废弃物固化的操作。在适当的催化环境下进行火山灰质反应，将污染土中的重金属成分吸附到所产生的胶体结晶中，但因火山灰质反应不像水泥水化作用，石灰系固化处理所能提供的结构强度不如水泥固化，因此较少单独使用，而常常与水泥共同使用。

3. 矿物吸附技术

矿物吸附技术是指利用天然黏土（如蒙脱土、硅藻土、海泡石）、氟石、改性地质体、改性黏土或改性氟石等处理污染物的修复技术。这些材料具有较大的比表面积和阳离子交换容量，即对重金属离子具有较高的吸附性。

4. 塑性材料包容技术

塑性材料包容技术属于有机性固化技术，根据使用材料性能的不同，可以分为热固性塑料包容和热塑性材料包容两种方法。热固性塑料是指在加热时会从液体变成固体并硬化的材料，常使用的聚合物类型有尿醛树脂、苯乙烯、聚酯树脂、酚醛树脂、聚丁二烯等。热塑性材料包容技术指的是利用熔融的热塑性物质在高温下与危险废弃物混合，以达到对其稳定化的目的，可以使用的热塑性物质有沥青、石蜡、聚乙烯、聚丙烯等。冷却后，废弃物就被固化的热塑性物质所包容，包容后的废弃物可以再经过一定的包装后进行处置。

5. 玻璃化技术

玻璃化技术又称熔融固化技术，是指利用热在高温下将固态污染物（如污染土、尾矿渣、放射性废料等）熔化为玻璃状或玻璃-陶瓷状物质，借助玻璃体的致密结晶结构，确保固化体的永久稳定。污染物经过玻璃化作用后，其中有机污染物将因热解而被破坏，或者转化为气体逸出，而其中的放射性物质和重金属元素则被牢固地束缚在已熔化的玻璃体内。

6. 化学稳定化处理技术

近年来，国际上提出了针对不同污染物种类的危险废弃物而选择不同种类的稳定化药剂进行化学稳定化处理的概念，并成为危险废弃物无害化处理领域的研究热点。

化学稳定化技术以处理含重金属的危险废弃物为主，例如，焚烧飞灰、电镀污泥、重金属污染土等。当然，化学稳定化技术在处理含有机物的危险废弃物时也能取得很好的效果，如可以利用氧化还原的原理处理危险废弃物中的有机物，使其实现解毒的目的。

到目前为止，基于不同的原理发展的化学稳定化处理技术主要有：基于 pH 值控制原理、基于氧化/还原电势控制原理、基于沉淀原理、基于吸附原理以及基于离子交换原理的化学稳定化处理技术等。其中，前三种是危险废弃物稳定化处理中最重要的方向。

以上几种固化技术的适应性对比见表 5-1。

表 5-1　　　　　　　　　　不同种类的废弃物对不同固化技术的适应性

废弃物成分		处理技术					
		水泥固化	石灰等材料固化	热塑性微包容法	大型包容法	玻璃化技术	化学稳定化处理技术
有机物	有机溶剂和油	影响凝固，有机气体挥发	影响凝固，有机气体挥发	加热时有机气体会逸出	先用固体基料吸附	可适应	不适应
	固态有机物（如塑料、沥青等）	可适应，能提高固化体的耐久性	可适应，能提高固化体的耐久性	有可能作为凝结剂来使用	可适应，可作为包容材料使用	可适应	不适应
无机物	酸性废弃物	水泥可中和酸	可适应，能中和酸	应先进行中和处理	应先进行中和处理	不适应	可适应
	氧化剂	可适应	可适应	会引起基料的破坏甚至燃烧	会破坏包容材料	不适应	可适应
	硫酸盐	影响凝固，除非使用特殊材料，否则会引起表面脱落	可适应	会引发脱水反应和再水合反应而引起泄漏	可适应	可适应	可适应

废弃物成分		处理技术					
		水泥固化	石灰等材料固化	热塑性微包容法	大型包容法	玻璃化技术	化学稳定化处理技术
无机物	卤化物	很容易从水泥中浸出，妨碍凝固	妨碍凝固，会从水泥中浸出	会发生脱水反应和再水合反应	可适应	可适应	可适应，通过氧化还原反应解毒
	重金属盐	可适应	可适应	可适应	可适应	可适应	可适应
	放射性废弃物	可适应	可适应	可适应	可适应	可适应	不适应

5.3 固化效果的测试方法

固化剂的固化效果需要从固化后土体的物理、工程和化学属性进行评价。属性测量结果取决于测量技术，也就是说，对于同一固化块属性采用不同的测试方法，可能得到不同的测量值。对于复杂环境条件下的固化块，很难预测其在经历长期冷冻和融化、变湿和变干、沉淀过滤和过负荷压力下，固化过程的效果会发生的变化。作为这些复杂过程的自然结果，大量实验室进行了测试以评价固化的效果。

一般来讲，为了研究固化块内重金属的迁移性和固化效果，需对固化块进行浸出试验，即一种污染物从固体或稳定块转移到浸出液的过程。浸出污染物的溶液称为浸出液。浸出液被污染后称为浸滤液。从固化块中渗出污染物的总能力称为可浸出性。表5-2列出了一系列浸出试验的方法。

表 5-2   浸出试验方法

序号	试验方法	序号	试验方法
1	涂料过滤器试验	5	平衡浸出试验
2	提取过程毒性试验	6	动态浸出试验
3	连续浸出试验（连续化学提取）	7	毒性特性浸出程序
4	均匀浸出试验	8	物理和工程属性试验

在浸出过程中，样品污染物从固化块中转移进入浸出液。浸出发生在以下情况下：污染物溶解进入浸出液，从稳定物质表面冲刷下来，或当污染物从稳定团块中扩散进入浸出液。因此，可浸出性取决于稳定材料和浸出液的物理、化学属性。研究表明，影响可浸出性的主要因素是固化剂的碱度、重金属污染物的表面积和体积的比率，以及扩散路径的长度。在选择和评价浸出试验方法时，必须考虑浸出机理。

影响浸出效果的因素有很多，如固化剂的掺量、污染物的表面积、固化剂的类型、浸出液的pH、固化时间、浸出搅拌时间、浸出搅拌程度、浸提器、浸出搅拌温度等。这些变量的影响都是不证自明的。下述的各种试验方法，需考虑这些变量对试验结果的影响。

5.3.1 涂料过滤器试验

涂料过滤器试验可估计危险废弃物中是否存在大量的自由液体和可液化废弃物，其基本原理是利用过滤及液体释放的方法将废弃物放入一个标准的涂料过滤器中，如果在5 min内在重力作用下有液体流过过滤器，则认为危险废弃物含有自由液体，不符合填埋或二次利用的标准。故可用涂料过滤器试验判别固化处理技术是否将废弃物中的自由液体消除。该方法的优点是试验快速、经济、易于引入和易于评估。

严格来讲，涂料过滤器试验不是浸出试验，因为没有加浸出剂到系统中，但是这种试验方法会产生渗滤液。涂料过滤器试验的结果是实行危险废弃物固化的最低技术需求，但不能充分评估其他应用的固化效果。

5.3.2 提取过程毒性试验

提取过程毒性试验是一种常规的浸出试验，目前作为美国一种废弃物毒性分类的方法依据。提取过程毒性试验的具体方法是：将完整的固化块粉碎通过 9.5 mm 的筛网，使用 0.04 mol/L 乙酸浸出溶液（pH 值为 5），液体对固体的比率为 16：1，单位为 mL：g，充分搅拌后静置 24 h 后得到提取液，液体提取物要进行特定的化学成分分析。对于固化块，提取液是去离子水和酸混合物，所以能达到特定的 pH 值，然后对已过滤的提取液进行化学分析，确定特定有机和无机成分的浓度。

作为一种常规试验，提取过程毒性试验已扩展用于将物质分类为危险或无危险。提取过程毒性试验测量出的化学浓度是试验过程中简单的典型结果，如果 pH 值变化，化学浓度也将变化。同理，如果液固比变化，化学浓度也将变化，因此没有现实途径可以将该方法应用于任何一种物质的传输、寿命、风险分析中。提取过程毒性试验方法允许挥发性有机污染物在 24 h 提取期中释放进入大气，所以这类方法不适合评估含大量挥发性有机成分的废弃物。后文讨论的毒性特性浸出程序作为评估固化效果的方法，已经替代了本试验方法。

5.3.3 连续浸出试验

连续浸出试验又称连续化学提取，可用于评估固体材料中金属的可浸出性。其基本原理是利用五个连续的提高侵蚀性（pH 值从中性到强酸性）的化学提取剂将污染物分为五个部分：①离子交换；②表面氧化和碳酸盐固定金属离子；③铁、锰氧化物固定金属离子；④有机物和硫化物固定金属离子；⑤残留的金属离子。前三部分可划为"短中期浸出"，后两部分划为"不可浸出"。连续浸出试验的具体操作步骤为：取一定量的样品在 60 ℃的烘箱中干燥，研磨再通过 ASTM 325 筛网（45 μm 的筛眼）；然后将 0.5 g 的样品放入一个聚砜离心试管，进行五个连续提取过程，每个步骤适合提取金属的特定部分；在每个独立的提取过程中，加入特定的提取液，搅拌、加热混合物一定的时间，再离心分离固体和液体；对液体部分进行化学分析，固体部分在蒸馏水中漂洗，离心分离后用于下一步提取程序。

5.3.4 均匀浸出试验

均匀浸出试验又称 ANS 16.1 浸出试验，主要用于判断固化放射性废弃物的可浸出性。该试验方法适用于固体块材料，不适合于类似土壤的物质。试验要求精确计算表面积，这样可确定扩散率，进而可预测大量废弃物污染物的损失速率。均匀浸出试验的基本操作步骤是：将固化试验样品放入充气软化水浸出介质中漂洗，漂洗 30 s 后，将样品置于玻璃容器内，停留一定时间间隔；在 14 d 试验期间，浸出介质在相应时间间隔里清除和替换。该试验方法类似于国际原子能机构的标准浸出试验，其缺点是适用范围较小。

5.3.5 平衡浸出试验

平衡浸出试验是一种利用蒸馏水作为提取液的间歇提取过程。该试验方法的基本步骤是：将烘干后的样品研磨，过 ASTM 100 筛网，以液固比为 4：1 加入蒸馏水中，单位为 mL：g；将混合物搅拌 7 d，过滤后对提取液进行总溶解固体分析；对过滤提取液进行特定化学定性、定量分析。

5.3.6 动态浸出试验

相对于平衡浸出试验取得的浓度是"平衡"或"静态"值，动态浸出试验可以提供可浸出性速率的数据。动态浸出试验是通过连续或间歇地更换浸提剂，考察污染物的浸出浓度随时间的变化规律。常用的动态浸出试验包括：连续浸出试验方法、绕流浸出试验方法或穿透浸出试验方法。与振荡浸出试验相比，动态浸出试验操作较为繁琐，所需时间较长，试验结果的重现性不高，因此，其使用频率相对较低。

5.3.7 毒性特性浸出程序

毒性特性浸出程序（Toxicity Characteristic Leaching Procedure，TCLP）于 1986 年 11 月 7 日被美国环保局纳入危险和固体废弃物修正案中。该试验方法广泛用于评估固化效果，逐渐替代提取过程毒性试验等其他试验方法。该方法的基本步骤是：将固化材料粉碎后过 9.6 mm 的筛网，以 pH 值为 2.88±0.05 的乙酸溶液或 pH 值为 4.93±0.05 的醋酸溶液作为提取液；以液固比为 20：1 配比，单位为 mL：g；在旋转提取器中旋转（30±2）r/min，（23±2）℃条件下搅拌（18±2）h；过滤后对提取液进行总溶解固体分析；对过滤提取液进行特定化学分析。将提取液进行各种危险废弃物成分分析，包括重金属、挥发性和半挥发性有机物、杀虫剂等，表 5-3 列出了部分污染物毒性特征最大浓度。将提取液的分析结果与控制水平比较，判断废弃物的污染级别。

表 5-3 部分污染物毒性特征最大浓度

序号	污染物	控制水平/(mg·L^{-1})	序号	污染物	控制水平/(mg·L^{-1})
1	锌	100.0	10	林丹	0.4
2	砷	5.0	11	苯	0.5
3	钡	100.0	12	四氯化碳	0.5
4	镉	1.0	13	氯丹	0.03
5	铬	5.0	14	氯苯	100.0
6	铅	5.0	15	氯仿	6.0
7	汞	0.2	16	甲酚	200.0
8	硒	1.0	17	六氯丁二烯	0.5
9	银	5.0	18	六氯乙烷	3.0

由于毒性特性浸出程序试验的特殊性，用于评估稳定化效果也广受诟病。首先，整块的固化块破碎后过 9.5 mm 筛网，降低了巨囊化和微囊化的有利影响。随着颗粒尺寸的减小，可浸出性增强。其次，提取过程中的低 pH 值浸出环境虽然可以代表含生活垃圾的土地填埋场中的情况，但不能代表真实的现场条件。值得注意的是，部分高碱度的稳定材料（如水泥稳定化）可使浸出液的 pH 值迅速升高，从而使浸出在碱性条件而非酸性条件下发生。尽管面临诸多的批评和质疑，但毒性特性浸出程序仍作为最成熟有效的试验方法被广泛应用于固化的效果评价体系之中。

5.3.8 物理和工程属性试验

许多来自市政工程领域的试验方法经过改进，也用于鉴定固化材料的物理完整性和工程属性（强度、可压缩性、渗透性等）。物理和工程属性试验主要包括物理性能、微观结构、工程属性和耐久性检测。

1. 物理性能检测

水分含量试验用于确定物质中的水量（液体量）。对于固化材料，水分含量用于计算给定体积密度测量的固体的干单位质量（干密度）。对于类土壤物质，水分含量影响材料的可压实能力。

湿、干体积密度用于评价固化相关联的增容（体积增大）。比重和密度是三相材料的各个固体成分的质量与体积比的测量。

废弃物或土壤颗粒大小分布是根据颗粒大小将土壤总质量分成多个部分。这种颗粒大小分布对于设计时固化材料的选择很重要。

2. 微观结构检测

用 X 射线衍射、光学显微镜法、扫描电镜和能量色散显微镜来检测已稳定块，可以更好地了解稳定化工作过程的本质。微观结构分析是固化机制基础研究的一部分。这些技术有助于提高对特定污染物固定在基质中的机制的了解。例如，在实验室研究中，检测一种已稳定重金属污泥的微观结构，原始污泥中含有铬、镍、镉和汞，用普通的硅酸盐水泥和飞灰混合物加以稳定，微观结构检测显示，污泥成分中有广泛的可变性和已稳定材料化学成分相应的广泛可变性。显微水平的可变性与宏观水平的检测属性相联系，如渗滤、强度和耐久性。在国内外目前的相关研究上，仍需要大量的研究从微观结构角度解释有关有害废弃物管理固化细节的问题。

3. 工程属性检测

无侧限抗压强度试验用于测定黏性材料的强度。黏性材料包括从柔软黏土到混凝土材料。使用无侧限抗压强度试验来评估固化效果，已作为国际工业标准得到了广泛的应用。

4. 耐久性检测

耐久性试验方法用于评价稳定块的长期性能。耐久性试验用于评估材料抵抗反复侵蚀的能力。湿/干循环耐久性试验（ASTM D4843）评价已固化材料对反复变湿和变干循环的自然侵蚀应力的抵抗力。冷冻/解冻耐久性试验（ASTM D4842）评价已固化材料对冷冻和解冻的自然侵蚀应力的抵抗力。

5.3.9 国内外固体废弃物毒性浸出方法比较

固体废弃物浸出液的制备是对其浸出毒性进行鉴别的重要程序，不同国家都有不同的毒性浸出方法（表 5-4）。对于同一种固体废弃物采用不同的毒性浸出方法所得到的结果会有显著不同，在具体的应用中，必须采用标准毒性浸出方法制备浸出液，再根据浸出液中污染物的测定值，与相应的毒性浸出标准值进行比较，然后对该固体废弃物进行特性评价。

表 5-4　　　　　　　　　　　　　　国内外毒性浸出测定方法比较

国家		固化产物/g	液固比（溶液：废弃物，mL：g）	浸取剂	萃取时间/h	温度/℃
中国旧标准	翻转法	70	10：1	去离子水或蒸馏水	18	室温
	水平振荡法	100	10：1	醋酸溶液 pH＝4.93±0.05 乙酸溶液 pH＝2.88±0.05	8	室温
中国新标准	醋酸缓冲溶液法	75～100	20：1	醋酸溶液 pH＝4.93±0.05 乙酸溶液 pH＝2.64±0.05	18±2	23±2
	硫酸硝酸法	40～50（挥发性有机物）150～200（其他）	10：1	硫酸硝酸溶液 pH＝3.20±0.05 （测定金属和半挥发性有机物） 试剂水（测定氢化物和挥发性有机物）	18±2	23±2
美国 （毒性特性浸出程序）		100	20：1	醋酸溶液 pH＝4.93±0.05 （对非碱性物质） 醋酸溶液 pH＝2.88±0.05 （对碱性物质）	18±2	18～25
日本		50	10：1	盐酸溶液 pH＝5.8～6.3	6	室温
南非		150	10：1	去离子水	1	23
德国		100	10：1	去离子水	24	室温
澳大利亚		350	4：1	去离子水	48	室温
法国		100	10：1	含饱和 CO_2 及空气的去离子水	24	18～25
英国		400	20：1	去离子水	5	室温
意大利		100	20：1	去离子水以 0.5 mol/L 醋酸维持其 pH＝5.0±0.2	24	25～30

5.4　重金属单离子污染土固化试验研究

重金属离子固化试验是人工配制一定浓度的污染土，采用不同成分、不同比例的固化剂对污染土进行固化处理，并对固化完成后的污染土进行强度及浸出浓度等的测试，结合微观分析，对固化剂的固化效果进行评价。具体的试验步骤如下：污染土制备→试块制作→强度试验→污染物浸出试验→微观分析。其中，对于固化效果的评价，重点是强度和浸出浓度的测试，微观分析为辅助手段。

5.4.1　试验材料及试验步骤

1. 试验材料

试验所用土样为未受污染的天然浅层粉质黏土，将土样自然风干，敲碎并过 2.5 mm 筛备用，其颗粒分析结果见表 5-5，其物理指标见表 5-6。

133

表 5-5 试验用土的颗粒分析结果

成分	砂	粉粒			黏粒
粒径/mm	0.075～0.25	0.05～0.075	0.01～0.05	0.005～0.01	<0.005
含量/%	11.4	10.7	61.8	4.7	11.4

表 5-6 试验用土的物理力学指标

含水率 W/%	重度/ $(kN \cdot m^{-3})$	孔隙比 e	三轴固结不排水			
			黏聚力 c	内摩擦角 φ	黏聚力 c'	内摩擦角 φ'
35.1	17.9	1.02	22.0	23.0	0	32.5

固化试验所用的添加剂见表 5-7。

表 5-7 固化试验所用的添加剂

编号	外加剂	生产厂商	目数
1	42.5 普通硅酸盐水泥	安徽海螺水泥股份有限公司	180
2	32.5 复合硅酸盐水泥	安徽海螺水泥股份有限公司	180
3	蒙脱土	浙江丰虹黏土化工有限公司	200
4	硅藻土	青岛拓盛硅藻土有限公司	500
5	海泡石	湖南浏阳光大海泡石加工厂	180
6	生石灰	国药集团化学试剂有限公司	—
7	粉煤灰		

对试验用的土样和外加剂进行 X 荧光成分分析，得到的结果见表 5-8。

表 5-8 土样及外加剂成分分析（%）

化学成分	土样	粉煤灰	海泡石	蒙脱土	42.5 级水泥
Na_2O	2.05	0.48	—	3.68	—
MgO	1.91	6.35	16.1	3.15	1.60
Al_2O_3	10.0	17.2	2.31	13.9	6.19
SiO_2	66.8	35.3	56.2	51.2	22.0
SO_3	—	1.75	—	—	2.29
K_2O	2.09	0.41	0.21	0.77	0.86
CaO	3.92	33.7	2.87	2.32	60.6
TiO_2	0.64	0.61	0.12	0.08	0.33
Cr_2O_3	0.03	—			0.03
MnO	0.06	0.26	0.11	0.03	0.10
Fe_2O_3	3.44	2.27	1.01	1.20	3.16
SrO	0.02	0.11		0.02	0.14
BaO	—	0.18			—

2. 试验步骤

（1）污染土制备：将土自然风干，敲碎并过 2.5 mm 筛备用；配制一定浓度的某一重金属离子溶液；然后将原状土与溶液混合，存放 24 h 后，制得某一污染水平的人工污染土。

（2）试块制作：人工污染土按一定比例加入外加剂，再加水至指定含水率后，搅拌均匀，并在 7.07 cm×7.07 cm×7.07 cm 模子中分层压实成型，试块在恒温恒湿条件下养护 2 d 后脱模。

（3）强度试验：脱模后的试块养护 28 d 后测试其无侧限抗压强度。

（4）污染物浸出试验：采用毒性特性浸出方法，取压碎后的一部分试块磨细，并过 9.5 mm 筛以备用。取 50 g 磨细的粉末与 1 000 mL 浸提液混合，利用溶出试验仪搅拌 18 h。其中，浸出液是由 5.7 mL 醋酸和 64.3 mL 浓度为 1 mol/L 的氢氧化钠溶液混合后定容至 1 000 mL 得到的，其 pH 值应控制在 4.93±0.05。浸出试验完毕后，由于溶液很浑浊，利用离心机提取得到纯净的浸出液，再利用原子吸收分光光度计测金属离子的浓度。

5.4.2 铅离子污染土固化试验研究

5.4.2.1 不同浸出条件对固化产物的影响

用分析纯硝酸铅配制总铅浓度为 1 000 mg/kg 的人工污染土，用不同比例的水泥和蒙脱土作为固化剂修复此污染土，其配比见表 5-9。

表 5-9 基于水泥和蒙脱土的试验方案

试验编号	水泥	蒙脱土	水
C5M0	5%	0%	25%
C5M2	5%	2%	25%
C10M0	10%	0%	25%
C10M2	10%	2%	25%
C10M4	10%	4%	25%
C10M6	10%	6%	25%
C15M0	15%	0%	25%
C15M2	15%	2%	25%
C15M4	15%	4%	25%
C15M6	15%	6%	25%
C20M4	20%	4%	25%
C20M6	20%	6%	25%

对所得的固化产物进行浸出试验时，设置四种不同的浸出条件（表 5-10）以研究固化产物对不同浸出条件的适应性。

表 5-10 不同的浸出条件

浸出条件编号	浸出条件
1	用醋酸调节混合溶液的 pH 值使其稳定在 5.0 左右。期间，每隔两个小时测一次 pH 值，同时进行校正
2	用盐酸调节混合溶液的 pH 值使其稳定在 3.0 左右。期间，每隔两个小时测一次 pH 值，同时进行校正
3	按照毒性特性浸出程序标准配制浸提剂：加 5.7 mL 冰醋酸至 500 mL 试剂水中，加 64.3 mL 浓度为 1 mol/L 的氢氧化钠，稀释至 1 L。配制后溶液的 pH 值应为 4.93±0.05
4	用去离子水作为浸提剂

1. 强度结果及分析

试块经过 28 d 标准养护后,进行无侧限抗压强度测试,测试结果见图 5-1。

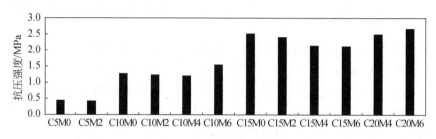

图 5-1 无侧限抗压强度测试结果

由图 5-1 可知,水泥含量在试块强度中起主导作用,随着水泥含量的增加,试块的强度也呈上升趋势。水泥含量为 5%时,试块的平均强度是 0.44 MPa;水泥含量为 10%时,平均强度上升到 1.32 MPa;水泥含量为 15%时,平均强度上升到 2.30 MPa;当水泥含量达到 20%时,试块平均强度为 2.59 MPa。

除此之外,比较同一水泥含量下试块的强度,可以发现,随着蒙脱土掺量的增加,试块的强度基本呈现出降低的趋势。但总的来说,水泥掺量在 10%以上时,固化产物的强度都大于 1 MPa,能够满足再利用的要求。

2. 浸出液 pH 值

在浸出条件 1 和 2 下,混合溶液的 pH 值在前 4 h 变化较快,后来渐趋稳定,并且 pH 值总是变大,说明固化产物是呈碱性的。在浸出条件 3 和 4 下,测得浸出液的最终 pH 值见图 5-2。

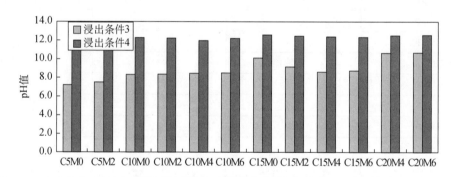

图 5-2 浸出条件 3 和 4 下浸出液的 pH 值

从图 5-2 可以看出,用去离子水作为浸提剂得到的浸出液 pH 值明显高于毒性特性浸出程序下浸出液的 pH 值,这是由于毒性特性浸出程序的浸提剂为缓冲醋酸钠溶液,呈酸性,部分中和了固化产物中的碱。毒性特性浸出程序下浸出液的 pH 值与水泥掺量呈正比例关系,即随着水泥掺量的提高,其 pH 值增大,见图 5-3。

3. 铅离子浸出浓度结果及分析

试样的浸出试验结果见图 5-4。毒性特性浸出程序标准中规定铅离子浸出法定阈值为 5 mg/L。

由图 5-4 可以看出,在浸出条件 1 下,即用醋酸调节 pH 并稳定 pH 值在 5.0 的情况下,浸出液铅离子浓度远远大于铅离子浸出法定阈值(5 mg/L),并且水泥掺量的增大对

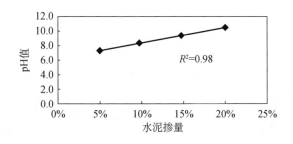

图 5-3　毒性特性浸出程序下浸出液 pH 值与水泥掺量的关系

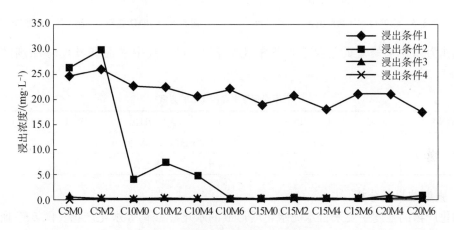

图 5-4　不同条件下铅离子的浸出浓度

铅离子的固化效果并没有很大的提升。此外，蒙脱土的加入并没有改善固化剂的修复效果，可能的原因有：蒙脱土与水泥形成的共同作用很小，没有发生有效的化合反应，未形成固定污染物的化学成分；蒙脱土的离子吸附作用并不同于固定作用，吸附的原理是阳离子交换，在酸性环境下吸附的阳离子可能又会被释放出来。

在浸出条件 2 下，即用盐酸调节 pH 并稳定 pH 值在 3.0 的条件下，当水泥掺量为 5％时，浸出液浓度远大于 5 mg/L，当水泥掺量进一步增至 10％时，浸出浓度大幅下降，并且除了 C10M2 浸出液中铅离子浓度不满足浸出阈值（5 mg/L）外，其他均满足要求。同时随着蒙脱土掺量的增大，浸出液中铅离子浓度存在下降趋势，而当水泥掺量继续增大后，浸出液铅离子浓度均小于 1 mg/L。

在浸出条件 3 下，所有的浸出液铅离子浓度都远小于 5 mg/L，满足铅离子浸出法定阈值（5 mg/L），说明针对总铅污染浓度为 1 000 mg/L 的污染土，5％掺量的水泥就可以固定住土壤中的铅离子，使其达到铅离子浸出标准浓度。用去离子水作浸出液（即浸出条件 4）时，也全部满足要求。

在不同浸出条件下，浸出液的铅离子浓度有很大的差异，如 C10M0 和 C10M2，见图 5-5 和图 5-6。

从图 5-5 及图 5-6 中可以看出，浸出条件 1 对铅离子的浸出能力最强，浸出条件 2 次之，而浸出条件 3 的浸出能力较弱，浸出条件 4 的浸出能力最弱。

5.4.2.2　基于不同标号水泥的固化剂的固化效果

用分析纯硝酸铅配制总铅浓度为 5 000 mg/kg 的人工污染土，用不同标号水泥和其他

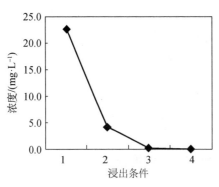

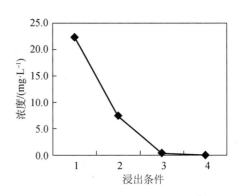

图 5-5　C10M0 在不同浸出条件下的浓度　　　　图 5-6　C10M2 在不同浸出条件下的浓度

添加剂作为固化剂修复此污染土，其配比见表 5-11，其中水泥和其他外加剂的掺量都为 10%。

表 5-11　　　　　　　　　　　　　　表不同标号水泥固化试验方案

试验编号	C10	C10M10	C10G10	C10H10	C10S10	C10F10
外加剂	42.5 水泥或 32.5 水泥					
	无	蒙脱土	硅藻土	海泡石	生石灰	粉煤灰

1. 强度结果及分析

固化产物的强度主要来自水泥水化后形成的水化硅酸钙等水化产物。图 5-7 所示为处理后的固化体抗压强度。从图中可以看出，基于 42.5 水泥的试块强度明显高于基于 32.5 水泥的试块强度。粉煤灰的加入可以大幅提高试块强度，其主要原因是粉煤灰中含有类似水泥的活性物质，利用强碱可以激发出粉煤灰的活性。蒙脱土、硅藻土和海泡石等黏土的加入对强度的生成有负面影响。总体而言，所得固化产物的强度可以满足再利用的要求。

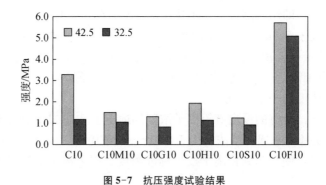

图 5-7　抗压强度试验结果

2. 浸出液 pH 值

毒性特性浸出程序浸出液的最终 pH 值见图 5-8，从图中可以看出，基于 42.5 水泥的固化产物其浸出液 pH 值都略高于基于 32.5 水泥的浸出液 pH 值。加入生石灰的样本是 pH 值最高的，可以用其来调节固化产物的 pH 值，使其固化效果达到最优。

3. 铅离子浸出浓度结果及分析

固化产物中铅的毒性浸出试验结果见图 5-9。

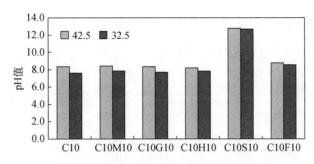

图 5-8　毒性特性浸出程序浸出液 pH 值

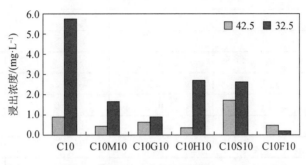

图 5-9　铅离子浸出浓度

从图 5-9 中可以看出，42.5 水泥的固化效果要显著优于 32.5 水泥的固化效果，除了 32.5 水泥的 C10，其他固化剂配方的结果都小于毒性特性浸出程序中铅离子的浸出阈值（5 mg/L）。在 32.5 水泥的基础上加入 10％的高吸附性黏土矿物（蒙脱土、硅藻土、海泡石）组成复合固化剂后，其对铅的固化效果有很大的提升，其中硅藻土的效果最好，铅离子的浸出浓度仅为 0.9 mg/L。综合来看，效果最好的是水泥和粉煤灰的组合，两个添加粉煤灰的样本其浸出浓度最高都没有超过 0.5 mg/L。

众多研究表明，水泥基固化剂固化铅离子的主要机理是形成氢氧化物沉淀，并沉降或被吸附于高比表面积的水泥水化产物表面，因此固化体的 pH 值在该过程中起到很大的作用。另外，固化体 pH 值也间接代表了水泥水化程度的强弱，高 pH 值说明水泥水化更为充分，这也是水泥发挥固化效果的前提条件。但是当 pH 值过高时，也会影响到铅离子的固化效果，由图 5-9 可以看出，42.5 水泥中 C10S10 浸出浓度反而比 C10 高了很多，其主要原因是其浸出液 pH 值过高，达到了 12.71（图 5-8）。这充分说明 pH 值处于某一碱性范围内时，固化剂的修复效果可以达到最优。

5.4.2.3　水泥固化法与石灰固化法的联合应用

用分析纯硝酸铅分别配制总铅浓度为 5 000 mg/kg，7 000 mg/kg 和 10 000 mg/kg 的人工污染土，用 42.5 水泥和不同剂量的生石灰及粉煤灰作为固化剂修复此污染土，其配比见表 5-12。

1. 强度结果及分析

总铅污染浓度为 10 000 mg/kg 的各组固化产物的抗压强度见图 5-10。从图中可以看出，C10 强度最高，为 2.41 MPa；若用粉煤灰替代部分水泥，固化产物强度有所降低，但都在 1.5 MPa 以上；而用生石灰替代部分水泥所得到的固化产物强度最低。这说明从强度这一指标来说，粉煤灰可以部分替代水泥而不会使强度降低很多，从而降低水泥用量。

表 5-12   水泥与石灰联合应用的试验方案

试验编号	外加剂/%			铅污染浓度/(mg·kg^{-1})
	水泥	粉煤灰	生石灰	
C0	0	0	0	5 000
C5	5	0	0	5 000
C10	10	0	0	5 000
F10	0	10	0	5 000
S10	0	0	10	5 000
C5F5	5	5	0	5 000
C5S5	5	0	5	5 000
F5S5	0	5	5	5 000
C5F5S5	5	5	5	5 000
C5F2.5S2.5	5	2.5	2.5	5 000
C10	10	0	0	7 000
C5	5	0	0	10 000
C10	10	0	0	10 000
C5F5	5	5	0	10 000
C5S5	5	0	5	10 000
C5F2.5S2.5	5	2.5	2.5	10 000
C5F3	5	3	0	10 000
C5S3	5	0	3	10 000
C5F2S1	5	2	1	10 000

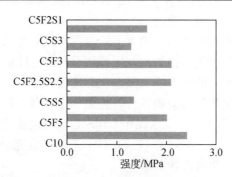

图 5-10　抗压强度测试结果

2. 浸出试验结果及分析

浸出液的 pH 值及浸出液铅离子浓度见表 5-13。

表 5-13   浸出试验结果

试验编号	总铅浓度/ (mg·kg^{-1})	pH 值		浸出浓度/(mg·L^{-1})	
		毒性特性浸出程序	去离子水	毒性特性浸出程序	去离子水
C0	5 000	5.98	—	139.83	—
C5	5 000	7.29	—	7.19	—

试验编号	总铅浓度/ (mg·kg^{-1})	pH 值		浸出浓度/(mg·L^{-1})	
		毒性特性浸出程序	去离子水	毒性特性浸出程序	去离子水
C10	5 000	8.31	12.06	0.90	未检出
F10	5 000	6.82	—	7.59	—
Q10	5 000	11.90	—	10.98	—
C5F5	5 000	8.28		0.37	
C5S5	5 000	11.81		0.27	
F5S5	5 000	11.35		0.37	
C5F5S5	5 000	11.61		0.57	
C5F2.5S2.5	5 000	11.06		0.02	
C10	7 000	8.16	12.45	0.60	0.74
C5	10 000	6.15	11.03	50.23	未检出
C10	10 000	7.73	11.83	2.66	未检出
C5F5	10 000	7.19	11.49	16.48	未检出
C5S5	10 000	9.63	12.91	0.58	10.35
C5F2.5S2.5	10 000	8.12	12.67	1.04	2.68
C5F3	10 000	6.91	12.06	36.60	0.24
C5S3	10 000	9.29	12.87	0.47	7.34
C5F2S1	10 000	7.23	12.06	21.62	0.12

对于 5 000 mg/kg 的铅污染土，单独添加 5% 的水泥，铅离子的浸出浓度为 7.19 mg/L，大于毒性特性浸出程序规定的浸出阈值 5 mg/L，而单独添加 10% 粉煤灰或生石灰都不能达到标准。水泥掺量提高到 10% 后，浸出浓度大幅下降至 0.9 mg/L；同样地，在 5% 水泥的基础上，加入粉煤灰或生石灰或二者的组合，铅离子浸出浓度比单独加入 10% 水泥的更低，其中，C5F2.5S2.5 固化剂组合效果最好。

对于 10 000 mg/kg 的铅污染土，其固化率见图 5-11，从图中可以看出，水泥基固化剂的固化效率很高，在固化剂用量仅占被处理污染土质量 10% 的情况下，固化率都达到了 92% 以上。但是，面对高浓度污染土，在毒性特性浸出条件下，C10，C5S5，C5F2.5S2.5 和 C5S3 这四组能满足浸出阈值要求；用去离子水浸出时，只有 C5S55 和 C5S3 不满足浸出要求，这是由于这两组都加入了较多的生石灰，导致浸出液 pH 值很高，分别达到了 12.91 和

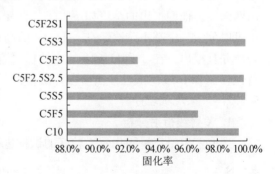

图 5-11　10 000 mg/kg 的铅污染土固化率

12.87，这也说明在强碱性环境中，固化剂对金属离子的固定效果反而会减弱。所以，在两种浸出条件下都能满足阈值要求的只有 C10 和 C5F2.5S2.5 两组，而 C5F2.5S2.5 这一组合的固化效果优于 C10，其浸出浓度仅为 1.04 mg/L。

3. pH 值对铅离子浸出浓度的影响

在 10 000 mg/kg 的铅污染土的固化修复试验中，分别利用去离子水和毒性特性浸出程序浸提剂对固化产物进行浸出，所得到的最终浸出液的 pH 值和对应的铅离子浸出浓度的关系如图 5-12 所示。

图 5-12 为典型的 U 形曲线，可以看出：pH<8 时，铅离子的浸出浓度随着 pH 值的增大而减小；当 8≤pH<12 时，铅离子浸出浓度基本维持不变，达到最小值，所以固化产物的浸出液 pH 值应尽量控制在这一范围；当 pH≥12 时，铅离子的浸出浓度随着 pH 值

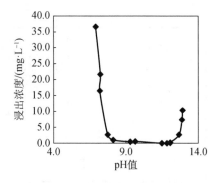

图 5-12　pH 值与铅离子浸出浓度的关系

的增大而增大。由此可以说明，用水泥基固化剂修复铅污染土时，对铅离子浸出浓度起主导作用的因素就是 pH 值。

国内外很多研究也表明 pH 值对铅离子的浸出浓度起关键作用，Chuanyong Jing 等（2004）研究了不同浸出条件对铅离子污染土的处置效果，其试验数据如图 5-13 所示。

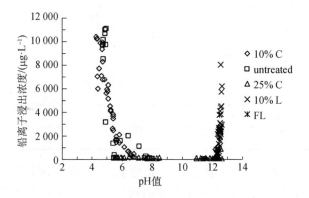

图 5-13　Chuanyong Jing 等的试验中 pH 值与铅离子浸出浓度的关系

从图中可以明显地看出，溶液中的铅浓度取决于 pH 值，固化处理过和未处理过的土壤样本都显示出了 U 形曲线，说明在一个较为宽泛的 pH 值范围内，铅离子浸出能力体现出两面性。他们得出的结论如下：①控制铅离子浸出的主要因素为 pH 值。②铅离子的浸出可以分为三个基本阶段：在 pH>12 的高碱性浸出阶段，铅形成可溶性的水溶阴离子化合物并且浸出；在 6≤pH≤12 的中性稳定阶段，铅因为沉淀和吸附而表现出浸出相当少的特性；在 pH<6 的酸性浸出阶段，酸抵消了固化材料的作用，所以铅离子自由溢出。

5.4.2.4　微观机理分析

1. X 射线衍射分析

选取三组铅离子固化效果较好的试样进行 X 射线衍射分析，选取的试样见表 5-14。

表 5-14　　　　　　　　　　　　　进行 X 射线衍射分析的样品组成

编号	污染离子	污染物浓度/(mg·L⁻¹)	外加剂及掺量
1	Pb^{2+}	5 000	10%的 32.5 水泥+10%硅藻土
2	Pb^{2+}	10 000	5%的 42.5 水泥+2.5%粉煤灰+2.5%生石灰
3	Pb^{2+}	10 000	10%的 42.5 水泥

X 射线衍射分析结果见图 5-14，从图中可以看出，3 个样品中都含有大量的 SiO_2，主要原因是样品的主要组成是土壤，而土壤的主要成分为 SiO_2。但 3 个样品中的 SiO_2 含量是不同的，其中 2 号样品的 SiO_2 含量最少，说明在固化过程中 2 号样品中的 SiO_2 更多地参与了水化反应而被消耗掉更多，其固定金属离子的能力较强。因此可以得出 5% 的 42.5 水泥＋2.5% 粉煤灰＋2.5% 生石灰这一组合的固化效果最好，这也与浸出试验中得出的结论相吻合。

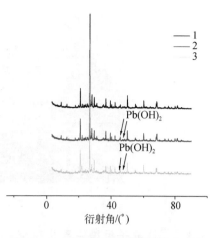

图 5-14　3 个样品 X 射线衍射分析结果

在 2 号和 3 号样品中发现存在 $Pb(OH)_2$ 衍射峰在衍射角 43.06° 处（Ahmad 等，2012）。$Pb(OH)_2$ 的存在说明 $Pb(NO_3)_2$ 中的 Pb^{2+} 已经沉淀形成低溶解性的沉淀物，从而说明固化的有效性。而在 1 号样品中，没有发现明显的 $Pb(OH)_2$ 衍射峰，说明在该固化过程中 Pb^{2+} 并不是靠沉淀作用，而更多的是靠固化剂硅藻土的吸附作用固定的，pH 值对其影响相比于主要靠沉淀作用的情况要小一些，这也解释了图 5-8、图 5-9 中采用 C10M10 固化剂时，虽然浸出液的 pH 值小于 8，但浸出浓度仍然比较低的现象。

此外，3 个样品中其他物质的含量都很少，也没有检测到水化产物 CSH 凝胶的存在，说明由于加入的固化剂含量较少，基本上没有改变土壤的物理化学性质，对土壤的破坏很小，这也体现了高吸附性黏土（蒙脱土、硅藻土、海泡石等）作为固化剂的优越性。

2. 电镜扫描分析

选取表 5-15 中 1 号和 2 号试样进行电镜扫描分析，分析结果见图 5-15、图 5-16。

在 1 号样品图 5-15 中可以看到针状钙矾石晶体和絮状 CSH 凝胶，在 2 号样品图 5-16 中可以看到絮状和网状结构的 CSH 凝胶。利用能量色散谱（Energy Dispersive Spectra，EDS）技术，对 3 个样品，选择不同部位做了微相元素分析。结果表明：①铅在 3 个固化样品中是存在的；②针状结晶体中铅成分较少（图 5-15），铅大部分存在于絮状和网状 CSH 凝胶中（图 5-15、图 5-16）；③对 1 号样品，在凝胶中检测到的铅的质量比在 13%～19% 之间；对 2 号样品，在凝胶中检测到的铅的质量比最大值达 21.7%。这也能从另一方面说明这几个固化样品固定 Pb^{2+} 的原因。电镜分析和能量色散谱分析的结果和浸出试验及 X 射线衍射分析结果一致。

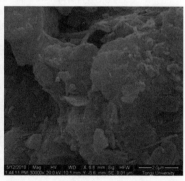

图 5-15　1 号样品电镜扫描分析结果

图 5-16　2 号样品电镜扫描分析结果

5.4.3　锌离子污染土固化研究

选择锌作为污染物是由于锌污染也比较广泛。试验中设定的污染物浓度为 7 000 mg/kg 和 10 000 mg/kg，在铅离子固化试验的基础上设计的锌污染土固化试验方案见表 5-15。

表 5-15　　　　　　　　　　　　　锌污染土固化试验方案

试验编号	固化剂及掺量	总铅浓度/(mg·kg^{-1})
C0	无	10 000
C5	水泥 5%	10 000
C10	水泥 10%	10 000
C10（7 000）	水泥 10%	7 000
C5M5	水泥 5%＋蒙脱土 5%	10 000
C5S5	水泥 5%＋生石灰 5%	10 000
C5F5	水泥 5%＋粉煤灰 5%	10 000
C5H5	水泥 5%＋海泡石 5%	10 000
C5S2.5	水泥 5%＋生石灰 2.5%	10 000
C5S2.5F2.5	水泥 5%＋生石灰 2.5%＋粉煤灰 2.5%	10 000
C5S2.5M2.5	水泥 5%＋生石灰 2.5%＋蒙脱土 2.5%	10 000

1. 强度结果及分析

试块经过 28 d 标准养护后，抗压强度见图 5-17。从图中可以看出，本组试样中除了

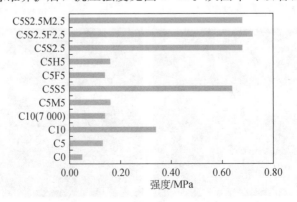

图 5-17　锌污染土固化产物强度

未添加外加剂的 C0 试样外，其他所有试样的抗压强度均大于 0.1 MPa，满足填埋处置的要求。其中，C5S5，C5S2.5，C5S2.5F2.5 和 C5S2.5M2.5 这四个试样的抗压强度都超过了 0.6 MPa，是其他试样强度的 2～3 倍，这四个试样的共同特点是都添加了生石灰。生石灰的加入会使水泥水化后产生钙矾石，针状钙矾石能够增加土样中水化结晶产物的嵌挤能力，从而提升土样的抗压强度，并且生石灰遇水后在污染土中形成了强碱环境，加快了水泥的水化。

2. 浸出试验结果与分析

（1）不同浸提剂、固化剂对锌离子浸出浓度的影响

浸出试验采用两种浸提剂以进行对比，分别是毒性特性浸出程序所规定的浸提剂和去离子水。浸出试验所得到的 pH 值和锌离子浸出浓度见表 5-16。

表 5-16   锌离子浸出试验结果

试验编号	总铅浓度/ (mg·kg^{-1})	pH 值		浸出浓度/(mg·L^{-1})	
		毒性特性浸出程序	去离子水	毒性特性浸出程序	去离子水
C0	10 000	5.35	7.77	412.43	1.08
C5	10 000	5.94	9.1	346.34	0.85
C10	10 000	7.59	12.44	156.36	未检出
C10 (7 000)	7 000	7.89	12.67	28.90	0.30
C5M5	10 000	6.19	11.34	323.39	0.64
C5S5	10 000	8.55	12.66	3.95	未检出
C5F5	10 000	6.74	11.15	369.29	0.46
C5H5	10 000	6.82	11.26	296.91	8.53
C5S2.5	10 000	7.82	12.42	83.91	0.29
C5S2.5F2.5	10 000	7.78	12.36	103.42	未检出
C5S2.5M2.5	10 000	7.67	12.47	134.45	未检出

从表 5-17 可以看出，用去离子水作为浸提剂得到的锌离子浸出浓度都非常低，大部分低于 1 mg/L，说明去离子水对锌离子的浸出能力较弱。而与之相反毒性特性浸出程序的浸出浓度却相当高，见图 5-18。《危险废物鉴别标准 浸出毒性鉴别》（GB 5085.3—2007）中规定锌离子的浸出上限是 100 mg/L。

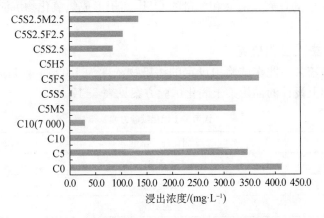

图 5-18 毒性特性浸出程序锌离子浸出浓度

从图 5-18 中可以看出，只有 C10（7 000），C5S5，C5S2.5 三个试样的浸出浓度满足要求，其他均不满足要求。其中，C5 的浸出浓度小于 C5F5，C5S2.5 的浸出浓度小于 C5S2.5F2.5，这说明粉煤灰的加入并没有改善固化剂固定锌离子的能力。C5M5 和 C5H5 的浸出浓度都比 C5 的低，但其浸出浓度远高于 100 mg/L，这说明蒙脱土和海泡石对锌离子的固定有一定的效果，但是效果很微弱。在所有试样中表现最好的是 C5S5，其 Zn^{2+} 浸出浓度仅有 3.95 mg/L，远小于 100 mg/L。

C10（7 000）的浸出浓度为 28.90 mg/L，完全小于毒性特性浸出程序的阈值，而当锌离子污染浓度提高到 10 000 mg/kg 之后，浸出浓度迅速升高至 156.36 mg/L，超出了规定的阈值，这说明 10% 的水泥能修复的锌污染土的最高浓度在 7 000~10 000 mg/kg 之间。

（2）pH 值对浸出浓度的影响

对比 C5，C5S2.5，C5S5 三组的浸出浓度，可以发现，随着生石灰掺量的增加，浸出浓度急剧下降，说明生石灰对锌离子有很好的固定作用。加入生石灰最重要的作用是调节浸出液的 pH 值，结合表 5-16，pH 值和浸出浓度之间存在密切的联系，毒性特性浸出程序浸出液 pH 值大于 8 的只有 C5S5，而与此相对应的是其浸出浓度最小为 3.95 mg/L；pH 值在 7~8 之间的五个试样，其浸出浓度都在 200 mg/L 以下；而 pH 值小于 7 的五个试样，其浸出浓度都在 300 mg/L 左右。从

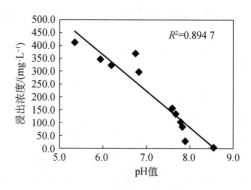

图 5-19 浸出液 pH 值与浸出浓度的关系

图 5-19 中可以更加明显地看出 pH 值与浸出浓度的关系，pH 值越大，浸出浓度越小，当 pH 值在 5~9 的范围内时，浸出浓度与 pH 值基本成负比例关系。

水泥基固化剂固化锌离子的主要机理是形成氢氧化物沉淀，并沉降或被吸附于高比表面积的水泥水化产物表面，因此固化体的 pH 值在该过程中起到很大的作用。另外，固化体 pH 值也间接代表了水泥水化程度的强弱，高 pH 值说明水泥水化更为充分，这也是水泥发挥固化效果的前提条件。在添加粉煤灰后，粉煤灰之所以没有起到预想的增加土壤固定锌离子能力的效果，原因可能是粉煤灰的火山灰反应消耗了固化体系中的 Ca（OH）$_2$，同时因粉煤灰结构致密、化学性质稳定、活性发挥速度慢，导致该固化体系的前期固化效果较差。而 C5S5 试样中，生石灰的掺加量最大，故生石灰熟化后，直接提供了大量的 Ca（OH）$_2$，因此土中的锌离子能够和大量的 OH⁻ 离子形成氢氧化物沉淀而被固定。

5.4.4 镉离子污染土固化研究

镉对人体危害较大，此次试验中设定的污染物浓度为 1 000 mg/kg，在铅离子和锌离子固化试验的基础上设计的镉污染土固化试验方案见表 5-17。

表 5-17 镉污染土固化试验方案

试验编号	固化剂及掺量	污染物浓度/(mg·kg⁻¹)
C0	无	1 000
C5	水泥 5%	1 000
C10	水泥 10%	1 000

试验编号	固化剂及掺量	污染物浓度/(mg·kg^{-1})
H5	海泡石5%	1 000
H10	海泡石10%	1 000
C5H5	水泥5%＋海泡石5%	1 000
C5S2.5	水泥5%＋生石灰2.5%	1 000
L5	磷酸盐5%	1 000
L10	磷酸盐10%	1 000
C5H2.5S2.5	水泥5%＋海泡石2.5%＋生石灰2.5%	1 000
C5M2.5S2.5	水泥5%＋蒙脱土2.5%＋生石灰2.5%	1 000
C5F2.5S2.5	水泥5%＋粉煤灰2.5%＋生石灰2.5%	1 000

1. 不同浸提剂、pH对镉离子浸出浓度的影响

浸出试验采用两种浸提剂以进行对比，分别是毒性特性浸出程序浸提剂和去离子水。浸出试验所得到的pH值和浸出浓度见表5-18。

表5-18　　　　　　　　　　　　　镉离子浸出试验结果

试验编号	pH值		浸出浓度/(mg·L^{-1})	
	毒性特性浸出程序	去离子水	毒性特性浸出程序	去离子水
C0	5.52	8.09	39.85	0.20
C5	7.81	12.18	9.87	0.00
C10	10.68	12.51	0.07	0.00
H5	5.82	8.62	21.40	0.07
H10	5.87	8.56	21.86	0.05
C5H5	8.36	12.13	2.68	0.01
C5S2.5	11.52	12.73	0.02	0.00
L5	5.65	8.44	13.59	0.30
L10	5.96	8.4	15.49	0.23
C5H2.5S2.5	10.82	12.61	0.05	0.02
C5M2.5S2.5	11.31	12.58	0.06	0.00
C5F2.5S2.5	11.04	12.6	0.06	0.00

毒性特性浸出程序中规定镉离子的浸出浓度阈值为1 mg/L，而从表5-18得知，用去离子水浸出的镉离子浓度都低于0.5 mg/L，说明去离子水对镉的浸出能力较低。相比较而言，在毒性特性浸出条件下，固化产物的浸出浓度要大很多，见图5-20。

从图5-20中可以看出，满足浸出浓度阈值的有C10，C5S2.5，C5H2.5S2.5，C5M2.5S2.5和C5F2.5S2.5五个试样，其中C5S2.5的浸出浓度就已接近0.0 mg/L，最后三个试样中额外加入的海泡石、蒙脱土和粉煤灰并不能体现出它们的作用，这也从侧面说明它们还可以处理更高浓度的镉污染土。再进一步观察这五个满足浸出浓度要求的试样，会发现它们的浸出液pH值都比较高，说明pH值对浸出浓度仍然是决定性影响因素之一，pH值与镉离子浸出浓度的关系见图5-21，从图中可以明显看出，当pH值在5～12的范围

内时，镉离子浸出浓度随着 pH 值的增大而急剧下降，它们之间存在显著的指数关系。

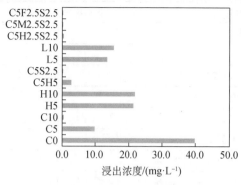

图 5-20　镉离子浸出浓度

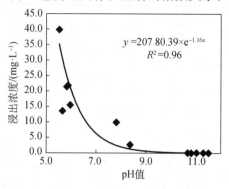

图 5-21　pH 值与浸出浓度的关系

2. 不同固化剂和掺量对镉离子浸出浓度的影响

水泥掺量对浸出浓度有很大的影响，见图 5-22。当水泥掺量为 0% 时，镉离子的浸出浓度高达 39.85 mg/L；当水泥掺量提高到 5% 后，浸出浓度降为 9.87 mg/L；进一步提高水泥掺量至 10%，浸出浓度降为 0.07 mg/L。

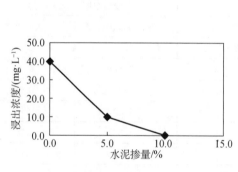

图 5-22　水泥掺量与浸出浓度的关系

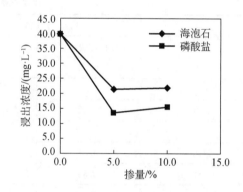

图 5-23　海泡石和磷酸盐的掺量与浸出浓度的关系

从图 5-23 可以看出，加入 5% 的磷酸盐和海泡石可以固定部分镉离子，但固定效果有限，且磷酸盐和海泡石的掺入量增加到 10% 之后，镉离子浸出浓度不降低反而有所上升。所以在针对镉离子固化的工程应用中，可以考虑加入少量磷酸盐或海泡石与其他添加剂协同作用。但是必须控制其掺入量，因为掺入量过大会导致反效果，反而造成不必要的浪费。

通过本试验也可以发现，海泡石或磷酸盐的掺入量为 5% 时比较合适。例如，单独使用 5% 的水泥，得到的浸出浓度为 9.87 mg/L，再加入 5% 的海泡石后，其浸出浓度大幅下降，为 2.68 mg/L（表 5-18）。

5.5　重金属双离子污染土固化试验研究

由于实际生活中，污染土的重金属离子往往是两种或多种共存，重金属离子之间是否会有影响，有其他重金属离子存在时，对该离子的固化效果是否有影响未可知。因此在对金属单离子固化研究的基础上，笔者还对镉和铅这两种离子共存的污染土固化性能进行了研究。

试验所用土样及外加剂与单离子固化试验一致，人工配制的双离子污染土中镉浓度为

1 000 mg/kg，铅浓度为 10 000 mg/kg，根据单离子固化效果设计的固化试验方案见表 5-19。

表 5-19　镉和铅双离子混合污染土的固化试验方案

序号	组配编号	水泥	生石灰	粉煤灰	海泡石	蒙脱土
1	C0	0	0	0	0	0
2	C5	5%	0	0	0	0
3	C10	10%	0	0	0	0
4	C5S2.5	5%	2.5%	0	0	0
5	C5S3	5%	3%	0	0	0
6	C5S5	5%	5%	0	0	0
7	C5F2.5	5%	0	2.5%	0	0
8	C5F3	5%	0	3%	0	0
9	C5F5	5%	0	5%	0	0
10	C5S2.5F2.5	5%	2.5%	2.5%	0	0
11	C5S2.5H2.5	5%	2.5%	0	2.5%	0
12	C5S2.5M2.5	5%	2.5%	0	0	2.5%

1. 无侧限抗压强度

固化后试块的无侧限抗压强度见图 5-24。从图中可得出，除了 C0 没有加入任何固化剂以外，其余 11 组试样抗压强度均大于 0.1 MPa，满足填埋处置的要求。其中，C5F5 的强度最高，接近 1.5 MPa，为 1.45 MPa；C10 的强度大于 1.0 MPa，为 1.05 MPa。

从 C0，C5，C10 三组试块强度可得出，随着水泥掺量的增加，污染土固化产物的强度在不断增强。C5S2.5，C5S3，C5S5 三组试样对应强度分别为 0.31 MPa，0.13 MPa，0.26 MPa，而 C5F2.5，C5F3，C5F5 三组试样对应强度分别为 0.69 MPa，0.64 MPa，1.45 MPa，对比来看，对镉离子和铅离子混合污染的土，粉煤灰对强度的提高作用比生石灰要好得多。

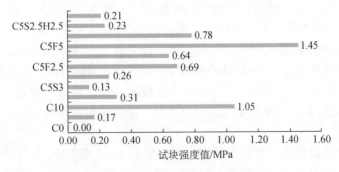

图 5-24　镉和铅混合污染土固化产物强度

2. 浸出浓度试验数据及分析

对双离子重金属污染土进行毒性特性浸出试验，将其测试结果与等浓度单离子污染土的浸出浓度分别进行对比，见图 5-25、图 5-26。

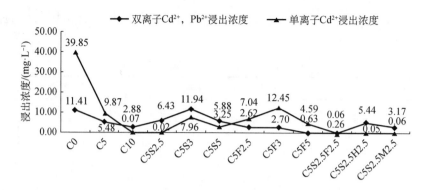

图 5-25　双离子与单离子（1 000 mg/kg 的 Cd^{2+}）浸出浓度对比

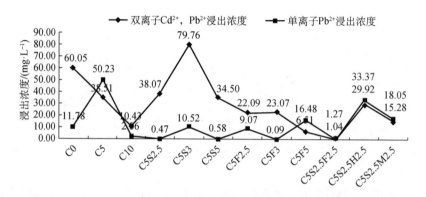

图 5-26　双离子与单离子（10 000 mg/kg 的 Pb^{2+}）浸出浓度对比

从图 5-25 中可以看出，12 个双离子固化剂组配中仅有 C5F5 和 C5S2.5F2.5 两个配方的镉离子浸出浓度满足阈值 1 mg/L 的要求，可见粉煤灰和生石灰搭配使用对镉离子和铅离子的混合污染土具有良好的固化作用。C5S2.5，C5S3，C5S5 三组镉离子的浸出浓度均大于等掺量的 C5F2.5，C5F3，C5F5，这说明对镉离子的固化试验中，粉煤灰的固化效果优于生石灰。

C5S2.5F2.5，C5S2.5M2.5，C5S2.5H2.5 三组镉离子的浸出浓度分别为 0.26 mg/L，3.17 mg/L，5.44 mg/L，可得出粉煤灰的固化效果要优于海泡石和蒙脱土。当水泥掺量分别为 0，5%，10% 时，镉离子的浸出浓度分别为 11.41 mg/L，5.48 mg/L，2.88 mg/L（图 5-25 中 C0，C5，C10），可见在污染土中加入一定的水泥有良好的固化作用，镉离子的浸出浓度随着水泥掺量的提高而不断下降，但鉴于水泥成本较高，经济性较差，应再加入适量粉煤灰、生石灰等矿物成分组成固化效果更好的复合固化剂组配。

对比图 5-25 中单离子与双离子的浸出浓度数据，可以发现存在铅离子时，镉离子的浸出浓度满足浸出阈值的配方由 5 组减少为 2 组，这说明铅离子的存在会增加镉离子的固化难度。

从图 5-26 中可以看出，在双离子混合污染土的 12 个组配中，只有 C5S2.5F2.5 一个配方满足铅离子的浸出浓度低于浸出浓度阈值 5 mg/L。C5S5，C5S2.5F2.5，C5S2.5H2.5，C5S2.5M2.5 四个配方的铅离子浸出浓度分别为 34.50 mg/L，1.27 mg/L，29.92 mg/L，15.28 mg/L，这说明针对铅离子固化时，粉煤灰的固化效果要优于生石灰、海泡石和蒙脱土。

对比图 5-26 中单离子与双离子浸出浓度数据，可以发现存在镉离子时，铅离子的浸出浓度满足阈值的配方由 5 组减少为 1 组，这说明镉离子的存在会增加铅离子的固化难度。

3. 浸出液 pH 值及分析

pH 值与镉离子和铅离子浸出浓度的关系分别见图 5-27、图 5-28。

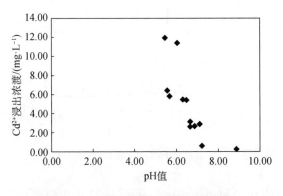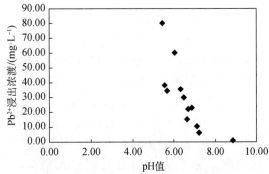

图 5-27 pH 值与镉离子浸出浓度的关系　　　　图 5-28 pH 值与铅离子浸出浓度的关系

从图中可以看出：pH<8 时，镉离子和铅离子的浸出浓度随着 pH 值的变化呈逐渐降低趋势；当 pH≥8 时，镉离子和铅离子的浸出浓度基本维持不变，达到最小值，所以固化产物的浸出液 pH 值应尽量控制在这一范围。

12 个组配中，镉离子的浸出浓度最大相差近 10 倍，而铅离子的浸出浓度最大相差近 80 倍，这充分说明，pH 值是影响固化稳定化效果的一个重要因素。一般来说，在一定范围内，低 pH 值会增加重金属离子的浸出，高 pH 值会减少重金属离子的浸出。不同重金属的浸出对 pH 的反应也不相同。可见，为了达到较好的固化稳定化效果，或者评价固化稳定化效果时，要研究不同重金属对固化稳定化体系 pH 的反应。

Cheng 等（1992）研究了吸附作用对固化与稳定效果的影响，得出不同离子的吸附与 pH 有密切关系：适合铅离子吸附的 pH 值范围为 5~6.5，适合镉离子吸附的 pH 值范围为 6~8.5。本试验结果显示：适合铅离子固化的 pH 值范围为 7~9，适合镉离子固化的 pH 值范围为 7~9。二者范围接近，其差别可能是由于本试验是在镉和铅两种离子共存情况下进行的，其原因可能是这两种离子共存的情况增加了其固化难度，与前文中双离子与单离子浸出浓度比较得出的结论一致。

4. 微观分析

（1）X 射线衍射分析

选取 C5S2.5F2.5 和 C5F5 两组对镉离子和铅离子固化效果较好的试样进行 X 射线衍射分析，结果分别见图 5-29、图 5-30。

经 Jade 5.0 物相分析，两个样品中都含有大量的 SiO_2，原因是样品的主要组成都是土壤，而土的主要成分为 SiO_2。同时，在 C5S2.5F2.5 样品中检测到 Pb_2O_3，Pb_2SiO_4 和 $Cd_2O(OH)_2 \cdot H_2O$，在 C5F5 样品中检测到 Cd_2SiO_4，

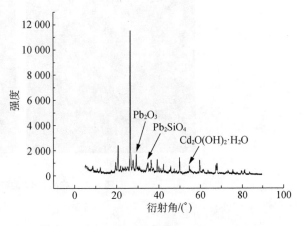

图 5-29 样品 C5S2.5F2.5 的 X 射线衍射分析结果

151

Pb_2SiO_4 和 Pb_8Cd（Si_2O_7）$_3$，说明固化剂在土壤中与重金属离子发生化学反应生成相应化合物，从而达到有效固化/稳定化的目的。

（2）电镜扫描分析

选取 C5S2.5F2.5 和 C5F5 两组对镉离子和铅离子固化效果较好的试样进行电镜扫描分析，结果分别见图 5-31、图 5-32。

从图 5-31 中可以看出，样品 C5S2.5F2.5 中存在大量的板状结构，图（a）中可见结构缝隙中存在较细密的颗粒状物质，图（b）中可见板状多孔结构，

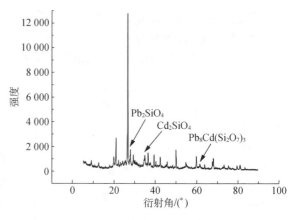

图 5-30　样品 C5F5 的 X 射线衍射分析结果

即微观孔，此类结构对重金属离子有很强的吸附作用和包裹作用。从图 5-32 中可以看出，样品 C5F5 主要为板状结构，组织尺寸相对较小，土壤结构更为致密，因此固化产物强度增加。上述结果说明 C5S2.5F2.5 与 C5F5 配方固化污染土的微观结构特征与宏观力学性质指标变化规律一致。微观结构形状多样，部分规则，部分不规则，有利于水泥基物质生成，进而形成微囊封闭重金属，得到更好的固化效果。

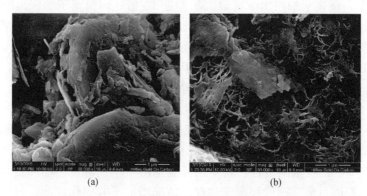

(a) (b)

图 5-31　样品 C5S2.5F2.5 的电镜扫描分析结果

(a) (b)

图 5-32　样品 C5F5 的电镜扫描分析结果

（3）能谱分析

对 C5S2.5F2.5 和 C5F5 两组样品分别进行了面扫描观测，观测照片见图 5-33。

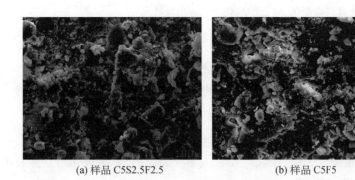

(a) 样品 C5S2.5F2.5   (b) 样品 C5F5

图 5-33　镉和铅混合污染土样品能谱分析照片

样品 C5S2.5F2.5 检测出质量比为 0.38％的镉元素和 2.26％的铅元素，样品 C5F5 检测出质量比为 0.35％的镉元素和 3.20％的铅元素。这些观测结果与相应浸出浓度的结果一致。

5. 小结

对固化/稳定化技术修复镉离子和铅离子混合污染土进行了固化试验，得到如下结论：

（1）对于镉离子和铅离子混合污染作用下的土壤，在添加了不同的固化剂后，试块强度都有不同程度的提高。相比蒙脱土、海泡石和生石灰，粉煤灰更能有效提高固化产物的强度。

（2）在毒性特性浸出程序下，镉离子的浸出浓度阈值为 1 mg/L，铅离子的浸出浓度阈值为 5 mg/L，都不容易满足。12 组配方中仅 C5S2.5F2.5 同时满足上述两种重金属离子的浸出浓度阈值要求。因此可以认为：对于镉离子和铅离子混合污染作用下的土壤，粉煤灰的固化效果要优于生石灰、海泡石和蒙脱土。

（3）重金属离子之间存在相互的拮抗作用。本次试验根据双离子混合处理与单离子浸出数据对比得出：当污染土壤中有镉离子与铅离子共存时，二者的固化难度均比单独存在时有所增加。

（4）基于水泥基及粉煤灰、生石灰等固化剂对镉离子和铅离子混合污染土的修复，浸提剂 pH 值对重金属离子的浸出影响很大。其中，镉离子的浸出浓度最大相差近 10 倍，而铅离子的浸出浓度最大相差近 80 倍。

（5）对固化效果较好的两组试样进行 X 射线衍射分析和电镜扫描分析，发现在固化过程中粉煤灰比生石灰能更好地使土壤微观结构变得致密，从而进一步提高固化产物强度。

参考文献

查甫生,刘晶晶,等,2012.水泥固化稳定重金属污染土的工程性质试验研究[J].工业建筑,42(11):74-78.

陈炳睿,徐超,吕高明,等,2012.6 种固化剂对土壤 Pb,Cd,Cu,Zn 的固化效果[J].农业环境科学学报,31(7): 1330-1336.

丁凌云,蓝崇钰,林建平,等,2006.不同固化剂对重金属污染农田水稻产量和重金属吸收的影响[J].生态环境,15(6):1204-1208.

关亮,郭观林,等,2010.不同胶结材料对重金属污染土壤的固化效果[J].环境科学研究,23(1):106-111.

黄丹丹,葛滢,周权锁,2009.淹水条件下土壤还原作用对镉活性消长行为的影响[J].环境科学学报,29(2): 373-380.

蒋建国,2008.固体废物处置与资源化[M].北京:化学工业出版社.

李瑞美,王果,方玲,2002.钙镁磷肥与有机物料配施对作物镉铅吸收的控制效果[J].土壤与环境,11(4): 348-351.

薛永杰,朱书景,侯浩波,2007.石灰粉煤灰固化重金属污染土壤的试验研究[J].粉煤灰,19(3):10-12.

中国环境科学研究院固体废物污染控制技术研究所,环境标准研究所,2007.危险废物鉴别标准 浸出毒性鉴别:GB 5085.3—2007[S].北京:中国环境出版社.

周启星,宋玉芳,等,2004.污染土修复原理与方法[M].北京:科学技术出版社.

AHMAD M, HASHIMOTO Y, MOON D H, et al., 2012. Immobilization of lead in a Korean military shooting range soil using eggshell waste: An integrated mechanistic approach[J]. Journal of Hazardous Materials, 209-210(4):392-401.

CHENG K Y,BISHOP P L,1992.Sorption, Important in Stabilized Solidified Waste Forms[J]. Hazardous Waste and Hazardous Materials,9:289-296.

DERMATAS D, MENG X, 2003. Utilization of fly ash for stabilization/solidification of heavy metal contaminated soils[J]. Engineering Geology, 70(3):377-394.

GLASSER F P,1997. Fundamental aspects of cement solidification and stabilization[J]. Journal of Hazardous Materials, 52(2-3):151-170.

JANG A, KIM I S, 2000. Solidification and stabilization of Pb, Zn, Cd and Cu in tailing wastes using cement and fly ash[J]. Minerals Engineering, 13(14):1659-1662.

JING C Y, MENG X G, GEORGE P K,2004. Lead leachability in stabilized/solidified soil samples evaluated with different leaching tests[J]. Journal of Hazardous Materials(B114):101-110.

MICHAEL D L,PHILLIP L B, JEFFREY C E,2010. 危险废物管理[M].李金惠,主译. 北京:清华大学出版社.

POLETTINI A, POMI R, SIRINI P, 2002. Fractional factorial design to investigate the influence of heavy metals and anions on acid neutralization behavior of cement-based products[J]. Environmental Science and Technology,36(7):1584-1591.

XI Y, WU X, XIONG H, 2014. Solidification/Stabilization of Pb-contaminated soils with cement and other additives[J]. Journal of Soil Contamination, 23(8):887-898.

第6章 重金属污染土的生态处理

6.1 概述

首先，推荐两本书：《寂静的土壤》（龚子同，陈鸿昭，张甘霖著，科学出版社，2015）和《重金属污染生态与生态修复》（李元，祖艳群主编，科学出版社，2017）。这两本书的作者都是土壤学、生态学和农学方面的学者和专家。我推荐这两本书的理由有以下几方面：

第一，岩土工程（土力学）原本与土壤学、农学关系密切，其中土的物理性质、电化学性质、胶体化学性质等内容都是从土壤学和农学方面学来的。笔者当时读书的时候，没有统一的教材，俞调梅、郑大同、俞绍襄等老前辈，每年给学生编写的教材都是油印本，介绍了很多土壤学和农学方面的知识，并叮嘱学生要向土壤、农业方面的专家请教和学习。所以笔者很早就知道南京土壤研究所、浙江农学院、浙江农业科学研究所等著名单位。野外地质实习的时候学会了土壤剖面的描述，通过标志性植物识别酸性土壤和碱性土壤的方法等。可惜，现在的理工教材，这方面的内容越来越少，有的甚至看不到了。

第二，污染土壤的生态治理的想法，在脑海里盘旋已久，特别是同济大学任杰教授正研究将玉米和秸秆转化成可降解的塑料，如果有可能，通过作物吸收积累土壤中的重金属，然后将这些作物转化成降解塑料，达到综合利用的目的。现在看来，我国的农业科学工作者已经做了大量研究工作，二者结合，这一设想完全有可能实现。

第三，《寂静的土壤》的作者直言我国长期以来不顾环境、盲目开发矿产资源、滥伐森林、违背科学造坝蓄水、无计划城镇化扩张，我国的大江大河、湖泊水网、农田大地被严重污染。生态环境遭到严重破坏，所谓"先污染后治理"轻飘飘一句话，岂知生态环境自然恢复通常需要上百年甚至上千年，我们不是给子孙后代造福，而是让我们的后代背上还不清的生态债！我们究竟是建设者还是破坏者？也许二者兼是，很多工程，得失如何，只有我们的后代来评价了。

第四，人类自己也在不断地污染着赖以生存的环境。据西班牙《先锋报》网站2018年4月23日报道，自2012年5月1日以来，人类已经制造了94亿吨以上的垃圾，其中30%尚未处理。全球164个国家和地区，约1 800座城市和2 000多个废品管理设施的数据表明，目前全球每年产生的垃圾高达19亿吨，固体废弃物中有70%进入填埋场，只有19%被回收利用，还有11%进入能源回收设备中。不得不指出的是，纸箱完全分解需要30年，塑料制品需要150年，电池需要1 000年，玻璃则长达4 000年才能被完全分解。是值得反思了，建立在制造大批垃圾的基础上的社会怎么可能实现可持续发展呢？

重金属污染土壤的治理，笔者没有做过任何直接研究，本章的内容都来自这两本书，目的是宣传这些科研成果，为理工科的同志扩大知识面，在进行生产建设时要有环境风险意识。这就是笔者编写本章的目的，谨向他们表示感谢并致以敬意。

6.2 土壤环境与人的关系

6.2.1 植物和土壤组成的相关性

植物对土壤中的重金属有吸收积累效应和拒绝吸收双重作用，也就是说，植物对重金属吸收有选择性。

如水稻植株中的 Si 与土壤中有效 Si 含量成正相关，林木中 K 与土壤中缓效 K 成正相关，柑橘叶片中的 Zn、Mo 和 Cu 与土壤中的有效 Zn、Mo 和 Cu 有很好的相关性，如表 6-1 所示。

表 6-1　　　　　　　　　　　　　土壤中柑橘叶片中的一些微量元素相关分析

土壤类型	柑橘品种	相关项目	回归方程	相关系数
湿润富铁土	温州蜜橘 新会橙	土壤中有效 Zn 与叶片中 Zn	$Y = 10.80 + 9.79X$	0.83 ($n = 22$)
淋溶土 潮湿雏形土	沙田柚 新会橙 夏橙	土壤中有效 Zn 与叶片中 Zn	$Y = 12.36 + 7.91X$	0.80 ($n = 8$)
湿润富铁土	温州蜜橘 新会橙 柳橙、夏橙	土壤中有效 Mo 与叶片中 Mo	$Y = -0.000\ 1 + 0.479\ 1X$	0.82 ($n = 10$)
潮湿雏形土	沙田柚	土壤中有效 Mo 与叶片中 Mo	$Y = 0.01 + 0.67X$	0.77 ($n = 8$)
湿润富铁土	温州蜜橘 新会橙 沙田柚、夏橙	土壤中有效 Cu 与叶片中 Cu	$Y = 3.64 + 1.04X$	0.71 ($n = 21$)
潮湿雏形土	沙田柚	土壤中有效 Cu 与叶片中 Cu	$Y = 4.16 + 3.45X$	0.79 ($n = 8$)

6.2.2 土壤环境与人体化学组成的相似性

植物的化学组成，通过食物链进入人体。人类通过进食、饮水、呼吸空气与环境保持着不可分割的联系。不同的研究结果表明人体与土壤的化学组成之间有一定的相似性。美国 Hamilton 等研究发现人体血液的化学组成与海水成分和地壳结构元素都有极大的相似性，如图 6-1 所示。

土壤环境与人的关系，早在 2 000 多年前，我国就有人研究。《淮南子》一书提出"坚土人刚、弱土人儒、墟土人大、砂土人细、息土人美、耗土人丑、轻土多利、重土多迟"。明代李时珍指出："人乃地产。"这就是所谓的"一方水土养一方人"。

6.2.3 重金属污染、微量元素异常对人类健康的影响

现代工业化所造成环境污染其规模之大、影响之深远前所未有。20 世纪 30～60 年代是工业发达国家公害泛滥时期。典型实例如下。

1. 日本的痛痛病

1931 年，日本富士县发现该地区的水稻生长不良，同时出现了一种怪病，患者大都是妇女，病症的表现为腰、手、脚关节疼痛，病症持续几年后全身各部位发生神经痛、骨

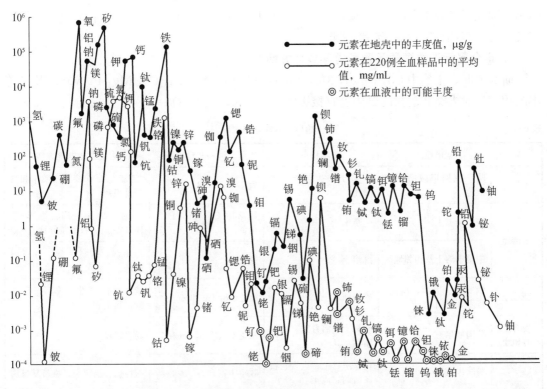

图 6-1 人体血液与地壳中稀有元素丰度的相关性

痛，行动困难，后期骨骼软化、萎缩，四肢弯曲，脊柱变形，骨质疏松，连咳嗽也会引起骨折，不能进食，痛苦无比。

调查发现，富士山有一条河叫神通川河，上游日本三井金属矿业公社修建了一座镀锌厂，排放含有大量镉的污水。通过灌溉又污染了土地。农田中镉含量达到 $1.0 \sim 2.0$ mg/kg，稻米中富集镉元素，形成了"镉米"。这就是"痛痛病"的病因。

2. 美国拉夫运河事件

拉夫运河位于美国纽约州，一个世纪前为修水电站而挖成的一条运河。20 世纪 40 年代干涸被废弃。1942 年，胡克化学公司购买了这条长约 1 000 m 的运河，倾倒了大量的工业废弃物，持续了 11 年，估计 2 万多吨。1953 年，被填埋的场地被卖给了当地的教育机构。纽约市政府在这片土地开发了房地产，盖起了大量的住宅和一所学校，形成了拉夫运河小区。1977 年开始，当地居民不断发生各种怪病，如孕妇流产、儿童夭折、婴儿畸形、癫病、直肠出血以及各种癌症。事件被揭露后引起社会极大反响。最后拉夫运河小区700 户居民被迫搬迁。美国卡特政府颁布了土壤污染防治专门法——《综合环境反应、赔偿和责任法》。

3. 切尔诺贝利核电站和福岛核电厂事故

1986 年 4 月 26 日，位于乌克兰境内的切尔诺贝利核电站 4 号机组发生爆炸——核反应堆全部炸毁。2011 年，日本福岛核电站受地震海啸影响受损。核辐射放射性物质主要是 ^{137}Cs 和 ^{90}Sr（铯和锶）。核尘埃几乎无孔不入。白俄罗斯和俄罗斯土壤迁移研究结果表明，在未扰动、排水良好的砂质土和砂质黏土中，这两种元素仍留在最上面 5 cm 土壤内，在这些土壤中，^{90}Sr 的迁移率比 ^{137}Cs 高，但在泥炭和沼泽土壤中差异小。全球 500 次原子弹和氢弹大气试验沉积的 ^{137} Cs 每年向下移动仅几毫米。^{137} Cs 和 ^{90} Sr 对人体危害大，持续时间长，其半衰期分别达 30 年和 28 年。

4. 重金属污染的微量元素异常导致地方病发生

研究表明，土壤中 Co，Cu，I，Mo，Ni，B，Pb，Se，Sr，Ba，Ca，Mg，P，Mn 以及 C 等丰缺程度，对人类和动物的健康有直接影响（表 6-2、表 6-3）。

表 6-2　土壤环境异常与地方病

土壤区域	案例地区	土壤特点	牧草、饲料和食物特征	可能发生的地方病
干旱土	哈萨克斯坦咸海里海低地	干旱土、盐碱土、硼酸土	牧草中富含 B	"硼肠炎"、肺炎、母绵羊和骆驼易患病
淋溶土	俄罗斯碱土区	生草木灰	牧草中 Co，Cu，P 含量低	贫血，缺 Co 病、维生素 B$_{12}$ 缺乏病、牧畜嗜异症
	中国淋溶土及相邻地区	淋溶土	缺乏 Se	克山病，大骨节病，牲畜白肌病
新成土	俄罗斯、美国、荷兰、丹麦、中国	砂质新成土	缺乏 Co，Cu 和 Zn	缺 Co 病、维生素 B$_{12}$ 缺乏病、牲畜易患病
潜育土有机土	美国威尔士	有机土、潜育土、有机碳含量高	缺乏 Cu，Mn，Zn 和 B	易患胃癌
岩成土	美国中西部	白垩纪黏土、页岩、石灰岩的岩成土	牧草中富含 Se	碱性病、脑膜炎、牲畜易患病
	哈萨克斯坦	蛇纹岩碱土	牧草中富含 Ni	眼病、镍盲症、幼畜易患病

表 6-3　我国硒、氟、碘异常引起的地方病

异常元素	土壤特点	案例地区	可能发生的地方病
硒	土壤母质和母岩高硒含量	湖北恩施 陕西紫阳	硒毒病
	灰土和淋溶土缺硒	东北、青藏高原	大骨节病、克山病、牲畜白肌病
氟	盐渍土、碱化土、滨海盐渍土	浙江、福建尤溪、广东梅州	氟毒病
	碳酸盐土区缺氟	黑龙江东部山地 天山山地	龋齿
碘	碘主要来自大气降水	新疆石河子地区的洼地等受地形影响明显的区域，水中含量高达 105.8 mg/L	高碘性甲状腺肿瘤发病率与水中碘含量有关

6.2.4　土壤重金属污染生态修复

土壤是神圣的资源，是人类赖以生存和可持续发展的基础。然而，当前全世界有 33% 的土地因工业化和城镇化而退化，水土流失，养分耗竭，盐渍化、干旱化和污染带来更多的威胁，土壤污染具有隐蔽性、滞后性和难可逆性。土壤并非取之不尽、用之不竭，土壤实际上是一种不可再生资源。

我们做了一辈子的建设者，但对土壤环境而言，是一个破坏者。我们使多少河流、森林消失，三废成灾？应该到了觉悟的时候了。"祖国＝母亲＋大地"，爱母亲也要爱大地，

土壤形成始于 4 亿年前，人类只有 350 万年历史，对土壤不要进行掠夺式经营，不要加害和污染土壤，破坏土壤必定自毁前程。

6.3 重金属污染现状及其特性

6.3.1 我国土壤重金属污染的现状

我国遭受不同程度重金属污染的耕地面积已接近 0.1 亿 km^2。污水灌溉污染耕地约 216.7 万 km^2，占耕地面积的 64.8%。固体废弃物堆存和毁田约 13.3 万 km^2，占耕地面积的 1/5。

每年重金属污染导致粮食减产超过 1 000 万 t，被重金属污染的粮食达 1 200 万 t，合计经济损失至少 200 亿元。其中 Cd 污染最普遍，涉及 1.3 万 km^2，11 个省市的 25 个地区；受 Hg 污染超过 3.2 万 km^2，涉及 15 个省市的 21 个地区；受 Cd，Cr，As，Pb 等污染的粮食、蔬菜、水果重金属含量超标或接近临界值。

全国土壤污染总超标率为 16.1%，其中轻微、轻度、中度和重度污染的比例分别为 11.2%，2.3%，1.5% 和 1.1%。污染类型以无机污染物超标为主，占全部超标量的 82.8%。

无机污染物 Cd，Hg，As，Cu，Pb，Cr，Zn，Ni 等 8 种无机污染物点位超标率分别为 7.0%，1.6%，2.7%，2.1%，1.5%，1.1%，0.9% 和 4.8%。

6.3.2 土壤重金属污染的特点

1. 隐蔽性、滞后性

土壤重金属污染不像大气和水体污染那样明显，江河湖海水体污染、工厂排放滚滚浓烟和固体垃圾堆放等，人们通过感官可以很容易分辨和发觉。而土壤重金属污染必须通过对土壤样品进行分析化验，才能确认。土壤中的重金属首先被植物吸收，通过粮食、蔬菜、水果等进入食物链后进入人体，并累积到一定程度，其毒害作用才反映出来。例如上述日本"痛痛病"事件，人们长期饮用镉污染的水和食用含镉的稻米，致使镉在人体内蓄积，经过了 10~20 年后才被人们发现。由于土壤重金属污染具有隐蔽性和滞后性，所以在初期一般都不易被发觉和受到重视。

2. 形态多样性

重金属中很大一部分元素是过渡元素，存在多样性，它能随着环境配位体、pH 和氧化还原电位的不同，呈现不同化合态，有的具有较高的化学活性，能参与多种复杂的反应。重金属能随着其价态不同，呈现不同的毒性。例如，六价铬的氧化物毒性为三价铬的 100 倍；二价铜和二价汞的毒性比一价的毒性大；三价砷的毒性要高于五价砷的毒性。

3. 累积性

土壤中的重金属污染物，不像在水体和大气中，会随着大气扩散和水体流动而稀释。它与土壤中有机物质或矿物质相结合，长久地保存在土壤中，并随着时间不断累积，因此，土壤环境污染具有强烈的地域性。植物吸收了土壤中的重金属累积在根、茎、叶、果实中，通过食物链进入人体，最终危害人的健康。

4. 难消除性

重金属污染最主要的特点是不能被微生物降解，在自然界净化过程中只能从一个介质转移到另一个介质，从一种价态转变为另一种价态，从一种形态转化为另一种形态，靠自然本身的净化过程很难被消除，必须人为采取各种行之有效的措施才能彻底清理。

6.4 植物对重金属的吸收积累

植物在吸收土壤中营养元素的同时，不可避免地会吸收和累积一些重金属元素。敏感植物会受重金属的毒害而被抑制生长，甚至枯萎、死亡，不敏感的植物不受重金属的影响，甚至可在体内聚集。

6.4.1 重金属在土壤中的形态特征

重金属能被生物吸收或对生物产生毒性的性状，称为重金属的生物可利用性。植物吸收土壤中的重金属并不是吸收重金属的全量，而是只吸收重金属的某一形态。重金属进入土壤后，通过沉淀、溶解、络合、螯合、吸附、凝聚等各类反应过程，形成不同的化学形态，并表现出不同的活性，影响植物的有效性。土壤中重金属比较重要的形态有：可变换态、碳酸盐结合点、铁锰氧化物结合点、有机结合点和残渣态。可变换态重金属是指吸附在黏土、腐殖质及其他成分上的金属，此外还有一部分水溶态的重金属，它们是引起土壤重金属污染和危害生物的主要来源。这两部分重金属在土壤中具有很大的迁移性，最容易被生物吸收利用。

6.4.2 植物根部吸收重金属的主要过程

植物吸收重金属的主要器官是根。重金属被植物根系吸收需要经过两个步骤：第一是重金属从土壤环境到达根的表面；第二是重金属从根的表面转移到根细胞内部。

1. 重金属到达植物根表面的途径

水溶性重金属到达根系表面主要有两条途径：一条是植物吸收水分，引起土壤中的溶液向根系流动，从而到达植物根部，这条途径称为质体流途径；另一条是由于根系吸收重金属离子，使溶液中离子浓度降低引起离子扩散作用。土壤中元素的迁移受这两方面的制约。当根系对离子的需求大于质流和扩散所提供的量，随着时间的推移，在根系表面形成一个"耗竭区"。反之，若需求小于供应，离子将在根系表面形成一个"聚集区"。

在土壤中，重金属的扩散一般遵循菲克定律的第二法则，平均扩散距离为

$$x = \sqrt{2Dt} \tag{6-1}$$

式中，D 为元素离子的扩散系数；t 为扩散时间。

如 Zn^{2+}，Mn^{2+} 在土壤中的扩散系数分别为 3×10^{-8} cm^2/s 和 3×10^{-6} cm^2/s，则经过 100 d 后，Zn^{2+}，Mn^{2+} 的移动距离分别为 0.72 cm，7.2 cm。分析表明，重金属移动靠扩散作用到达根部是很慢的，主要是靠质流途径到达根系表面。

2. 重金属在植物体内输送

重金属被根细胞吸附，透过细胞膜进入细胞并不断累积。重金属在植物体内在浓度差、电位差等一系列生化作用下逐渐向地上部分茎、叶、果实等部位迁移。重金属元素在植物地下部分和地上各部位的积聚程度，不同种类的植物各不相同，详见表 6-4。表中列出了不同作物对 Cd 的吸收和积聚能力，从总体上来看，特别是大豆根部的积聚量占总积

聚量的 72.31%，地上部分只占 27.69%。而番茄和笋的地上部分积聚量分别占总积聚量的 71.01% 和 77.23%。水稻、黄瓜和油菜次之，分别为 64.05%，67.41% 和 69.05%。

表 6-4　　　　　　　　　　　　不同作物对 Cd 的吸收和积聚能力

作物	植株各部位含量/($\mu g \cdot g^{-1}$)			单位组织吸收量 /($\mu g \cdot g^{-1}$)	地上部位吸收量 所占比例/%
	根	茎	叶		
早稻	335.590	196.327	168.587	204.670	54.10
大豆	657.491	21.801	15.336	61.280	27.69
冬小麦	270.761	46.173	27.900	55.065	49.77
小黑麦	424.658	112.442	54.693	105.117	53.94
玉米	217.704	50.430	36.891	73.389	58.50
水稻	396.447	212.708	182.782	219.836	64.52
油菜	947.907	56.902	92.307	114.431	69.05
菜豆	510.664	65.447	33.191	68.689	54.46
笋	260.660	163.184	78.603	111.248	77.23
黄瓜	883.893	53.808	82.796	93.165	67.41
番茄	458.753	80.294	121.548	112.850	71.01
韭菜	234.503	94.279（茎和叶）		135.754	48.91

6.4.3　植物叶片吸附与吸收重金属

除了植物的根系吸附和吸收重金属外，植物的叶片能够吸附、吸收并累积大气环境中的重金属气溶胶，因此利用植物进行大气重金属污染监测被广泛应用。

在某些大气铅浓度较高的地区，研究发现叶片的吸附与吸收对植物积聚铅的贡献要比根系吸收再向地上部位转移大得多，例如莴苣等蔬菜叶片中铅的超标率要高很多。有学者利用同位素跟踪技术发现，钻叶紫苑叶片中铅的贡献率超过了 70%，不同品种的茶叶表面吸附的铅占总铅的 30%~50%。

叶片的面积、气孔密度、叶片表面理化性质、叶片生长姿态等因素均会影响叶片对重金属的吸附能力。大多数植物气孔的尺度都在纳米级，因此纳米态重金属颗粒能够直接进入植物叶片。有学者研究发现，生菜叶片张开气孔内存在纳米级铅颗粒，其中某些是活性高、容易氧化的含铅颗粒，如 PbS 等，最终会以亲水或亲脂的方式通过叶片角质层的水孔和气孔，转化为 PbO，$PbSO_4$ 或 $PbCO_3$ 等形态储存在叶片内部。

根据叶片吸附重金属离子的概念，有两位航空航天专家，设计培育出一棵枝叶繁茂的大树，将室内屋顶全覆盖，人置身其中，好像进入丛林。通过多年研究低层大气的流动特性和各种颗粒在大气中的扩散规律发现，治理空气污染必须室内外共同治理，否则将顾此失彼，这就是所谓的"当量树"。每棵"当量树"能栽培上千株草本植物，采用无土栽培技术，纯净水浇灌，自然美观，安装拆卸简单快捷。一棵"当量树"叶表总面积与一棵自然大树总面积相当。"当量树"通过蒸腾作用，释放出负氧离子和水蒸气，捕捉室内空气中的 $PM_{2.5}$ 微粒，一起沉降，从而降低室内 $PM_{2.5}$ 的浓度。试验表明，"当量树"可使室内 $PM_{2.5}$ 的浓度降低到室外的一半或 1/3 以下。

6.4.4 植物累积重金属的指标

植物对重金属的吸收和累积各有不同，有些重金属是拒绝吸收，有些是低吸收，还有些是过量吸收。要讨论植物对重金属元素的吸收或富集能力，通常考虑地上部分含量和地下部分含量。但植物中重金属元素的含量一般都与植物生长的土壤中重金属含量有密切关系。它会随着土壤中含量的升高而升高，因此，植物体内重金属元素含量的多少并不能反映植物对土壤中重金属的富集情况。鉴于以上情况，植物对重金属的吸收和累积程度，一般用富集系数和转移系数两个指标表示。

1. 富集系数

生物富集系数也称吸收系数，是指植物中某元素浓度与土壤中该元素浓度之比，即

$$生物富集系数 = \frac{植物体内某元素浓度}{该元素在土壤中的浓度} \tag{6-2}$$

富集系数被用来评价土壤—植物体系中元素迁移的难易程度，是植物将重金属转移到体内能力大小的评价指标。富集系数高，表明植物地上部分重金属富集量大。例如，以植物对 Cd 的吸收累积的能力可分为：

低积类型：豆科（大豆、豌豆）；

中积类型：禾本科（水稻、大麦、小麦、玉米、高粱）、百合科（洋葱、韭菜）、葫芦科（黄瓜、南瓜）、伞形科（胡萝卜、欧芹）；

高积类型：十字花科（油菜、萝卜、芜菁）、藜科（唐葛芭、甜菜）、茄科（番茄、茄子）、菊科（莴苣）。

2. 转移系数

转移系数又称转运系数或转移因子，是指植物地上部分吸收某种重金属含量与地下部分该种重金属含量之比，它可用来评价植物将重金属从地下部分向地上部分运输和富集的能力，可用式（6-3）表示：

$$转移系数 = \frac{植物地上部分重金属含量}{地下部分重金属含量} \tag{6-3}$$

转移系数虽反映了植物对重金属的吸收能力和转运能力，但它忽略了植物吸收的重金属总量与植物生物量的关系。例如某种植物吸收系数和转移系数均较小，只要其生物量很大，以致该植物对重金属元素吸收总量比其他植物大，则该植物吸收重金属的能力强。

评价蔬菜的富集能力可分成强、中、弱和抗富集四类。例如部分蔬菜对 Cd 的富集可分为三类，如表 6-5 所示。

表 6-5   蔬菜对 Cd 的富集能力

等级	富集系数	蔬菜种类
低富集蔬菜	$<1.5\%$	黄瓜、豇豆、花椰菜、甘蓝、冬瓜
中富集蔬菜	$1.5\% \sim 4.5\%$	莴苣、马铃薯、萝卜、葱、洋葱
高富集蔬菜	$>4.5\%$	菠菜、芹菜、小白菜

通过对我国 25 个玉米品种对 Pb 的吸收调研，富集系数为 $0.005 \sim 0.018$，转运系数为 $0.013 \sim 0.084$，两个系数均小于 1，说明地上部分对 Pb 的吸收能力较弱，且地下部分向地

上部分转运能力也较弱。

　　研究表明，叶菜类易吸收富集 Cd 和 Hg，豆类易吸收富集 Zn，Cu，Pb 和 As，瓜类则易吸收富集 Cr。吸收富集重金属能力以叶菜类最强，豆类、瓜类、葱蒜类、茄果类、根茎类次之。对于人类的健康，尽量选择富集能力低的蔬菜为宜。对土壤的修复则应种植高富集能力的品种。表 6-6 所示为不同植物对 Pb，Zn，Cd 的富集系数和转运系数。

表 6-6　　　　　　　　　　　　不同植物对 **Pb，Zn，Cd 的富集系数和转运系数**

植物名称	Pb		Zn		Cd	
	富集系数	转运系数	富集系数	转运系数	富集系数	转运系数
狗牙根	0.45	4.91	0.46	1.49	0.99	1.33
龙葵	0.10	0.82	0.06	0.10	0.54	1.40
土豆	0.13	1.93	0.15	2.57	0.53	2.48
野葵	0.12	1.30	0.11	4.12	0.78	2.50
白茅	0.28	0.29	0.65	0.09	1.16	0.40
芨芨草	0.45	0.18	0.60	0.43	1.71	0.36
莎草	0.68	0.37	1.02	0.48	1.58	0.34

　　表中 7 种植物是研究者从云南会泽铅锌矿区采集分析得到的资料，发现芨芨草和莎草两种植物体内 Pb 含量均大于 1 000 mg/kg，超过了富集植物的临界标准，但吸收的 Pb 主要富集在根部，莎草对锌元素的修复具有巨大潜力。

　　此外，蜈蚣草对砷元素有很强的耐受能力，而且还具有生长快、生物量大、地理分布广、适应性强的优点，东南景天是一种锌镉超富集植物，也是值得注意的。

6.5　植物修复重金属污染的土壤

　　植物修复是近年来发展起来的土壤重金属污染治理修复技术之一，其概念是利用超富集植物大量吸收、累积、转移土壤中的重金属，当植物成熟收割后，带走土壤中大量重金属，再进一步将重金属提纯为工业废料，从而达到修复土壤及变废为宝的双重目的。

6.5.1　超富集植物的定义和标准

　　超富集植物，最早是 1583 年意大利植物学家 Cedalpin 首次发现在利托斯卡纳"黑色的岩石"上生长的特殊植物，能够超量吸收和累积重金属。19 世纪各国植物学家不断研究，直至 1977 年，德国科学家 Brooks 提出了重金属超富集植物的概念。

　　超富集植物是指从土壤中超量吸收重金属并能转移到地上的植物，一般认为超富集植物富集重金属含量超过一般植物的 100 倍以上，且不影响正常生长。1983 年，Chaney 提出了利用超富集植物清除土壤重金属污染的思想，将某种特定的植物种植在重金属污染的土壤上，待植物收获并进行妥善处理（如灰化回收）后，可将重金属移出土体，达到污染治理与恢复生态的目的。1989 年，Baker 和 Brooks 重新定义了超富集植物，规定了各种重金属的最低富集含量（表 6-7），且地上部分重金属含量大于地下部分的本地植物，就称为超富集植物。

表 6-7　　　　　　　　　　　　　　超富集植物重金属临界含量

重金属元素	临界含量/(mg·kg⁻¹)	重金属元素	临界含量/(mg·kg⁻¹)
Cd	100	Zn	10 000
Pb	1 000	Mn	10 000
Cu	1 000	As	1 000
Co	1 000	Cr	100
Ni	1 000	Hg	10

超富集植物至少应同时具有以下 4 个基本特征：

（1）耐性特征，即对重金属具有较强的耐性，在高含量土壤条件下，都能正常生长。

（2）植物富集系数大于 1，即植物体内重金属含量大于土壤中含量，富集系数越大，表示该植物累积能力越强。

（3）植物的转运系数大于 1，即植物地上部分的含量高于地下部分。转移系数越大，说明植物根部向地上部分运输重金属的能力越强，越利于植物重金属的提取和修复。

（4）超过临界含量 10～500 倍条件下，植物正常生长，不受影响。

此外，富集植物还必须考虑植物的生长速度快、生长周期短、根系组织发达、地上部分生物产量高、气候适应性强，种植管理技术成熟，收割物后处理和管理风险小。

目前已被确认的超富集植物有 700 多种。例如天蓝遏蓝菜是世界公认的锌镉超富集植物，其在镉含量为 1 020 mg/kg 的土壤上生长 5 周后，叶片中的镉含量达到 1 800 mg/kg，在锌污染土壤上生长的地上部分锌含量可达 1 300～21 000 mg/kg。蜈蚣草是砷的超富集植物，在砷含量为 810～1 400 mg/kg 的土壤上生长，其叶片中砷含量可高达 4 240～6 030 mg/kg。土荆芥是铅的超富集植物，其体内含量可达 3 888 mg/kg。

6.5.2　作物-超富集重金属植物间作可提高土壤修复效率

作物-超富集植物间作是指在同一块土地上，于同一生长周期内，分行或分带相间种植作物和超富集重金属植物的种植方式。我国对大面积受中、低度重金属污染的农田土壤采用间作修复模式可以达到"边生产边修复"的目的，极大地提高了土地的利用率。下面举若干实例加以说明。

实例 1：续断菊与玉米间作，结果使超富集镉的续断菊体内镉含量提高了 31.4%～79.7%，而玉米体内的镉含量降低了 18.9%～49.6%。

实例 2：超富集锌的东南景天与低累积作物玉米套种，显著提高了东南景天吸收锌的效率，其体内锌含量达到了 9 910 mg/kg，为单种时的 1.5 倍，而玉米籽粒体内锌含量达到了食品和饲料卫生标准。

实例 3：砷超富集植物大叶井口边草与玉米套种，大叶井口边草地上部分对砷的吸收量提高了 41%。

实例 4：超富集铅的小花南芥与蚕豆间作，显著降低了土壤中铁锰氧化物结合态和有机结合态铅的含量，说明间作改变了铅在土壤中存在的形态。

重金属超富集植物和低富集植物在同一单元土壤中，低富集植物减少对重金属的吸收量，同时超富集植物提取重金属的效率提高，其机理主要有以下几个方面：

（1）优先吸收的机理，两种植物吸收能力有差异，前者对重金属吸引力强，聚集重金属快，造成两植物根系之间重金属的浓度差。

（2）两种植物根系分泌物的差异。一种植物根系分泌物可以在土壤中扩散到另一种植物根系，改变土壤中重金属的有效性，从而影响另一种植物对重金属的吸收。

（3）两种植物在富含重金属土壤中，改变生存环境后，可通过氧化还原作用或分泌出质子等方式改变土壤中微生物的数量和种类，从而增加土壤中可溶态重金属的量。近年来，固氮菌、菌根真菌和放线菌等微生物也被利用到土壤修复中，培养筛选出特定的微生物，然后与特定的共生植物相匹配，协调发挥作用，提高修复效率。

（4）两种植物根系分泌物对土壤中酶的活性造成一定影响，造成抑制作用。试验表明，间作土壤酶的活动都高于单体。

6.5.3 提高植物修复效率的调控方法

进入土壤中的大部分重金属，或与土壤中的有机物结合形成不溶性沉淀，或被吸附在土壤颗粒表面，以可溶态存在的量极少。可交换态易被植物利用吸收，碳酸结合态和铁锰结合态在氧化还原电位和 pH 改变时也会释放到水体中而易被吸收，但有机结合态不容易被生物吸收。因此，除残渣态外，其余形态的重金属都可被直接或间接吸收。所以，随着土壤的组成、酸度和氧化还原状况的变化，可通过调控土壤性质，活化根际中的重金属，增加土壤重金属的生物有效性。

1. 调节土壤的 pH 值

土壤 pH 值是土壤化学性质的综合反映之一，不仅影响土壤矿物的溶解度，而且影响土壤溶液中重金属化学行为及重金属的植物有效性。土壤中重金属的有效性通常随 pH 值的降低而升高，强酸性土壤易出现植物中毒，而碱性土壤易诱发植物重金属缺乏。

降低土壤 pH 值的方法有两种：一是直接酸化，即将稀释的浓硫酸直接喷洒在土壤表面，然后通过机械方法将酸与土壤充分混匀；二是使用酸性肥料（如铵态氮肥）或土壤酸化剂，使土壤 pH 值降低，H^+ 增多，吸附在胶体和矿物表面的重金属阳离子与 H^+ 交换，大量的重金属离子从胶体和矿物颗粒表面解吸出来进入土壤溶液。

2. 调控土壤氧化还原电位

氧化还原电位改变，会使土壤重金属的化学价态发生变化，重金属的生物有效性也随之改变，如 Cr，As，Hg 等，在土壤根际环境中以多种价态存在。以 As 为例，渍水条件下，以 As^{3+} 形态存在，而干旱条件下，则以 As^{5+} 形态存在，As^{5+} 较 As^{3+} 易溶 4~10 倍，因此其毒性也显著高于 As^{3+}。与此相似，还原条件下，Cr，Hg 分别以 Cr^{3+}，Hg^+ 形式存在，较其氧化条件下 Cr^{6+}，Hg^{2+} 毒性大得多。当氧化还原电位提高时，土壤中一般重金属的溶解度会有不同程度的增加。

此外，土壤中大多数重金属是亲硫元素。当氧化还原电位提高时，硫化物易发生氧化而使重金属释放出来，导致土壤溶液中重金属含量提高。

3. 调控土壤有机质

土壤有机质具有胶体特性，能够吸附较多的阳离子，土壤中溶解性有机质官能团可以结合土壤中的重金属，增加其在土壤中的迁移性，改变重金属从土壤中迁移到植物根际环境的过程。

4. 调节土壤水分状况

调节土壤水分可以控制重金属在土壤—植物根系之间的迁移，增强重金属的活性，提高超累积植物对土壤的修复作用。土壤湿度较高的情况下还原性增强，通常使有效态重金属含量增加，频繁的干湿交替可以加剧重金属的还原。

5. 土壤微生物作用

土壤微生物可通过分泌金属整合物，酸化、溶解金属磷酸化合物，改变土壤氧化还原电位等途径，影响土壤中重金属的移动性和生物有效性。

参考文献

龚子同,陈鸿昭,张甘霖,2015.寂静的土壤 理念·文化·梦想[M].北京:科学出版社.
李元,祖艳群,2017.重金属污染生态与生态修复[M].北京:科学出版社.

第7章　填埋场的稳定性分析

7.1　填埋场稳定性的破坏类型

近年来，对填埋场设计、施工、填埋、封闭后的监测及对新填埋场的维护，主要集中在保护周边地下水和大气不被严重污染。但自从20世纪80年代以来，美国、巴西、中国等很多地方相继出现填埋场稳定性破坏的现象，造成不可估量的损失，对周边环境产生灾难性的后果。因此，稳定问题现在仍是填埋场设计、施工、填埋和封闭过程中的关键问题之一。

过去通常认为填埋场边坡失稳后可以将城市固体废弃物放回原来的位置而使这一问题得到解决，所以填埋场的稳定问题在很长一段时间内都没有引起足够的重视。随着衬垫系统及渗滤液收集和排放系统的引进，这些系统的完整性开始引起人们的注意，如果边坡的失稳和滑移造成上述系统的破坏，就会引起固体废弃物中渗滤液的泄漏，污染周围的地下水，臭气蔓延，病菌流行，给周围环境和居民造成难以挽回的损失。钱学德（2011）对历年出现的填埋场事故进行了详尽的统计与分析，如：1988年，位于美国Kettleman山的一个垃圾填埋场沿背坡和底部土工合成材料衬垫界面发生了失稳，约49万m³危险废弃物水平位移达到35 ft（约10.67 m），修复工作大费周折（Mitchell等，1990）；1996年3月9日，美国中东部的俄亥俄州辛辛那提发生了历史上最大的固体废弃物填埋体的滑坡，约120万m³的填埋体发生了失稳滑动；1997年，南美洲发生了当时世界上最大的填埋场失稳破坏，产生滑移破坏的垃圾体积达到120万m³，垃圾体在大约20 min内滑移距离长达1 500 m；1997年，南非一座正在进行侧向扩容的垃圾填埋场在48 h的降雨后，约30万m³的填埋体沿侧向新老垃圾的界面和底部土工布与土工膜界面发生滑移破坏；中国南方城市的一个大型填埋场在2008年6月连续强降雨期间，垃圾坝前堆体边坡发生了失稳事件。这一切为填埋场的运营、扩容和稳定提供了深刻的教训。然而，如果过分强调填埋体的稳定就会导致坡度过缓而减少填埋场的容量以及服务年限，从而降低其经济效益。所以，填埋场的稳定是填埋场系统设计和分析的一个重要问题。许多学者（Seed等，1990；Qian等，2004；Eid等，2002）也对填埋场的稳定问题作了深入细致的研究。

城市固体废弃物填埋场可能发生的破坏模式大致分为以下五种（Mitchell，1992）：①边坡及坡底破坏；②衬垫系统从锚沟中脱出向下滑动；③沿固体废弃物内部破坏；④穿过废弃物和地基发生破坏；⑤沿衬垫系统破坏。钱学德（2011）和Koerner（2000）等对国际上近年来发生的15起大型垃圾填埋场失稳破坏实例进行了调查和研究，其中11个是垃圾体沿衬垫系统的平移破坏，仅4个是垃圾体内部的圆弧滑动破坏，并且所有含土工衬垫的填埋场的破坏形式都是衬垫系统的平移破坏。

固体废弃物填埋场会沿复合衬垫系统内强度较低的接触面向下滑动，这种滑动的稳定性常受接触面抗剪强度、填埋场的几何性状及其容重的变化等因素的影响。

对填埋场边坡的稳定分析，目前仍多采用传统土力学中的边坡稳定分析方法。沿衬垫系统和覆盖系统的滑动破坏取决于系统各组成部分接触面上可利用的抗剪强度。对于这两种破坏形式的验算，在于如何准确确定各不同接触面上的摩擦角和凝聚力（Mitchell 等，1990）。衬垫后土体的破坏验算，可先确定土体的工程性质和抗剪强度参数，按常规方法验算边坡的稳定性。填埋场内的固体废弃物由于自身重力作用和渗滤液的影响，其内部也会产生稳定问题，对其进行边坡稳定分析时，关键在于抗剪强度参数的选择，固体废弃物内摩擦角很高，变化幅度也较大（Singh，Murphy，1990）。在进行边坡稳定分析时，应考虑固体废弃物特殊的变形和强度特性，城市固体废弃物在发生较大的变形时，才达到极限强度，但这在填埋场中是不允许的，应根据各种系统的极限变形要求来确定固体废弃物的强度参数。除了固体废弃物的强度对填埋场的稳定影响很大，填埋体中淋滤液的饱和度、边坡角度和浸润线埋深对填埋场的稳定影响也很大（陈云敏 等，2000）。

7.2　降雨入渗作用下填埋场的稳定性分析

由于降雨导致的垃圾堆体滑坡失稳的灾害时有发生，如 2000 年 7 月 10 日，马尼拉垃圾填埋场因连降暴雨而滑塌，死亡百余人，受伤千余人，塌下的垃圾厚度高达 10 m；2002 年 6 月 14 日，重庆沙坪坝凉枫垭垃圾填埋场因暴雨而滑塌，40 万 m³ 的垃圾将山坳碎石厂的三层建筑物吞没，造成 10 人死亡。在众多垃圾填埋场可能发生的灾害中，滑坡是极其重要的一个方面，而降雨入渗也是边坡稳定性的重要影响因素，Koerner 等（2000）对 10 起填埋场灾害进行分析，发现大量填埋场失稳是由渗滤液引起的。

从 20 世纪 20 年代开始，渗流对工程的影响受到工程界的广泛关注。许多学者相继进行了大量研究工作，并取得颇有价值的研究成果。垃圾填埋场边坡静力稳定分析最早于 1991 年由 Mitchell 等提出，他们对美国加州 Kettleman 山的一个垃圾填埋场进行了土工稳定分析，并提出了填埋场设计施工的指导建议，此后国内外学者对填埋场边坡稳定问题进行了许多研究工作，取得了显著的成果。邱文（2011）经计算研究发现，非饱和土边坡的稳定性与基质吸力有着密切的关系，当基质吸力随着外界环境发生变化时，边坡的稳定性也随之发生改变。曾玲等（2014）提出一种基于饱和-非饱和渗流及非饱和抗剪强度理论的路堤边坡稳定性分析方法，并利用该方法对算例边坡的降雨入渗过程及瞬态稳定性进行了研究。天津大学刘晓立（2006）基于降雨入渗对垃圾边坡的渗流作用，考虑垃圾土体的土工特性与一般意义上土体的显著区别，研究了降雨作用下垃圾填埋场边坡的稳定机理和破坏模式。张文杰等（2007）结合苏州七子山垃圾填埋场的工程项目，通过室内试验量测垃圾饱和渗透系数并绘制土-水特征曲线，推导了渗透模型，计算结果表明，推导出的渗透性模型可以用于垃圾的非饱和-饱和渗流分析。基于简化降水边界，结合饱和-非饱和渗流理论，Chao 等（2012）利用有限元软件模拟了雨水渗流作用下的边坡问题。张广年（2013）研究发现，降雨持时及降雨强度是影响边坡稳定性的两个重要方面。土的入渗能力是斜坡稳定性的重要控制因素，暴雨重现期及暴雨的降雨量决定了暴雨对斜坡稳定性的影响。降雨渗流影响具有一定的范围，长期且连续的降雨对边坡稳定性影响较大。

总结现有研究成果可以发现，针对降雨入渗作用下垃圾堆体的边坡稳定分析与计算的研究并不多见，因此本章拟通过理论与工程实例相结合，研究降雨入渗下填埋场边坡稳定性的理论体系，研究降雨持时、强度、模式对边坡稳定性的影响，并通过工程实例对提出的模型进行验证和修正。本章研究内容将进一步完善我国在填埋场降雨渗透作用机理、设计方法和工程应用等方面的研究成果，为相关规范的编制提供理论和实践依据，为填埋场的新建、改建和扩建等进一步应用提供宝贵经验，对低碳经济的施行和可持续发展起到重要的推动作用。

7.2.1 垃圾土的土-水曲线与渗透性函数

垃圾土具有大孔隙，是高度非均质材料，其渗透特性不同于一般工程上的土，一般认为优势流的发生使其中的水分运移规律更加复杂（Mccreanor，1997）。Stegmann 和 Ehrigtv（1989）指出，随着垃圾的降解和压缩，填埋场内介质逐渐均质化，孔隙体积减小，在年久的垃圾中优势流的发生概率大大降低，这时垃圾中的渗流较符合达西定律，类似于多孔介质中的非饱和-饱和渗流。Straub 和 LynchIsl（1982）最早将非饱和渗流理论应用于垃圾填埋场的研究。Korfiatis 等（1984）以 Richard 非饱和渗流方程为基础，建立了一维非饱和渗流数值模型。虽然上述研究对含水率、基质吸力和渗透性的关系仅进行了简单描述，但其对非饱和渗流理论在垃圾填埋场领域的应用方面则进行了很有价值的尝试。Stoltz 等（2012）利用原始试验设备，研究了经历压缩并完成多孔介质结构演变的城市固体废弃物的保水性，并得出了不同样本的保水曲线。Reddy 等（2017）利用数值二相流模型，预测经受渗滤液回灌的不饱和固体废弃物的水力特性（含水率和孔隙水压力）、力学特性（应力-应变关系）和填埋场垃圾流体的耦合作用。

张文杰等（2007）为了解垃圾的持水特性，对埋深 3~5 m 的垃圾进行了压力板仪试验，所得垃圾土-水特征曲线如图 7-1 所示。

由于垃圾具有大孔隙特性，大孔隙中的水很容易排出，故垃圾的土-水特征曲线在基质吸力较低（接近 0 kPa）时为陡降段，故垃圾的进气值接近 0 kPa，这是新鲜垃圾的土-水特征曲线的一个重要特征。

垃圾高度非均质的特性决定了垃圾的非饱和渗透系数难以直接量测，故采用间接方法。如前所述，垃圾的非饱和渗透性系数 k_w 是孔隙水压力（或体积含水率）的函数，用 Campbell 公式计算不同体积含水率时垃圾的渗透性为

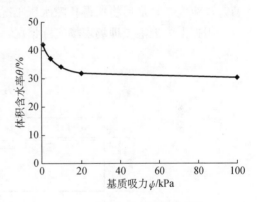

图 7-1 垃圾土的土-水特征曲线

$$\left. \begin{array}{l} k_w = k_s S_e^n \\ S_e = \dfrac{\theta - \theta_r}{\theta_s - \theta_r} \end{array} \right\} \tag{7-1}$$

式中，k_s 为饱和渗透系数；S_e 为有效饱和度；θ 为体积含水率；θ_s 为饱和含水率；n 为拟合常数，且有 $n = 3 + 2/\lambda$，其中 λ 可由 Brooks-Corey 公式，通过土-水特征曲线上任意两点的基质吸力和体积含水率求得；θ_r 为残余含水率，由试验结果可知，$\theta_r - 33\%$。

Brooks-Corey 公式可表述为

$$S_e = \left(\frac{\psi}{\psi_c}\right)^{-\lambda} \tag{7-2}$$

式中，ψ 为基质吸力；ψ_c，λ 均为待定常数。从土-水特征曲线上取代表性的两点（如 $\psi = 1$ kPa 和 $\psi = 33$ kPa 及其对应的 θ 值），求解式(7-2)得到 ψ_c 和 λ 两个拟合常数，并将其代入式(7-1)后可得渗透系数 k_w 与含水率 θ 的关系，由土-水特征曲线上基质吸力与含水率的对应关系，得到渗透系数与基质吸力的关系曲线，即渗透性函数曲线(图7-2)。

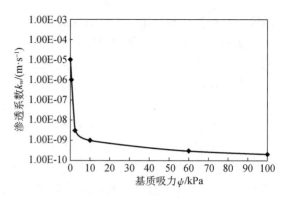

图 7-2　垃圾土的渗透性函数曲线

从图 7-2 中可以看出，含水率降低，垃圾渗透系数急剧减小，推导出的渗透性函数在基质吸力较小时存在陡降段，这是因为大孔隙中的水排出导致过水截面积比减小，垃圾的渗透系数由于渗流路径挠曲度急剧增加而迅速减小。

7.2.2 降雨对填埋场边坡稳定性影响的实例分析

1. 基本模型

GeoStudio 是一套专业、高效而且功能强大的岩土工程和岩土环境模拟计算的仿真软件。在本节对填埋场边坡稳定性分析中，首先使用 SEEP/W 进行稳态渗流模拟，而后进行暂态渗流模拟，最后将所得孔隙水压工况导入 SLOPE/W 中进行稳定性分析。

根据上海老港填埋场现场实际情况，选择基本模型的几何尺寸如图 7-3 所示。

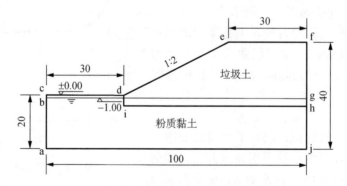

图 7-3　基本模型的几何尺寸 （单位：m）

图 7-3 中，坡度为 1∶2，垃圾土堆载高度为 20 m，在软件模拟过程中，需要分析降雨入渗情况下坡度、垃圾土堆载高度对边坡稳定性的影响，因此会根据需要在模拟过程中调整坡度及堆载高度。数值模拟过程中，垃圾土及下层粉质黏土的各项物理参数按表 7-1 选用。

表 7-1　　　　　　　　　　　　　　垃圾土及粉质黏土的各项物理参数

土层名称	饱和含水率/%	残余含水率/%	饱和渗流系数 k_s/(m·s^{-1})	重度 r/(kN·m^{-3})	c/kPa	ϕ'/(°)
垃圾土	42	30	1×10^{-5}	15.3	8	17
粉质黏土	50	10	1×10^{-7}	18	13	29

垃圾土的土-水曲线及渗透性函数采用图 7-1 和图 7-2 中的数据，粉质黏土的土-水曲线及渗透性函数采用 Fredlund-Xing 等式进行模拟，取 $a=300$ kPa，$m=1$，$n=1$。

数值模拟过程中，降雨通过边界流量来实现。假设排水良好，表面无积水，降雨参数按《室外排水设计规范》（GB 50014—2006）选用。通过计算，本节选取特征降雨持时为 1 h，8 h，24 h，120 h，特征降雨强度为 6×10^{-7} m/s，2×10^{-6} m/s，5×10^{-6} m/s，2×10^{-5} m/s。

边界条件的设置如下：bc，fg，aj 的边界流量为 0 m/s；ab，gj 的总水头 $H=-1$ m；cd，ef 的边界流量为降雨强度 q；de 的边界流量为 $\sqrt{3}q/2$（随着坡度不同做相应修改）。

初始条件设置为地下水高度为 -1.00 m，首先假设降雨量为 0。

2. 数值模拟结果及分析

（1）孔隙水压力随时间的变化

按图 7-3 建立模型，将前述参数输入，在模拟降雨前，使用稳态分析软件计算出初始边坡空隙水压力，结果如图 7-4 所示。

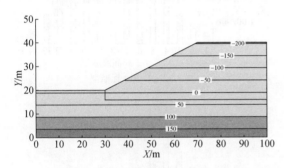

图 7-4 初始孔隙水压力（单位：kPa）　　　图 7-5 经过 8 h 降雨后孔隙水压力（单位：kPa）

取降雨强度为 5×10^{-6} m/s 进行瞬态分析，可得到不同时间的孔隙水压力，8 h 后的孔隙水压力如图 7-5 所示。

（2）降雨强度和降雨持时对边坡稳定性的影响

将上述所得孔隙水压力输入 SLOPE/W 软件中，可计算出边坡稳定性系数随时间的变化曲线（图 7-6），图中一、二、三、四等降雨分别对应前述 4 种降雨强度：6×10^{-7} m/s，2×10^{-6} m/s，5×10^{-6} m/s，2×10^{-5} m/s。

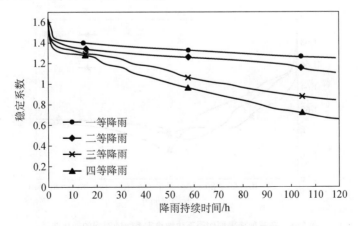

图 7-6 边坡稳定性系数随时间的变化曲线

由图 7-6 可以看出，随着降雨强度的增大和降雨的持续，稳定系数在逐渐减小。在降雨中期，稳定系数下降较快，因初期雨水入渗使坡体内孔隙水压力大幅减小，导致抗剪强度等相应减小，稳定系数随之大幅下降。而在降雨初期，垃圾土的含水率不高，其入渗能力有限，二、三、四等降雨在初期表现相似，可以理解为，二等降雨已满足其入渗需求，降雨强度的提高无法使入渗量增加，提高部分的降雨量将形成坡面径流而排走。降雨初期阶段过去之后，边坡稳定系数随着时间的推移成一定比例逐渐降低，并且降雨强度越大，比例越大。

在实际中，降雨强度并不一定是均匀的，会有不同模式，本节选取三种降雨型（图 7-7）进行模拟，分析不同降雨模式下边坡稳定性系数的变化曲线（图 7-8）。

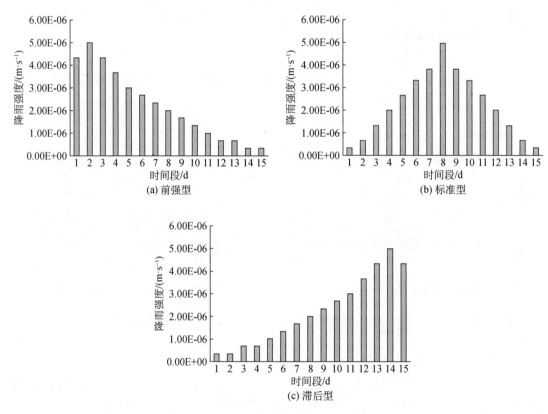

图 7-7　三种降雨型在各时间段的降雨强度

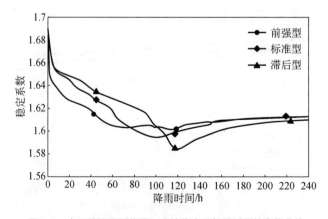

图 7-8　在三种降雨型作用下边坡稳定系数随时间的变化曲线

172

由图 7-8 可以看出，三种降雨型相比，滞后型降雨对边坡稳定性最不利，其次是标准型，这与 Rahimi 等（2011）的结论基本相似。推测由于前强型降雨在早期由于渗入速率有限，会造成多数降雨随坡面排走，这对边坡的稳定性是有利的，而滞后型降雨在降雨末期达到最大降雨强度，此时由于之前的降雨使得渗入速率提高，则强降雨发挥其最大作用，使稳定系数急剧降低，这与图 7-8 中滞后型降雨的稳定系数变化曲线相吻合。

在标准型和前强型降雨模式下，在前 120 h 降雨结束前稳定系数就已经开始升高，这是由于随着降雨减弱，雨水的入渗量开始减弱并小于垃圾土中雨水的流失量，使稳定系数升高。而滞后型降雨则是降雨强度急速减小为零，没有一个缓慢变化的过程，所以其在 120 h 降雨结束时，稳定系数相比于前强型和标准型升高较快，但由于前期降雨作用，其相同时间内稳定系数仍比另外两种雨型要小。

本节数值模拟分析结果表明，滞后型降雨对边坡稳定性最不利。在实际工程中，施工单位或运营管理单位需要密切关注天气情况，如果遇到滞后型降雨且降雨强度较大，需要及早结合 SLOPE/W 软件进行填埋场边坡安全性计算，根据降雨强度计算填埋场边坡的稳定系数。如填埋场边坡稳定系数过小，则需采取疏干降水、削坡减载、反压坡脚或人工支挡等加固措施。

7.3 地震作用下填埋场的稳定性分析

在动力荷载作用下，填埋场可能会发生稳定性破坏，同时地基土和垃圾土在复杂荷载往复作用下可能会产生地基沉降以及废弃物堆积体沉降，而过大的不均匀沉降亦会导致填埋场衬垫系统甚至最终覆盖系统的破坏，使渗滤液及污染气体弥散，对周围环境及居民生活产生极恶劣的影响。故对填埋场的动力特性进行分析很有必要。

目前，国内外专家学者已经对填埋场的动力特性进行了一系列研究，主要采用二维动力分析方法和一维动力分析方法。1994 年，美国 Northridge 地震发生时，现场得到地震记录为填埋场的地震响应分析提供了很好的研究数据，此后，国内外出现了很多填埋场动力特性方面的研究。目前，垃圾填埋场动力分析方法主要包括拟静力法、等效线性分析法和非线性分析方法。Augello 等（1997）基于垃圾填埋场数据，采用等效线性化一维波动分析程序 SHAKE91，将垃圾填埋场简化为土桩，分析了填埋场高度、下卧土层属性、垃圾土初始模量等因素对填埋场地震响应的影响。Thusyanthan 等（2005）通过离心机试验，研究了土工膜在动力荷载下的受拉特性，模拟填埋场衬垫系统受动力荷载作用产生的响应。Psarropoulos 等（2006）用二维有限元方法模拟了填埋场场地变化对填埋场动力响应的影响，得出填埋场的变形是地基和结构相互作用的过程，场地刚度以及地震荷载对填埋场动力响应影响很大。陈云敏等（2002）通过静力和动力有限元计算，对某填埋场边坡进行了稳定分析，并对 Newmark 法进行了改进，采用圆弧滑动面，得到了填埋场在地震作用下的永久位移。邓学晶等（2007）对典型构型填埋场的二维地震响应进行了详细计算，考察不同强度地震作用下填埋场的稳定性，评价影响填埋场稳定性的主要因素及各因素之间的相对重要性。陈云敏等（2006）结合一维等效线性动力响应分析及 Newmark 法对垃圾填埋场在地震荷载作用下沿衬垫界面的永久位移进行了分析。冯世进等（2012）采用一维多层土体的等效线性解法进行求解，研究了衬垫界面、填埋高度和场地条件对填埋场地震响应的影响规律。目前，国内对填埋场进行三维动力分析的文章较为少见，席永慧等

（2011）采用 FLAC3D 软件对填埋场稳定性进行了三维数值模拟分析，得到了填埋场的应力和位移情况以及安全系数。冯世进等（2015）采用三维稳定分析方法，分析了地震作用下填埋场不同高宽比、水平和竖向地震系数对其稳定性的影响。

二维有限元分析难以模拟结构整体效应，将三维实体简化为二维模型所进行的假设难免出现系统误差，且无法体现二维模型在平面方向的材料变化。相比于二维分析，三维分析能够更好地还原实际工程状况，可以避免二维模型简化计算而产生的系统误差。本节以上海老港填埋场四期工程为例，利用通用有限元软件对填埋场的动力响应特性进行三维数值模拟分析，研究了填埋体堆载高度、填埋体边坡坡度、填埋体平面尺寸对填埋场动力响应的影响。

7.3.1 计算模型建立以及动荷载选择

本节通过 ANSYS 建模，采用如下基本假定：①每一层土为均质、各向同性体，即每层土的性质相同，在动力作用下，各层土之间不发生脱离和相对滑动；②采用总应力分析方法，不考虑孔隙水压变化和砂土地震液化的影响，不考虑地震引起的地基沉降和失稳；③地基土体与垃圾土体均采用弹塑性本构模型；④模型边界为自由边界，可认为地震波在该面上的反射、折射等不再对结构产生显著影响。

本案例老港填埋场四期工程建于上海软土地基上，垃圾土及场地地基土参数由现场取样、试验测得，如表 7-2、表 7-3 所示。

表 7-2　　　　　　　　　　　　　　填埋场垃圾土参数

材料	容重/(kN·m^{-3})	黏聚力/kPa	内摩擦角/(°)	弹性模量/MPa	泊松比 μ
垃圾土	10.60	28.96	18.06	42.20	0.33

表 7-3　　　　　　　　　　　　　　填埋场地基土参数

地层名称	地层厚度/m	容重/(kN·m^{-3})	黏聚力/kPa	内摩擦角/(°)	弹性模量/MPa	泊松比 μ
①砂质粉土	2.00	18.50	3.80	28.80	300.00	0.30
②黏质黏土	8.00	17.80	4.00	29.70	90.00	0.30
③淤泥质黏土	8.00	17.10	10.50	10.60	7.00	0.30
④黏土	3.00	15.00	13.50	13.10	90.00	0.30
⑤粉质黏土	8.00	18.40	18.10	18.30	10.00	0.35

老港填埋场四期工程每个库区由数个单元构成，每单元约 400 m 长、180 m 宽。对不同模型进行结果分析与比较，先选取一个模型作为比较的原模型，原模型填埋体底面为 400 m×180 m 的矩形，从 −4.00 m 开始堆载，堆载高度为 30.00 m，边坡坡度为 1:2，垃圾土体顶面尺寸为 280 m×60 m，场地土体选取 1 200 m×540 m 的矩形范围，从 ±0.00 m 开始沿深度方向依次取①至⑤类土。模型上部为自由边界，四周边界条件为自由边界，模型底部为零位移约束。

建立结构阻尼矩阵的方法如下：通过 ANSYS 模态分析得出结构的第一自振频率 ω_1 和第二自振频率 ω_2，通过式（7-3）求出质量比例阻尼 a_0 和刚度比例阻尼 a_1，并通过式（7-4）得到 Ray Leigh 阻尼 c：

$$\begin{bmatrix} a_0 \\ a_1 \end{bmatrix} = \frac{2\xi}{\omega_1 + \omega_2} \begin{bmatrix} \omega_1 \omega_2 \\ 1 \end{bmatrix} \tag{7-3}$$

$$c = a_0 m + a_1 k \tag{7-4}$$

式（7-4）中，m，k 分别为结构的质量矩阵和刚度矩阵；ξ 为阻尼比，为简化计算步骤，本算例 ξ 取定值 5%；ω_1，ω_2 为振型频率。

本节动荷载加速度采用上海人工波，施加于 X 方向，所用加速度时程曲线的最大值为 $35~\text{cm/s}^2$。该人工波参考上海平原软土地基的特征，通过拟合反应谱得出，特征周期较长，为 $38.86~\text{s}$，能较好地反映上海软土地基条件下的典型地震特征。人工波加速度时程曲线如图 7-9 所示。

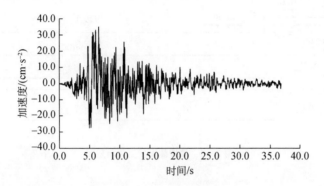

图 7-9　人工波加速度时程曲线

输入水平 X 向动力荷载，计算结果显示，填埋体与场地土体主要动力响应为 X 向响应，Y 向与 Z 向响应很小，故本节主要分析填埋体在该人工波作用下的 X 向动力响应。计算结果显示，填埋体中央轴线处动力响应较大，以填埋体中央轴线处 4 个节点作为响应测点，4 个测点标高分别为填埋体高度、1/2 填埋体高度、$\pm 0.00~\text{m}$、$-4.00~\text{m}$，测点选取如图 7-10 所示。

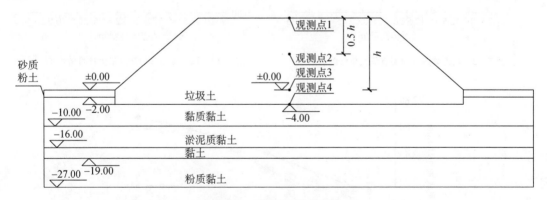

图 7-10　填埋场测点示意图

7.3.2　填埋体高度对填埋场动力响应的影响

本节通过对 10 组模型进行动力分析，研究填埋体高度对填埋场动力响应的影响。10 组模型的填埋体底面均为 $400~\text{m} \times 180~\text{m}$ 的矩形，边坡坡度为 1:2，高度分别选取 10 m，12.5 m，15 m，17.5 m，20 m，22.5 m，25 m，27.5 m，30 m，32.5 m，其余参数参照原模型，如图 7-11 所示。对 10 组模型施加同一人工波荷载，分析其动力响应，并对结果数据进行整理，提取测点 1、测点 3、测点 4 在计算时长内的最大响应，如图 7-12—图 7-14 所示。

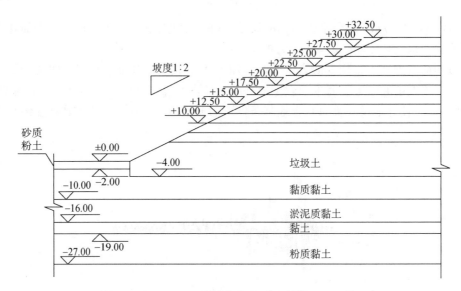

图 7-11　填埋体高度变化示意图

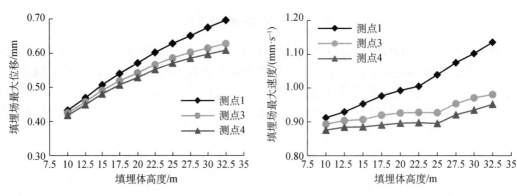

图 7-12　填埋体高度对测点最大位移的影响　　　图 7-13　填埋体高度对测点最大速度的影响

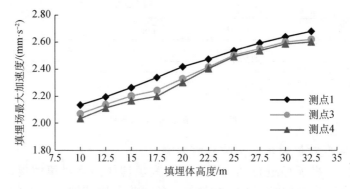

图 7-14　填埋体高度对测点最大加速度的影响

由图可知，随着填埋体高度的变化，测点的动力响应情况表现出较好的规律性。对不同填埋体模型而言，随着填埋体高度的提高，填埋体测点动力响应逐渐增大。对同一填埋场模型而言，随着测点标高的提高，测点动力响应逐渐增大。冯世进等（2012）对不同标高测点的地震响应进行分析，得出了与本节类似的规律。

出现以上情况是因为：随着填埋体高度的提高，填埋体结构侧向刚度减小，在动力荷载作用下，填埋体动力响应增大。对同一填埋场而言，填埋体类似竖向悬臂结构，在水平向动力荷载作用下，填埋体动力响应在底面最小，并随高度的增大而增大。本节研究上海软土地基条件下填埋场在动力荷载作用下的响应，试验数据较少，期待相关专家学者进一步研究，以得出更准确的规律。

7.3.3 填埋体边坡坡度对填埋场动力响应的影响

本节通过对 10 组模型进行动力分析，研究填埋体边坡坡度对填埋场动力响应的影响。10 组模型的填埋体底面均为 $400 \text{ m} \times 180 \text{ m}$ 的矩形，高度为 30 m，边坡坡度分别选取 $1:0.5$，$1:0.75$，$1:1$，$1:1.25$，$1:1.5$，$1:1.75$，$1:2$，$1:2.25$，$1:2.5$，$1:2.75$，其余参数参照原模型，填埋体坡度变化如图 7-15 所示。对 10 组模型施加同一人工波荷载，分析其动力响应，并对结果数据进行整理，提取不同边坡坡度的填埋体测点在计算时长内的最大响应，如图 7-16—图 7-18 所示。

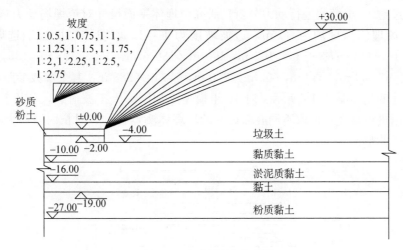

图 7-15 填埋体坡度变化示意图

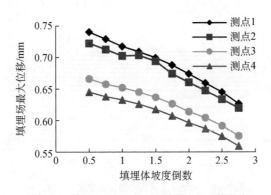

图 7-16 填埋体边坡坡度对测点最大位移的影响

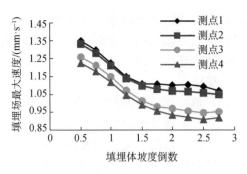

图7-17 填埋体边坡坡度对测点最大速度的影响

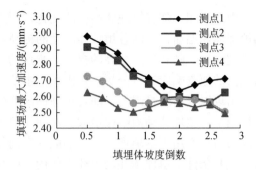

图7-18 填埋体边坡坡度对测点最大加速度的影响

由图7-16、图7-17可知，随着填埋场边坡坡度减小，填埋体测点的最大位移和最大速度逐渐减小，坡度增大会增大填埋体的截面尺寸，应变响应虽未明显变化，但位移响应增大。由图7-18可知，随着填埋场边坡坡度减小，最大加速度在坡度为1∶2时最小，但变化幅度不大，因为填埋场边坡坡度的变化并不能明显地改变填埋场的刚度与自振周期，在同一人工波的作用下，填埋场动力响应差别不明显。综合考虑测点的动力响应，填埋体坡度选取1∶2为宜。

7.3.4 填埋体平面尺寸对填埋场动力响应的影响

本节通过对10组模型进行动力分析，研究填埋体平面尺寸对填埋场动力响应的影响。10组模型的填埋体高度均为30 m，边坡坡度为1∶2，填埋体底面分别选取280 m×126 m，320 m×144 m，360 m×162 m，400 m×180 m，440 m×198 m，480 m×216 m，520 m×234 m，560 m×252 m，600 m×270 m，640 m×288 m，其余参数参照原模型，填埋体底面尺寸变化如图7-19所示。对10组模型施加同一人工波荷载，分析其动力响应，并对结果数据进行整理，提取不同底面尺寸的填埋体测点在计算时长内的最大响应，如图7-20—图7-22所示。

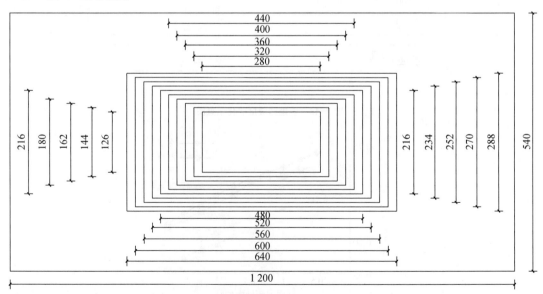

图7-19 填埋体底面尺寸变化示意图（单位：m）

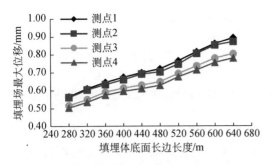

图7-20 填埋体平面尺寸对测点最大位移的影响

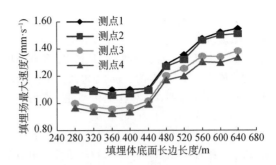

图7-21 填埋体平面尺寸对测点最大速度的影响

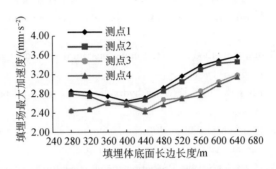

图7-22 填埋体平面尺寸对测点最大加速度的影响

由图7-20可知，随着填埋体平面尺寸的增大，测点位移响应逐渐增大。由图7-21、图7-22可知，测点速度响应与加速度响应分别于360 m×162 m与440 m×198 m两种情况下达到最小，因为填埋体平面尺寸较小时，填埋体刚度较小，易产生较大动力响应；填埋体平面尺寸较大时，刚度与自振频率的变化使填埋体的动力反应趋近共振状态，故当填埋体平面尺寸较大时，填埋体动力响应随平面尺寸的增大而增大。测点速度响应于360 m×162 m与440 m×198 m两种情况下差别极小，综合考虑测点的动力响应，填埋体底面尺寸选取440 m×198 m为宜。由图7-20—图7-22可知，随着填埋体平面尺寸的增大，测点的位移、速度与加速度的变化趋势存在一定差异，因为填埋体的位移、速度与加速度在动力计算过程中不存在线性相关关系，故填埋体位移、速度与加速度响应变化趋势不会完全相同。

参考文献

陈云敏,高登,朱斌,等,2008.垃圾填埋场沿衬垫界面的地震稳定性及永久位移分析[J].中国科学:E辑,38(1):79-94.

陈云敏,柯瀚,凌道盛,2002.城市垃圾填埋体的动力特性及地震响应[J].土木工程学报,35(3):66-72.

陈云敏,王立忠,胡亚元,等,2000.城市固体垃圾填埋场边坡稳定分析[J].土木工程学报,23(3):92-97.

邓学晶,孔宪京,刘君,2007.城市垃圾填埋场的地震响应及稳定性分析[J].岩土力学,28(10):2095-2100.

冯世进,2005.城市固体废弃物静动力强度特性及填埋场的稳定性分析[D].杭州:浙江大学.

冯世进,吴恒,李鑫,2015.地震作用下垃圾填埋场三维失稳破坏分析[J].地震工程学报,37(2):285-303.

冯世进,杨德志,2012.不同场地考虑衬垫层影响的填埋场地震响应[J].同济大学学报(自然科学版),40(7):1015-1019.

刘晓立.2006.降雨渗流作用下垃圾填埋场边坡稳定分析[D].天津:天津大学.

钱学德,施建勇,刘慧,等,2011.垃圾填埋场多层复合衬垫的破坏面特征[J].岩土工程学报,33(6):840-845.

邱文,2011.基质吸力对非饱和土边坡稳定性影响分析[J].安徽建筑工业学院学报,19(6):51-53.

席永慧,熊浩,2011.老港填埋场的稳定性三维数值模拟分析[J].结构工程师,27(5):78-84.

曾铃,付宏渊,何忠明,等,2014.饱和-非饱和渗流条件下降雨对粗粒土路堤边坡稳定性的影响[J].中南大学学报,45(10):3614-3620.

张广年,2013.降雨入渗作用下填埋场边坡稳定性研究进展[J].工业技术与产业经济,(1):23-25.

张文杰,詹良通,陈云敏,等,2007.垃圾填埋体中非饱和-饱和渗流分析[J].岩石力学与工程学报,26(1):87-93.

AUGELLO A J, BRAY J D, ABRAHAMSON N A, et al., 1998. Dynamic properties of solid waste based on back-analysis of OII landfill[J]. Journal of Geotechnical and Geoenvironmental Engineering, 124(3):211-222.

CAMPBELL G S, 1974. A simple method for determining unsaturated conductivity from moisture retention data[J]. Soil Science, 117(6):311-314.

CHAO Y, DAI C S, CARTER J P, 2012. Effect of hydraulic hysteresis on seepage analysis for unsaturated soils[J]. Computers and Geotechnics,41:36-57.

EID H T,2002. Internative shear behavior of landfill composite liner system components[C]//Proceedings of the 7th Geosynthetics International Conference, Nice, France:587-590.

FREDLUND D G,XING A,HUANG S,1994.Predicting the permeability function for unsaturated soils using the soil-water characteristic curve[J]. Canada Geotechnical Journal, 31:533-547.

KOERNER R M, SOONG T Y, 2000. Stability assessment of ten large landfill failures[C]//Proceedings of Sessions of Geo Denver(ASCE Geotechnical Special Publication),3: 1-37.

KORFIATIS G P,DEMETRACOPOULOS A C, BOURODIMOS E L, et al.,1984. Moisture transport in a solid waste column[J]. Journal of Environmental Engineering,110(4):789-797.

MCCREANOR P T,1997. Landfill leachate recirculation systems mathematical modeling and validation[D]. Orlando, Horida:Department of Civil and Environmental Engineering, University of Central Florida.

MITCHELL R A,MICHEL J K,1992.Stability evaluate of waste landfills[J]. Stability and Performance of Slope and Embankments-Berkeley,CA,7:1152-1187.

PSARROPOULOS P N, TSOMPANAKIS Y, KARABATSOS Y, 2007. Effects of local site conditions on the seismic response of municipal solid waste landfills[J]. Soil Dynamics and Earthquake Engineering, 27(6): 553-563.

QIAN X D,KOERNER R M,2004. Effect of apparent cohesion on translational failure of landfills[J]. Journal of Geotechnical and Geoenvironmental Engineering, ASCE,130(1):71-80.

RAHIME A, RAHARDJO H, LEONG E, 2011. Effect of antecedent rainfall patterns on rainfall-induced slope failure[J]. Geotechnical and Geoenvironmental Engineering, 137(5):483-491.

REDDY K R, GIRI R K, KULKARNI H S, 2017. Modeling coupled hydromechanical behavior of landfilled waste in Bioreactor landfills: Numerical formulation and validation[J]. Journal of Hazardous, Toxic, and Radioactive Waste,21(1):D4015004.

SEED R B, MITCHELL J K, SEED H B, 1990. Kettleman hills waste landfill slope failure Ⅱ : Stability analyses[J]. Journal of Geotechnical Engineering, 116(4):669-690.

SINGH S, MURPHY B J,1989. Evaluation of the stability of sanitary landfills[J]. Geotechnics of Waste Fill-Theory and Practice, ASTM STP 1070, 240-258.

STEGMANN R, EHRIG H J, 1989. Leachate production and quality — results of landfill processes and operation[C]//Proceedings of the 2nd International Landfill Symposium, Sardinia, Italy[s.n.],1-17.

STOLTZ G, TINET A J, STAUB M J, et al., 2012. Moisture retention properties of municipal solid waste in relation to compression[J]. Journal of Geotechnical and Geoenvironmental Engineering, 138 (4): 535-543.

STRAUB W A, LYNCH D R, 1982. Models of landfill leaching: moisture flow and inorganic strength[J]. Environmental Engineering Division, 108(2): 231-250.

THUSYANTHAN N I, MADABHUSHI S P G, SINGH S, 2007. Tension in geomembranes on landfill slopes under static and earthquake loading — Centrifuge study[J]. Geotextiles and Geomembranes, 25(2): 78-95.

第8章 填埋场内部气体运移规律

8.1 概述

近年来，随着工业化国家的城市化和居民消费水平的提高，城市生活垃圾的增长十分迅速。卫生填埋是我国目前处理城市生活垃圾的主要手段，随着生活垃圾填埋场的大规模建设，填埋场气体污染的控制和资源化问题变得日益突出。城市生活垃圾填埋后，废弃物中的可分解有机质经过一系列生物、化学、物理反应产生大量的填埋气体，其主要成分为二氧化碳和甲烷，均为温室气体，且甲烷为可燃气体，易引起爆炸和火灾。填埋气体中还含有一些微量有机气体，这些气体对人体危害很大，所以必须要对填埋场中的气体进行控制。

填埋场气体的产生及运移是一个极其复杂的动力学过程，其影响因素有很多，其中填埋场的沉降是不可忽略的重要因素之一。在考虑填埋场沉降的情况下研究气体的运移规律是控制和回收填埋气体的一个重要环节，且数值模拟结果还可以为填埋场抽气井的设计和施工提供一定的技术指导。本章主要研究的是在填埋场封顶后，填埋场内气体的运移规律，主要成果包括以下几个方面：

（1）深入研究填埋场内废弃物的力学特性，并阐述填埋场的沉降机理，总结目前计算填埋场沉降的模型，并分析各个模型所依据的原理及其优缺点。

（2）总结填埋场内部气体产生和运移的机制，总结填埋场的产气模型并分析各自的优缺点。

（3）根据普遍守恒定律，在进行合理的假设后，通过对填埋场沉降模型、产气模型的选择，建立填埋场内气体运移模型，并根据模型主方程的形式，提出求解方程的方法。

（4）根据已建立的模型，代入假定的参数，进行实例分析。通过实例分析总结填埋场内气体的气压的分布以及与时间的关系，并与已有模型的对比，总结本模型的优缺点。

8.1.1 控制填埋气体的原因

城市生活垃圾填入填埋场后，其含有的有机质会在不同的条件下发生生物化学反应，产生大量的填埋气体（Landfill Gas，LFG）。填埋场在封顶之前，填埋气体主要成分有氧气（O_2）、氮气（N_2）、二氧化碳（CO_2）、甲烷（CH_4）以及其他少量气体。填埋场封顶之后，填埋场内部会发生一系列的生物化学反应，待反应稳定后，填埋气体的主要成分为二氧化碳（CO_2）和甲烷（CH_4）。根据 El-Fadel（1996）的试验研究表明，按物质的量计算，填埋气体大约是由 75％的甲烷（CH_4）和 25％的二氧化碳（CO_2）组成，即 1 mol 的填埋气体中大约含有 0.75 mol 的甲烷（CH_4）和 0.25 mol 的二氧化碳（CO_2）。换算成质量百分比，甲烷（CH_4）占 52％，二氧化碳（CO_2）占 48％。这与 Emcon Associates 的填埋气体回收研究结果相近。

在美国，填埋场是最大的甲烷释放源，其释放的甲烷占美国一年释放甲烷的 1/3（El-Fadel 等，1996a）。填埋场中释放的甲烷占大气中甲烷的 7%～20%。虽然大气中甲烷的浓度比二氧化碳低 200 倍，但在过去 100 年中，甲烷对全球变暖的贡献率比二氧化碳高 23 倍。除了增加大气中温室气体的含量外，填埋气体中的甲烷还是一种具有爆炸性的气体，当填埋场中的甲烷横向运移到周围的土壤中，甲烷的含量达到爆炸临界点时，遇到明火就会发生爆炸。1983 年，由于填埋气体的横向运移，英国一栋邻近德比郡 Loscoe 填埋场的房子在填埋场封顶后发生爆炸。

填埋气体的组分除了二氧化碳、甲烷外，还含有一些微量有机气体，统称为非甲烷有机物（Non-Methane Organic Compounds，NMOC），这些气体虽然总量很小，但其中如二甲苯、含卤化合物等对人体的肝、肾等器官有毒害作用，人体若长期与之接触则有致癌的危险（Franzidis 等，2008）。

因此，必须对填埋气体进行控制。然而，填埋场中废弃物孔隙率大，成分复杂，且分布极不均匀的特性给填埋气体的控制和收集带来极大的麻烦。因此，填埋场的气体问题是城市固体废弃物填埋场的两个主要问题之一，另外一个是渗滤液问题。

此外，填埋气体中的甲烷是一种清洁能源。根据 Anurag Garg 等（2006）的研究表明，温哥华填埋场释放的填埋气体所含的能量为 2×10^8 GJ，能够满足温哥华 6 年电力所需的能量。

8.1.2　填埋气体运移的研究现状

填埋场内部的物质主要有三种形态：固态、液态和气态。固态物质主要包括固体废弃物和填埋场未封顶前每日倾倒垃圾后覆盖在废弃物之上的黏土；液态物质主要包括填埋场未封顶时渗透进入的降水以及填埋时固体废弃物本身含有的水分；气态物质主要包括填埋场空气和有机质分解时产生的气体（El-Fadel 等，1996b）。另外，填埋场内部的有机质分解除了产生气体和液体外，还会产生大量热。液态物质和气态物质会在压强差和浓度差存在时发生扩散和对流，在温差存在时，热量会从高温部分向低温部分传递，而固态废弃物在自重作用下发生沉降变形。上述四个过程是相互影响的，这也就决定了填埋气体的运移是一个复杂的过程。

8.1.2.1　填埋气体运移的影响因素

目前国内外研究填埋气体运移考虑的因素主要有：应力、沉降变形、孔隙率、有机质的分解、气体的溶解、废弃物的饱和度、土的弯曲率、渗透系数、大气压、抽气井、埋场内部温度、时效、埋深以及气体的组分等。在建立填埋气体运移模型时，如果把这些因素都考虑进去，那么方程建立起来后，将无法求解或求解过程十分复杂。因此，一般来说，为建立运移模型，一般只考虑其中的几个因素，考虑的因素越多，模型就越复杂。

由于填埋场内四个过程是同时发生的，并且是相互影响的，如果同时考虑这些过程，那么模型的求解会比较困难。目前对填埋气体运移进行模拟，一般考虑 1～2 个过程，主要考虑气体运移和填埋场沉降两个过程，或气体运移和渗滤液运移两个过程。

1. 只考虑气体的运移

只考虑气体运移过程是假设填埋场为刚性的多孔介质，填埋场在运营以及封顶之后不发生沉降，填埋场内部的温度恒定，不会出现温差。这类模型因为考虑的因素太少，所以与实际情况相差太大，可信度不高。但这类模型具有建模比较简单并且容易求解的优点，同时如果进行合理的假设和参数取值，这类模型对实际工程还是具有一定的参考价值的。Scott 等（2006）将填埋场假设为横向同性、竖向分层鲜明的刚性多孔介质，划分单元后，限定气体只在最底层且位于渗滤液液面以下的单元体中产生，气体不溶于水，因此填埋场液面处气体的体积流速等于液体的体积流速，再引入达西定律建立一个一维模型。在这个模型中考虑的因素主要是饱和度，所以建立的模型也比较简单，但与填埋场的实际情况相差太大，因此实用性不强。

在现代卫生填埋场中，一般都安装抽气井。因此，在研究现代填埋场内部气体运移时，通常都会将抽气考虑在内。Alan Young（1989）建立了一个三维的矩形截面的模型。该模型不仅考虑竖向抽气井并且考虑横向抽气管，利用质量守恒定律，在不渗透的边界条件下得到了解析解。在建立模型时，Young 主要考虑的因素有抽气井以及有机质的分解。Sumadhu 等（1995）对 Young 的模型进行了修改，引入了更合理的有机质分解模型。

在国内，陈家军等（2000）利用松散砂土并考虑填埋场气压变化小的特性进行了导气试验，以此来研究填埋场内部介质的导气性。梁冰等（2002）利用 MATLAB 数值模拟了填埋气体的运移，彭绪等（2003）研究了竖井抽气条件下的填埋气体压力分布，通过分析得出抽气井的影响半径为 37.1 m 等。这些模型都只考虑填埋气体的运移过程。

2. 考虑两种过程的耦合

考虑两种过程主要是将填埋场内部的气体运移和液体运移进行耦合，或者将气体运移与填埋场的沉降进行耦合。

填埋气体的产生是因为填埋场中的有机质在填埋场内部发生一系列生化反应后而产生的。一般来说，填埋场内部的生化反应分为两个阶段，第一阶段是有氧反应，第二阶段是厌氧反应。填埋场刚封顶时，内部含有空气，填埋场内部的主要反应为有氧反应。有机质经过有氧反应后生成二氧化碳。经过一个短暂的有氧反应时期后，填埋场内部的氧气消耗殆尽，填埋场中的生化反应开始进行厌氧反应（刘景岳 等，2007；刘富强 等，2000）。

厌氧反应一般可分为三个过程：中间介质有机酸生成过程、甲烷快速生成过程以及甲烷生成衰减过程。有机质进行厌氧分解时，并不是直接生成甲烷，而是生成有机酸，当填埋场内部有机酸含量达到一定程度且填埋场内部生成甲烷的微生物达到一定数量后，填埋场内部开始快速生成大量的甲烷。有机酸的含量越多，甲烷的生成速度越快。当大部分有机质被分解后，甲烷的生成开始衰减（刘景岳 等，2007）。

填埋气体中的二氧化碳在整个生化反应中都有生成，而甲烷只在厌氧环境下生成。整个反应过程都要求有水的参与，并且在厌氧阶段第一个过程生成的有机质都是存在于液体中的，即渗滤液中。因此，渗滤液越多，甲烷生成的速度越快。在现代填埋场的运营过程中，常常会将渗滤液回灌到填埋场内部，以保持填埋场内部的湿环境，同时为生化反应提供更多的"营养"，从而加快填埋场内部的反应（宋国英 等，1993）。另外，填埋气体和渗滤液都存在于填埋场内部的孔隙中，因此，填埋场的饱和度不仅影响填埋场内部的导气性，还影响气体的体积。所以，渗滤液的运移对填埋场内部气体的运移有很大的影响。

填埋场的沉降对填埋气体的影响主要体现在沉降改变了填埋场内部的孔隙率。孔隙率的改变也就意味着填埋气体体积和渗滤液体积的改变。由于液体的压缩性很小，而气体很容易被压缩，所以根据理想气体状态方程可知，一定数量气体的压强会因为体积的改变而改变。另外，孔隙率不同，填埋场内部的导气性也不同。

在模拟填埋气体运移的模型中考虑了两个过程，已比较接近填埋场内部的实际情况，因此这类模型比第一类模型更具有工程参考性。Raudel Sanchez 等（2010）建立了一个考虑渗滤液运移和填埋气体运移的三维数值模型。在建立模型时，只考虑有机质分解的三个过程（不考虑甲烷生成和衰减过程），将参与反应的微生物分成四种，根据参与反应的物质浓度变化建立微生物方程，并考虑饱和度，从而引入渗滤液对气体运移的影响。Li Yu 等（2009）建立了气体运移与填埋场沉降耦合的模型。模型中，假设填埋场只发生竖向变形，填埋气体运移符合达西定律、理想气体方程和亨利定律。通过填埋场内部气体存在的形式导出气体的质量变化速率，再联合质量守恒定律，通过拉普拉斯转换得出半解析解。在建立该模型时，将孔隙率的变化分为两部分，一部分是有机质分解造成的，一部分是压缩造成的，从而引入填埋场沉降与气体运移的耦合。

3. 考虑三种过程的耦合

描述气体运移的方程主要有质量守恒定律和对流扩散方程，这两个方程都是二阶偏微分方程，单独求解的难度较大，如果边界条件取舍不当，就会导致计算的结果与实际情况有很大的出入。若将气体运移与另外一个过程耦合，那么方程的求解难度必然会大大增加，一般通过转换进行求解或者通过编程进行数值求解。若将气体运移与另外两个过程耦合，那么求解的难度会更大，一般以数值模拟进行求解。Ertan Durmusoglu 等（2005）通过质量守恒定律建立了气体运移、液体运移和填埋场沉降三个过程耦合的数值模型。建立模型时，分别建立气体、液体、固体的质量守恒方程，再根据填埋场内部的物质守恒，将三个方程联立起来。

填埋场内部影响气体运移的因素很多，内部同时进行的过程还有其他三个，不同的模型考虑不同的因素。将不同的过程进行耦合，就是利用中间变量，将表示过程发生的变量引入填埋气体运移方程中。例如，Li Yu 等（2009）建立的模型利用孔隙的变化，将填埋场的沉降引入填埋气体的运移方程，从而将两个过程耦合在一起。填埋场中存在的三个主要问题是填埋气体运移问题、渗滤液运移问题和填埋场的稳定问题。三个过程的耦合会导致其求解困难。同时，复杂的模型、复杂解的形式会使其在适用性上受到很大的限制。就研究填埋气体运移规律的目的而言，将气体运移与填埋场的沉降进行耦合已经可以满足工程上的需求了。之所以选择填埋场的沉降与气体运移进行耦合，这是因为废弃物中的有机质分解，导致填埋场的沉降很大，这在工程上是不能忽视的。

8.1.2.2 研究填埋气体运移的方法

研究填埋气体运移的主要目的就是为控制填埋气体提供参考，因此填埋气体运移模型必须以实际情况为基础。目前研究填埋气体运移的方法主要分为三种，第一种是通过试验进行分析，第二种是通过数学建模进行模拟，第三种是结合前两种方法来进行模拟分析。

填埋场的填埋体是由废弃物分层压实填埋而形成的。由于废弃物成分复杂多样，分布也极不均匀，所以室内试验结果会与实际填埋场的情况有较大的出入。另外，填埋场内部的气体从开始产生到生成速度稳定一般需要比较长的时间，这也导致试验的时间比较长。城市不同，废弃物的组分会不同，填埋场的周围环境和气候也不同，通过试验分析而得到的结果在使用时会有一定的局限性。例如，Anurag Garg 等（2006）先利用模糊理论以降水量、废弃物的组分、埋深和日均温度作为输入量来估算填埋场内部的温度，并估算出甲烷生成率系数；然后通过试验观测多个填埋场得到的结果对已建立的模糊模型进行修正，以克服模型的局限性。

相较于通过试验来分析填埋气体运移，通过建立数学模型对填埋气体运移进行模拟会比较容易，但其最大的缺陷是不易检查其准确性。由于现在人们对环境保护越来越重视，关于环境保护的法律法规也越来越多，这就要求对填埋气体的控制越来越严格，因此运营填埋场的公司一般不会对外公布关于填埋气体运移的实际数据，这就导致了建立的数学模型不易通过实际情况来检验其准确性。例如，Li Yu 等（2009）建立的二维模型，为检验模型的准确性，将其得到的半解析解与数值模拟的结果相比较。

相较于前两种方法，第三种方法利用数学建立模型，然后通过试验数据检验数学模型的准确性。El-Fadel 等（1996a，1996b，1997）将气体运移模型分为三个部分：气体生成模型、气体运移模型和热产生及运移模型。先分别建立这三个模型，然后根据中间变量进行耦合，建立数学模型。再将试验得到的数据与模型的参数以及结果进行对比，检验模型的准确性。

从三种方法的介绍可以看出，第三种方法所建立的模型更严密，但是却不是常用的方法，这是因为有关填埋气体运移的真实数据很难收集，同时通过室内试验得到的结果也不能真正反映现实中的填埋气体运移。因此，研究填埋气体运移通常用的是第二种方法。

8.2 填埋场的沉降变形

填埋场内的有机质分解不仅增加了废弃物的孔隙体积，同时也降低了废弃物的压缩强度，这使得填埋场的沉降大大增加。填埋场封顶后，由于沉降原因，填埋场再利用受到很大的限制。填埋场内填埋的废弃物极度不均匀，所以封顶后的填埋场常出现不均匀沉降。如果不均匀沉降过大，则会破坏填埋场的衬垫系统以及收集系统等。例如，封底的覆土层由于不均匀沉降出现坑洼，降水后形成水洼；由于不均匀沉降，使渗滤液积在排水层，增加了填埋场内部的渗滤液水头；不均匀沉降使填埋场下部的衬垫系统受到过大的拉力而破坏。因此，预测填埋场的沉降具有重要意义。

数学沉降模型主要是用传统岩土工程中的土体固结理论来估算沉降率和总沉降量。虽然有很多学者认识到有机物分解过程在沉降过程中的重要性，但是却很少将它和沉降的定量关系表达出来。这是因为若考虑有机物分解，则模型中要估算很多参数，从而导致模型内在的不确定性。因此，这些模型计算的沉降并不能预测与生化分解和物理化学变化有关的具有时效性的沉降。

8.2.1 填埋场的沉降

固体废弃物的沉降一般分为三个阶段：初始压缩（Initial Compression）、主压缩（Primary Compression）和二次压缩（Secondary Compression）。初始压缩是瞬时的，是当外荷载施加在填埋场上时发生的沉降。通常认为初始压缩是固体废弃物的孔隙和颗粒由于叠加荷载而被瞬时压缩。主压缩是由于孔隙水和气体从孔隙中消散而导致的固结。一般而言，主压缩过程在荷载完全施加的 30 d 后发生。然而，消散过程并不是填埋场中固体废弃物主压缩的直接原因。首先，由于传统的处理废弃物方式在填埋过程中阻止水进入，因此填埋场中的废弃物很少会饱和；其次，废弃物的渗透系数被定义为和砂土、砾石的渗透系数在同一个数量级，液体可以轻易地从废弃物中流出，因此孔隙水压力不会增长。二次压缩是由于废弃物骨架的徐变和生物分解而导致的。从填埋场最后的沉降量来看，二次压缩占有很大的比例，通常需要很多年才能完成。

从理论上讲，填埋场主要由废弃物分解引起的沉降可达到填埋场初始厚度的 40%，并且发生在填埋场封顶后若干年内，沉降量逐年降低。实际上，填埋场废弃物分解导致的平均沉降量为填埋场初始厚度的 15%。早期的关于填埋场沉降的模型认为废弃物的二次沉降是由力学二次压缩、物理化学反应和生物分解联合引起的，并总结认为二次压缩参数与初始孔隙率和分解条件成比例关系（El-Fadel 等，2000）。

8.2.2　填埋场沉降机制

固体废弃物的沉降机制不同于普通土的沉降，一般来说，填埋场的沉降一般分为五个过程：力学变形、潜蚀、物理化学变化、生物化学分解以及以上四个过程相互影响而导致的沉降。固体废弃物的力学变形和普通土的情况相似，是在受到荷载的情况下发生扭转、弯曲以至破坏，破坏后的颗粒或块体重新排布。潜蚀是小颗粒向大颗粒之间的孔隙移动，从而形成新的孔隙。物理化学变化主要包括腐蚀、氧化，还包括填埋场中发生的废弃物燃烧过程。生物化学分解是指废弃物中含有的有机质发生有氧分解以及厌氧分解。

当荷载施加后，废弃物会发生弯曲、扭转和迁移以适应新的应力状态，此为力学变形。潜蚀是一种渗透变形，其强弱取决于填埋体内废弃物颗粒的级配和水分的渗透运移情况，一般来说，废弃物颗粒粒径差别越大，填埋场渗滤液产生量越大，潜蚀造成的沉降就越大。但潜蚀造成的填埋体沉降很难计算。渗滤液回灌会加剧潜蚀作用，进而造成填埋体沉降。这个过程在压缩过程中特别明显。通常很难将潜蚀阶段与力学变形阶段区分开。物理化学变化（腐蚀、氧化和燃烧）和生物化学分解会导致废弃物质量的缺失，从而引起填埋场竖向变形。以上三个过程相互影响可能引起新的沉降，比如分解产生的甲烷和热量会支持燃烧，固化会引起颗粒的重排列。

影响填埋场废弃物沉降的因素主要有：废弃物的初始孔隙率，废弃物的成分，填埋场的厚度，应力大小、应力变化以及填埋场周围的环境。一般而言，废弃物的初始孔隙率越大，废弃物就越易被压缩，填埋场的沉降越大。因此，降低废弃物的初始孔隙率也是减少填埋场总沉降的措施之一。废弃物填埋到填埋场中之后，其含有的固体有机质开始分解。固体有机质分解后，会形成大量的二氧化碳（CO_2）、甲烷（CH_4）和水（H_2O）。被分解后的有机质所占空间会转化成填埋场的沉降和孔隙。由此可见，废弃物中的有机质越多，填埋场的沉降也就越大。而填埋场越厚，填埋场的沉降率越大。填埋场的主沉降和二次沉降会随着应力的增加而减小，其他一些因素也会通过荷载增加率来影响沉降（例如徐变和应力消散）。环境条件对填埋场沉降的影响主要表现在对废弃物分解的影响。在潮湿的环境中，废弃物的分解比较快，填埋场的二次沉降量也会相应增加。

8.2.3　不均匀沉降

由于填埋体在空间上的非均质性，其沉降量在空间上通常也是不均匀的。不均匀沉降有可能破坏填埋场盖层系统的完整性，损坏填埋气体的导排系统，影响填埋场的生态恢复和最终利用。填埋体的不均匀沉降也可能是由地基土体的压缩性在空间上的显著差异而造成的。不均匀沉降还可能破坏填埋场底部衬层系统的完整性，损坏渗滤液收集管道系统，造成更为严重的环境和工程问题。

在特定的位置上，填埋场的不均匀沉降主要取决于填埋的废弃物性质。若填埋场的废弃物具有高压缩性，有机质含量高，那么不均匀沉降将会很大。其他影响不均匀沉降的因素有废弃物的处理方式、竖向荷载等。通过合理的填埋操作以及对废弃物的事先处理可以降低填埋场的不均匀沉降。

8.2.4 填埋场内物质分解与沉降

固体废弃物的分解受众多因素的影响，包括气候条件、废弃物收集和填埋方式、取样以及分类程序等。虽然废弃物的成分很复杂，但是有机质的含量，特别是纤维质材料在废弃物总量中占有很大的比例。填埋后，大部分有机质会被填埋场中的需氧菌和厌氧菌分解成简单有机物或无机物。因此，填埋场的稳定过程可以分为两个阶段：需氧分解阶段和厌氧分解阶段。

在第一个阶段，有机物在氧气的参与下迅速分解，被分解成二氧化碳、水和其他伴生物（例如细菌等）。这个阶段往往很短，氧气耗尽，则需氧分解阶段也就结束了。生成的二氧化碳的物质的量等于消耗的氧气的物质的量。氧气的耗尽标志着无氧分解的开始。无氧分解持续的时间要比有氧分解的长。无氧分解阶段在填埋场的寿命期内占有很大的部分，与填埋场的稳定有很重要的关系。甲烷也主要是在这个阶段内产生的。

一般来说，无氧的环境中，一些特殊的物质先进行水解，生成一些简单的高分子物质、例如蛋白质、糖类和脂质等。这些物质再进一步水解，水解生成更简单的有机物，例如氨基酸、单糖和高分子脂肪酸等。氨基酸和单糖将会转变成中间伴生物（例如丙酸、丁酸以及其他易挥发性酸），或者直接发酵变成乙酸。高分子脂肪酸被氧化，转变成中间伴生物和氢气。甲烷和二氧化碳的产生主要来自醋酸酯的分解。二氧化碳被氢气稀释也会产生甲烷。填埋场中有机质分解过程中物质的转变见图8-1。

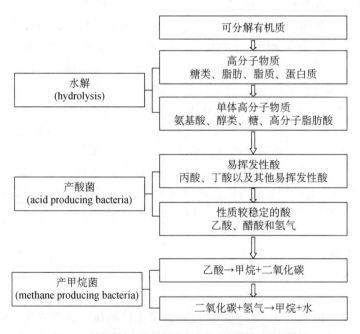

图8-1 填埋场中有机物分解过程中主要的物质转换关系

影响填埋场内废弃物分解的因素一般包括废弃物的特性、含水率、温度、pH、可利用的营养素和微生物等，以及氧气、金属离子和硫酸盐等阻碍分解的物质含量。

含水率是众多因素中对填埋场内部分解影响最大的因素。填埋场内部的水分为废弃物的分解提供了有水的环境。在这种环境下，分解所需的营养素和微生物可以进行运移。同时，物质在水分中的运移也稀释了阻碍分解的物质和微生物浓度，使得气体的生成和填埋场的稳定得到加速。氧气对甲烷的生成有很强的阻碍作用，即使浓度很小，阻碍作用也很明显。虽然其他因素如 pH 和温度等，对促进或抑制气体的生成有很明显的作用，但是这些作用相互抵消，可以不考虑。

有机物分解引起的沉降量可以认为取决于废弃物中可分解有机碳的量，沉降率取决于有机质的分解力和损失的质量与沉降的转换关系。由于有机物分解主要发生在二次沉降阶段，因此有机质分解主要增加的是二次沉降率。所以，如果加快有机质分解过程，那么填埋场稳定所需要的时间也会相应缩短。

8.2.5　填埋场的沉降模型

填埋场沉降的模型主要是利用现场参数和根据实验室测得的数据建立的经验公式。目前缺乏一个可以考虑所有影响填埋场废弃物沉降因素的理论。

除了地基设计，很少有模型模拟填埋场的初始沉降。式（8-1）一般用来计算具有很大渗透系数的饱和细颗粒土和粗颗粒土的沉降。通常将填埋场中具有很大渗透系数、沉降量大的废弃物类比为这些土。因此，如果填埋场的初始沉降被估算出来了，那么废弃物的弹性系数也就可以反算出来。一般来说，废弃物的弹性系数为 $50 \sim 700$ kPa。

$$E_s = \Delta q \cdot \frac{H_0}{S_i} \tag{8-1}$$

式中　E_s——废弃物的弹性系数，kPa；

Δq——应力增量，kPa；

H_0——填埋场的初始厚度，m；

S_i——初始压应变，m。

填埋场的沉降是一个持续的过程，这个过程不仅与水分和徐变有关，还与填埋场内部的气流和有机质分解有关。模拟填埋场沉降的理论主要有：饱和介质中的固化理论，二次压固，不饱和介质的固结，生物固结。

当前国际上已经提出了很多沉降计算模型，El-Fadel 等（2000）将各种沉降计算模型分为四类：基于传统土力学理论的土力学模型、流变模型、经验模型以及生物降解模型。在具体的计算算法上，沉降计算模型对计算方法有很大的影响，不同模型对废弃物沉降计算所涉及的参数也不相同。本章研究填埋气体运移时采用的沉降计算模型为流变模型。

流变模型（应力-应变-时间模型）是利用现象学方法来估算材料的力学行为。估算的材料不仅要求连续而且还须是均匀的。流变性质研究分微观和宏观两方面。前者着重从土的微观结构研究土具有流变性质的原因和影响岩土流变性质的因素，只能作定性分析。后者则假定岩土是均一体，采用直观的物理流变模型来模拟土的结构，通过数学、力学分析建立相关公式，定量分析岩土的流变性质及其对工程的影响。这类模型通常是由弹簧、阻尼器和滑块等元件组成的。这些元件可以是线性的，也可以是非线性的。通过室内蠕变松弛试验得到应力-应变-时间曲线，分析时间对应力-应变曲线的弹性阶段、弹塑性阶段的影响，建立由各个元件串联或并联而成的模型，模拟实际岩土的应力-应变关系，调整模型的参数和组合元件的个数，使模型的应力-应变曲线和试验结果相一致。在填埋场沉降模型中，用得比较多的是开尔文体。只要在模型中组装一系列适量的开尔文体，那么就能正确地模拟出任何二次压缩曲线。但是在实际过程中，很难确定弹簧的个数和黏性系数。流变模型中，最简单的是由线性元件组成的模型。

由于填埋场废弃物骨架是非线性的，因此用非线性的阻尼器组装，以期得到与实际比较符合的结果。有些模型，将一系列弹簧添加到开尔文体中，以此来模拟填埋场的瞬时沉降。这种模型虽然能将材料的早期沉降考虑进去，但是却很难得到解析解。模型的主方程通常是高度非线性的，只能用数值模拟来进行求解。虽然流变模型在求解填埋场沉降时很实用，但是模型计算的结果很大程度上取决于模型各种参数的取值。Gibson 和 Lo 流变模型（图 8-2）是一个应用比较广泛且简单的模型。

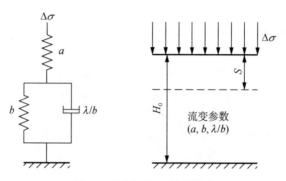

图 8-2 Gibson 和 Lo 流变模型

已有研究表明，这种模型预测泥炭沉降很有效。而泥炭的压缩特性与固体废弃物的很相似。应力增量 $\Delta\sigma$ 一旦作用于流变模型，弹性系数为 a 的胡克弹簧立即压缩，这种情形类似于主固结。开尔文单元体由一个弹簧（弹性系数为 b）和一个黏壶（黏滞系数为 λ/b）并联组成，它的压缩由于牛顿黏壶（线性）的存在而延迟，这种情形类似于恒定有效应力下次固结的连续过程。恒定荷载逐渐从牛顿黏壶传递给胡克弹簧，经过一段较长的时间（如在次压缩时间范围内），全部有效应力将由两根弹簧承受，黏壶不受荷载。应变随时间的变化关系式可表示如下：

$$S(t) = H_0 \Delta\sigma \{a + b[1 - e^{-(\lambda/b)t}]\} \tag{8-2}$$

式中　$S(t)$——沉降量，m；

　　　H_0——填埋场初始厚度，m；

　　　$\Delta\sigma$——压应力，kPa；

　　　a——主固结计算参数，胡克弹簧的弹性系数；

　　　λ/b——次固结速率；

　　　t——加荷开始的时间。

不管采用何种模型对填埋场的沉降进行计算，都存在一个共同的问题，即模型参数的敏感性问题，这也限制了模型的应用范围。合理模型的首要前提是可以很好地拟合现场试验数据，其次是其参数易确定性并具有明确的物理意义。因此，研究模型参数随时间、空间、应力以及生物降解等因素的变化规律是沉降模型研究中的一个重点，这将决定模型的实用性。

8.3 填埋气体的特性

8.3.1 填埋气体的产生

垃圾填埋场可以看成是一个生态系统，其主要输入项为垃圾和水，主要输出项为渗滤液和填埋气体，二者的产生是填埋场内生物、化学和物理过程共同作用的结果。填埋气体主要是填埋垃圾中可分解有机质在微生物作用下的产物。填埋气体的产生是一个非常复杂的过程，国内外学者将填埋场内气体的产生过程分为 3～5 个阶段（刘景岳 等，2007；El-Fadel 等，1997；Young，1989）。下面将从 5 个阶段来说明填埋气体的产生过程。填埋场内生物降解阶段划分如图 8-3 所示。

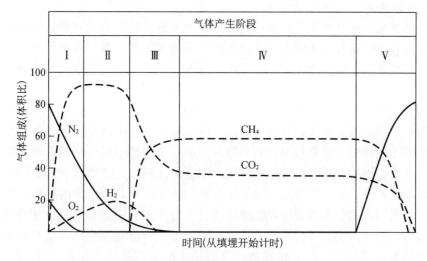

图 8-3　填埋场内生物降解阶段划分

第一阶段主要进行的是需氧分解。将废弃物填埋进填埋场后，第一阶段就开始进行。在这个阶段，可分解的有机质在微生物作用和一系列物理化学变化后，分解成简单的有机物。简单的有机物进一步分解为小分子物质或二氧化碳。由于需氧菌对氧气的消耗，填埋场内的氧气含量降低，同时由于需氧分解的进行，填埋场内的二氧化碳含量明显增大，且产生大量的热，使填埋场内的温度升高。填埋场封顶后，其内部的氧气含量有限，当氧气耗尽，标志着该阶段的结束，第二阶段的开始。

第二阶段为过渡阶段。前一阶段氧气被消耗殆尽，厌氧反应很快在这一阶段占据主要地位，但还未有甲烷产生。在此阶段中，前面产生的溶解于水的小分子物质在兼性和专性厌氧菌作用下转变为有机酸，填埋气中二氧化碳的含量显著上升，其体积比可高达 70%～90%。氮气浓度开始下降。由于填埋场中有机酸的出现和积聚，以及二氧化碳浓度的升高，pH 值会继续下降，至本阶段中期达到最低。

第三阶段为发酵阶段。当第二阶段生成的可溶于水的产物浓度达到一定水平后，这些产物就会转化成乙酸、醇、二氧化碳、氢气等物质。这些物质是下一阶段反应的营养素，是甲烷菌的底物。在这个阶段，生成的气体主要是二氧化碳和少量的氢气，不会生成甲烷。由于生成大量的酸，此时填埋场内渗滤液的 pH 值很低。废弃物中的金属离子由于分解和酸的作用存在于渗滤液中。可分解有机质由于分解而大量消耗。

第四阶段为生成甲烷阶段。乙酸、氢气等前几个阶段的产物在甲烷菌的作用下，转化成甲烷和二氧化碳。此时填埋场内部的气体中，甲烷的浓度保持在 $50\%\sim65\%$，是能源回收的黄金时期。随着有机物被发酵分解，脂肪酸浓度降低，渗滤液不再呈酸性，重金属离子的浓度降低（刘富强 等，2000）。

第五阶段为填埋场稳定阶段。当可分解有机质大部分被转化成甲烷和二氧化碳后，填埋场的微生物含量急剧减少，渗滤液及废弃物的性质稳定，几乎不再产生气体，填埋场处于相对稳定阶段。

以上五个阶段并不是相互独立，而是相互关联的，前一个阶段是后一个阶段的准备。每个阶段持续的时间是由填埋场条件决定的，不同的填埋场各阶段持续的时间不同。

8.3.2 影响填埋场产气速率的因素

填埋气体是可分解有机质在微生物的作用下被水解、分解而产生的，因此，填埋场中废弃物的总量和可分解有机质的含量决定了填埋场的最大产气量。除此之外，填埋场产气还受含水率、营养素、pH、温度等环境条件的影响。这些因素也是影响填埋场产气速率的主要因素。

1. 含水率

可分解有机质并不是直接被分解成甲烷，而是需要经过中间反应的。只有当有机质被分解成可溶于水的物质，才会被甲烷菌分解成甲烷。填埋场中废弃物的含水率是影响填埋场产气的一个重要因素。同时，由于填埋场中水分的运移，也使得营养素、微生物等发生运移，从而加快产气速率。当含水率低于废弃物的持水率时，含水率的提高对产气速率的影响不大，这是因为水分大都被废弃物吸附着，水分不能自由运移，从而使营养素、微生物等运移较慢；当含水率大于废弃物的持水率时，水分可以在废弃物内较自由地运移，营养素、微生物等运移快，可形成良好的产气环境。废弃物的持水率通常在 $22.4\%\sim55\%$（体积比）之间，因而，$50\%\sim70\%$ 的含水率对填埋场的微生物生长最适宜。在干燥、少降雨地区，通常采用渗滤液回灌的方法提高废弃物的含水率。此外，渗滤液回灌还能提高填埋场中有机物、营养素、微生物等含量。因此，渗滤液回灌能提高填埋场的产气速率（谢焰 等，2006；Kindlein 等，2006）。

2. 营养素

填埋场中微生物的生长代谢需要足够的营养素，包括碳、氧、氢、氮、磷及一些微量营养素，通常废弃物的组成都能满足要求。据研究，当废弃物中的碳氮比在 $20:1\sim30:1$ 时，厌氧微生物生长状态最佳，产气速率最快（刘富强 等，2000）。原因是细菌利用碳的速率是利用氮的速率的 $20\sim30$ 倍。当碳元素过多时，氮元素首先被耗尽。剩余的碳由于过量，厌氧分解过程因此不能顺利进行。我国大多数地区的城市生活废弃物所含有机物以食品垃圾为主，所含的淀粉、糖、蛋白质、脂肪等含量高，碳氮比约为 $20:1$，比国外废弃物碳氮比的典型值 $49:1$ 低得多，因此，我国废弃物的产气速率会比国外的快得多，达到产气高峰的时间也相对较短。

3. 微生物含量

填埋场中与产气有关的微生物主要包括水解微生物、发酵微生物、产乙酸微生物和产甲烷微生物四类。当氧气存在时，这些微生物的生长大都会受到抑制，填埋场中微生物的数量降低，填埋场的产气速率会降低；在无氧条件下，这些微生物的生长大都迅速，微生物的数量剧增，有机质的分解迅速，填埋场的产气速率也提高。填埋场中的废弃物本身、填埋场表层和覆盖的土壤是微生物的主要来源。如果将污水处理厂的污泥和固体废弃物共同填埋，可以引入大量微生物，显著提高填埋场的产气速率，同时也大大缩短产气之前的停滞期。

4. pH

填埋场中可分解有机质的含量一定时，填埋场中微生物数量越多，产气速率越快。而微生物中甲烷菌的生长环境为中性或微碱性，最佳产气 pH 值宜在 6.6～7.4 之间。当填埋场内部环境过酸或过碱时，填埋场的产气会受到抑制。因此，填埋场的 pH 值宜控制在 6～8 之间。

5. 温度

填埋场中微生物的生长对环境温度比较敏感，所以，温度也会对填埋场产气速率产生影响。当填埋场中温度过高时，过高的温度会杀死填埋场中的微生物，填埋场的产气速率会降低；当填埋场中温度过低时，微生物体内酶的活性降低，微生物的生长会受到抑制，填埋场的产气速率同样会降低。大多数甲烷菌生长的环境温度在 15～45 ℃之间，最适宜的温度范围为 32～35 ℃。

8.3.3 填埋场的产气模型

填埋气体的主要成分是二氧化碳和甲烷，这些都是温室气体，所以必须要控制填埋气体的释放。由于废弃物的成分复杂，且不同的填埋场，不同的城市，废弃物成分不同，所以很难用准确的数学模型来计算填埋场的产气量。目前，主要的填埋场产气模型有：化学计量模型、动力学模型和生态模型。在这些模型中，化学计量模型主要用来预测填埋气的理论产气量，动力学模型和生态模型则主要用来预测填埋气的产气速率，这种预测更有现实意义。动力学模型结构简单，参数较少，应用方便，更多地应用在工程实际中。而生态模型则结构相对复杂，中间参数较多，工程应用中难以确定，当前这些中间参数主要从受控的厌氧消化器中获得。由于垃圾填埋场中发生的物理、化学及生物变化十分庞杂，这些数据不一定完全适用于垃圾填埋场。本章研究填埋气体运移时所使用的模型为动力学模型。

动力学模型中，产气速率可用式（8-3）表达：

$$\frac{dC}{dt} = f(t, \ C^n) \tag{8-3}$$

式中　t——时间；

　　　C——甲烷产量或可分解有机质的量；

　　　n——动力学系数，当 $n=0$ 时，为零级反应，当 $n=1$ 时，为一级反应。

零级模型表明甲烷产生速率与垃圾量、已产生的甲烷量无关。有些学者认为，一些填埋场的产气服从零级动力学规律，尤其是在产气活跃的阶段。有些学者认为，零级动力学是由于填埋场没有形成有利于甲烷产生的条件，如含水率低、营养素短缺，从而导致了相对恒定的产气速率。大部分产气速率模型服从一级反应动力学规律，即产气速率的限制因素是剩余底物的量或待产气的填埋气量。下面介绍几个代表性的动力学产气模型。

1. Scholl-Canyon 动力学模型

该模型属于一级动力学模型，是填埋场产气速率模型中比较常用的模型之一。该模型假定微生物积累并稳定化造成的产气滞后阶段可以忽略，即在计算起点时填埋场内已经无氧气，处于厌氧条件，计算起点时的产气速率为最大值，然后按指数规律衰减。该模型的优点是模型简单，需要的参数较少。模型的数学形式为

$$\frac{\mathrm{d}L}{\mathrm{d}t} = -kL \tag{8-4}$$

式中　L——单位填埋废弃物在 t 时刻的产气潜能，当 $t=0$ 时，$L=L_0$，L_0 为单位填埋废弃物潜在总产气量，且 $L=L_0\mathrm{e}^{-kt}$；

　　　$\mathrm{d}L$——单位填埋废弃物在某段时间的减少量，与该时段的延续时间 $\mathrm{d}t$ 成正比。

产气速率可表示为

$$R = kL_0\mathrm{e}^{-kt} \tag{8-5}$$

式中　R——单位填埋废弃物填埋气体总产气速率，$\mathrm{m}^3/(\mathrm{t} \cdot 年)$；

　　　k——产气速率常数，$1/年$；

　　　t——废弃物填埋年数，年；

　　　L_0——单位填埋废弃物潜在总产气量，m^3/t。

2. Gardner 动力学模型

该模型是由 Gardner 和 Probert 在 1993 年提出的，与统计模型相比，Gardner 动力学模型引入了降解速率参数 k_i 和总有机碳中各组分可分解有机碳的含量，故计算的准确度比较高。利用该模型可以计算出某填埋场各年以及累积的甲烷产生量，可以为填埋场的填埋气体收集和控制提供设计依据。但是由于假设中认为可降解有机碳全部转化为二氧化碳和甲烷，所以计算结果仍明显偏高。该模型的数学表达形式为

$$P = C_\mathrm{d}X\sum_{i=1}^{n}F_i(1-\mathrm{e}^{-k_it}) \tag{8-6}$$

式中　P——单位质量废弃物在 t 时间内产甲烷量，$\mathrm{kg/kg}$；

　　　C_d——废弃物中可分解有机碳的比率，$\mathrm{kg/kg}$；

　　　X——填埋气体中甲烷的百分比，$\%$；

　　　n——废弃物中可降解组分的总数；

　　　F_i——各分解组分中有机碳占废弃物的百分比，$\%$；

　　　k_i——各分解组分的分解系数，$年^{-1}$；

　　　t——填埋时间，年。

3. Marticorena 模型

该模型属于一级动力学模型，假定填埋场中的废弃物是按年份分层填埋的，在建立模型时引入了描述废弃物产气周期的参数，并假设废弃物产气量随时间按指数规律衰减。由于产气周期可以通过现场取样测定，其取值较为精确，因此，Marticorena 模型的估算结果比较具有针对性，较为接近真值（Marticorena 等，1993）。该模型的数学形式如下：

$$MP = MP_0\exp\left(-\frac{t}{t_0}\right) \tag{8-7}$$

$$D(t) = \frac{\mathrm{d}MP}{\mathrm{d}t} = \frac{MP_0}{t_0} \exp\left(-\frac{t}{t_0}\right) \tag{8-8}$$

$$F(t) = \sum_{i=1}^{t} T_i D(t-i) = \sum_{i=1}^{t} T_i \left[\frac{MP_0}{t_0} \exp\left(-\frac{t-i}{t_0}\right)\right] \tag{8-9}$$

式中　MP——t 时间内废弃物产甲烷量，m^3/t；

　　　MP_0——新鲜废弃物产甲烷的潜能，m^3/t；

　　　$D(t)$——第 t 年的废弃物产甲烷速率，$\mathrm{m}^3/(\mathrm{t} \cdot \text{年})$；

　　　$F(t)$——第 t 年填埋场的甲烷产率，$\mathrm{m}^3/\text{年}$；

　　　T_i——第 i 年填埋的废弃物质量，t；

　　　t_0——废弃物的产气周期，年。

4. Findikakis-Leckie 动力学模型

Findikakis 和 Leckie（1979）认为废弃物的成分复杂，不同成分的废弃物产气速率也不一样，因此将废弃物按分解难易程度分为迅速分解有机物、中等分解有机物和慢速分解有机物三大类。迅速分解有机物主要包括食品垃圾；中等分解有机物包括纸类、木材和庭院垃圾；慢速分解有机物为废弃物中含有的其他有机物。以美国废弃物为例，三种废弃物的含量分别为 15%，55% 和 30%，降解速率分别为 0.138 6 年$^{-1}$，0.023 1 年$^{-1}$ 和 0.017 328 年$^{-1}$。由于废弃物在填埋之后，微生物分解就开始进行，不同时期填埋的废弃物，其分解程度也不一样。而产气模型一般考虑的是填埋场封顶之后的产气量和产气速率，为考虑封顶之前废弃物的分解，该模型中产气时间加上了填埋前的分解时间。该模型的数学表达形式为

$$a(t) = C \sum_{i=1}^{3} A_i \lambda_i e^{-\lambda_i t} \tag{8-10}$$

$$t = t_0 + \frac{z}{h} t_f \tag{8-11}$$

式中　C——单位体积填埋废弃物潜在总产气量，$\mathrm{kg/m}^3$；

　　　A_i——废弃物中各组分含量，%；

　　　λ_i——各废弃物组分的降解速率，年$^{-1}$；

　　　t——从第一层垃圾填埋后开始的时间，年；

　　　t_0——从废弃物填埋场封顶后开始的时间，年；

　　　t_f——整个填埋场填埋所花费的时间，年；

　　　z——废弃物所处的填埋深度，m；

　　　h——整个填埋场废弃物的厚度，m。

8.3.4　填埋场中气体运移的基本方程

填埋场中主要成分为废弃物，其孔隙率一般为 40%~52%。多孔介质的特征如下：①在多孔介质占据的空间内，固体骨架相应遍布整个多孔介质，固体骨架构成的孔隙与裂痕比较狭窄，比表面积较大，且孔隙是随机分布的；②孔隙空间内至少一部分是相互连通的，为流体的流动提供通道；③在孔隙内，至少存在一相流体。以固体颗粒为背景，含有

大量赋存与传输流体的连通孔隙的一类介质都称为多孔介质。因此，填埋场内的废弃物可以看成多孔介质。填埋气体运移可以用多孔介质流体力学来进行研究。

8.3.4.1 多孔介质中的流体运输速度

通常而言，被研究的多孔介质中的流体为多组分流体。研究时通常分组分进行研究。设多孔介质中的流体由 N 种组分混合而成，在多组分流体体系占据的空间中取一体积 dU，其中多组分流体的瞬时质量为 dm，α 组分的瞬时质量为 dm_α，则 α 组分的质量密度 ρ_α 为

$$\rho_\alpha = \frac{dm_\alpha}{dU} \tag{8-12}$$

多组分流体的质量密度定义为

$$\rho = \sum_{\alpha=1}^{N} \rho_\alpha = \sum_{\alpha=1}^{N} \frac{dm_\alpha}{dU} = \frac{\sum_{\alpha=1}^{N} dm_\alpha}{dU} = \frac{dm}{dU} \tag{8-13}$$

式中　ρ——多组分流体体系的密度，g/m^3。

在多组分体系中，α 组分质点的速度分布、迹线与流体体系质点的速度分布和迹线并不相同。α 组分的质量百分数 ω_α 定义为单位质量的多组分流体体系中所包含的 α 组分的质量，可表示为

$$\omega_\alpha = \frac{\rho_\alpha}{\rho} \tag{8-14}$$

$$\sum_{\alpha=1}^{N} \omega_\alpha = 1 \tag{8-15}$$

在固定坐标系中，α 组分在 P 点的速度 V_α 就是 dU 内 α 组分的各个分子统计平均速度，可以定义为

$$V^* = \frac{\sum_{\alpha=1}^{N} \rho_\alpha V_\alpha}{\sum_{\alpha=1}^{N} \rho_\alpha} = \frac{\sum_{\alpha=1}^{N} \rho_\alpha V_\alpha}{\rho} = \sum_{\alpha=1}^{N} V_\alpha \omega_\alpha \tag{8-16}$$

式中　V^*——单位质量流体流动速度。

单位体积流体的动量为

$$\rho V^* = \sum_{\alpha=1}^{N} \rho_\alpha V_\alpha \tag{8-17}$$

式中　ρV^*——单位体积流体的动量。

多组分流体体积随浓度变化的情况可由多组分流体体系的体积平均速度 V' 定义：

$$V' = \sum_{\alpha=1}^{N} \rho_\alpha V_\alpha u_\alpha \tag{8-18}$$

式中　u_α——部分比容，可用式（8-19）求得：

$$u_\alpha = \frac{\partial U}{\partial m_\alpha} \tag{8-19}$$

其中，$\displaystyle\sum_{\alpha=1}^{N}\left(\frac{\partial U}{\partial m_\alpha}\cdot\frac{\mathrm{d}m_\alpha}{\mathrm{d}U}\right)=\sum_{\alpha=1}^{N}\rho_\alpha u_\alpha=1$。

　　在多孔介质流体力学中，为了方便讨论多孔介质物质运输的情况，引入物质的外延量（或称为广延量，entensive property）。物质的外延量是一种依赖于与其相关的物质质量的物理量，如体积、能量、动量和动能都属于外延量。对于多组分体系也可以考虑某一种组分的外延量，例如，α 组分的外延量 G_α，其速度 V_{G_α} 与以质量为基本物理量给出的外延量相对应，也可以体积或其他量为基本物理量给出相应的外延量定义。

　　与质量密度相似，也可以引入 G（或 G_α）的密度 g（或 g_α），可以将其定义为流体体系（或 α 组分）的单位体积所具有的外延量 $G(G_\alpha)$ 的量，其数学表达式如下：

$$G_\alpha(x,\ t) = \int_{U(x)} g_\alpha(x',\ t)\mathrm{d}U(x') \tag{8-20}$$

式中　x——固定坐标系中，U 的质心坐标；

　　　x'——固定坐标系中，U 中某一点的坐标。

　　根据外延量密度的定义，可以将多组分体系的外延量 G 的速度 V_G 定义为

$$V_G = \frac{\displaystyle\sum_\alpha g_\alpha V_{G_\alpha}}{\displaystyle\sum_\alpha g_\alpha} \tag{8-21}$$

式中　V_{G_α}——G_α 的传输速度。

　　按照 Lagrange 法跟踪一个任意性质的流体质点时，为了表示该性质对时间的偏导数，引入 $\dfrac{\mathrm{D}B_\alpha}{\mathrm{D}t}$ 符号，可称其为物质导数、实质导数或全导数。

　　设 $B_\alpha(x,\ y,\ z)$ 为质点 G_α 的一种性质，该性质可以是速度 V^* 或密度 ρ 等，其实质导数为

$$\frac{\mathrm{D}B_\alpha}{\mathrm{D}t} = \frac{\partial B_\alpha}{\partial x}\frac{\partial x}{t} + \frac{\partial B_\alpha}{\partial y}\frac{\partial y}{t} + \frac{\partial B_\alpha}{\partial z}\frac{\partial z}{t} + \frac{\partial B_\alpha}{\partial t} \tag{8-22}$$

由此可以简写为

$$\frac{\mathrm{D}B_\alpha}{\mathrm{D}t} = \frac{\partial B_\alpha}{\partial t} + (V_{G_\alpha})_x\frac{\partial B_\alpha}{\partial x} + (V_{G_\alpha})_y\frac{\partial B_\alpha}{\partial y} + (V_{G_\alpha})_z\frac{\partial B_\alpha}{\partial z} \tag{8-23}$$

采用向量形式，则式（8-23）可表示为

$$\frac{\mathrm{D}B_\alpha}{\mathrm{D}t} = \frac{\partial B_\alpha}{\partial t} + V_{G_\alpha}\,\mathrm{grad}B_\alpha \equiv \frac{\partial B_\alpha}{\partial t} + (V_{G_\alpha}\cdot\nabla)B_\alpha \tag{8-24}$$

式中，$\dfrac{\partial B_\alpha}{\partial t}$ 是局部导数，其含义为：在非稳定流动中，空间固定点上 B_α 随时间的变化率；

$(V_{G_a} \cdot \nabla)B_a$ 称为对流导数，其含义为：空间质点从一个位置对流到另一个具有不同 B_a 的位置上时，B_a 的变化。以密度 ρ 和 ρ_a 举例来说，其速度 V^* 和 V_a 可用方程表达为

$$\frac{\mathrm{D}\rho}{\mathrm{D}t} = \frac{\partial \rho}{\partial t} + V^* \operatorname{grad} \rho \tag{8-25}$$

$$\frac{\mathrm{D}\rho_a}{\mathrm{D}t} = \frac{\partial \rho_a}{\partial t} + V_a \operatorname{grad} \rho_a \tag{8-26}$$

8.3.4.2 普遍守恒定律

在多孔介质中，一般假设气体是充满介质中所有孔隙空间的，且对多组分气体来说，每种组分本身也是充满孔隙空间的。

设在 t 时刻，气体的外延量 G_a（质量、动量等）具有一定的初始量，且 G_a 被包围在由曲面 S 所围成的空间体积 U 内。当外延量发生运动时，其所占有的体积连续变化，则 $U=U(x, t)$，因此，G_a 的变化率为 $\dfrac{\mathrm{D}G_a}{\mathrm{D}t}$。经过 Δt 时间后，流体的位置和形状如图 8-4 所示，则流体在 t 时刻和 $t+\Delta t$ 时刻是由 U_1，U_2，U_3 三个区域构成。其中 $U=U_1+U_2$，$U'=U_2+U_3$，U_2 为 U 和 U' 共有的部分。对于该运动体系来说，G_a 的时间变化率可表示为

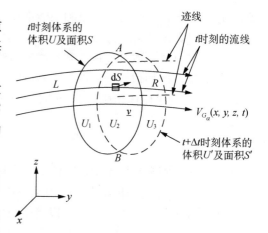

图 8-4　推导运输定理的流体位置和形状

$$\frac{\mathrm{D}G_a}{\mathrm{D}t}\Big|_{体系} = \lim_{\Delta t \to 0} \frac{[(G_a)_2 + (G_a)_3]_{t+\Delta t} - [(G_a)_1 + (G_a)_2]_t}{\Delta t} \tag{8-27}$$

经过变换，式（8-27）可以写成：

$$\frac{\mathrm{D}G_a}{\mathrm{D}t}\Big|_{体系} = \lim_{\Delta t \to 0} \left\{ \frac{[(G_a)_2]_{t+\Delta t} - [(G_a)_2]_t}{\Delta t} \right\} + \lim_{\Delta t \to 0} \frac{[(G_a)_3]_{t+\Delta t}}{\Delta t} - \lim_{\Delta t \to 0} \frac{[(G_a)_1]_t}{\Delta t} \tag{8-28}$$

式中，$(G_a)_i = \displaystyle\int_{U_i} g_a \mathrm{d}U$，其中 $i=1$，2，3。

当 $\Delta t \to 0$ 时，U_1 与 U_2 几乎重合，即 $U_2 \to U$，则式（8-28）右边第一项可化简为

$$\lim_{\Delta t \to 0} \left\{ \frac{[(G_a)_2]_{t+\Delta t} - [(G_a)_2]_t}{\Delta t} \right\} = \frac{\partial G_a}{\partial t} \tag{8-29}$$

根据 $(G_a)_3$ 的定义，可以得到：

$$\frac{(G_a)_3}{\Delta t} \approx \frac{1}{\Delta t} \int_{ARB} g_a V_{G_a}(t) \big|_{ARB} \mathrm{d}S \tag{8-30}$$

那么式（8-28）右端的第二个积分的被积函数近似表示 G_a 在 Δt 时间内通过 U_2 和 U_3 所共有曲面 ARB 的平均出流率。当 $\Delta t \to 0$ 时，$G_a/\Delta t$ 即变为 G_a 通过控制体积 U 的曲面 ARB 的精确出流率。类似地，式(8-28)的最后两项组合起来表示 G_a 在 t 时刻通过 U 的整个

曲面 S 的净入流率。如果引入与曲面 S 的面元相垂直的单位外法线向量，则净入流率可表示为

$$\int_S g_\alpha V_{G_\alpha} \, \mathrm{d}S \qquad (8\text{-}31)$$

那么式（8-28）可以写成：

$$\frac{\mathrm{D}G_\alpha}{\mathrm{D}t}\bigg|_{\text{体系}} = \frac{\partial}{\partial t}\int_U g_\alpha \, \mathrm{d}U + \int_S g_\alpha V_{G_\alpha} \, \mathrm{d}S \qquad (8\text{-}32)$$

式中，等式左端表示体系运动时 G_α 的变化；等式右端表示 t 时刻体积 U 内的变化和通过表面 S 的流量。式中速度 V_{G_α} 是相对于固定坐标系的。

若 U 内不存在源和汇，G_α 的变化只能由通过曲面 S 的净出流量的变化而引起，由此得到：

$$\int_U \frac{\partial g_\alpha}{\partial t} \, \mathrm{d}U + \int_S g_\alpha V_{G_\alpha} \, \mathrm{d}S = 0 \qquad (8\text{-}33)$$

$$\int_U \frac{\partial g_\alpha}{\partial t} \, \mathrm{d}U + \int_U \mathrm{div}(g_\alpha V_{G_\alpha}) \, \mathrm{d}U = 0 \qquad (8\text{-}34)$$

如果因内部作用，外延量 G_α 在 U 内每单位体积以 I_α 的速度不断产生，也会引起 G_α 的变化，则有：

$$\int_U \frac{\partial g_\alpha}{\partial t} \, \mathrm{d}U + \int_S g_\alpha V_{G_\alpha} \, \mathrm{d}S = \int_U I_\alpha \, \mathrm{d}U \qquad (8\text{-}35)$$

该方程说明了 U 内 G_α 的增长速度等于所考虑的 α 组分的该种性质通过曲面 S 进入 U 中的速度和 U 内产生这种性质的速度之和。若应用高斯定理，则式（8-35）可以改写成如下形式：

$$\int_U \left[\frac{\partial g_\alpha}{\partial t} + \mathrm{div}(g_\alpha V_{G_\alpha}) - I_\alpha \right] \mathrm{d}U = 0 \qquad (8\text{-}36)$$

因为体积 U 是任意的，若使式（8-36）对所有的体积成立，其被积函数必须等于零，因此得到：

$$\frac{\partial g_\alpha}{\partial t} + \mathrm{div}(g_\alpha V_{G_\alpha}) - I_\alpha = 0 \qquad (8\text{-}37)$$

式（8-37）就是 α 组分的一种性质的普遍守恒定律。

8.3.4.3 流体连续介质的质量、动量和能量守恒方程

流体连续介质的质量、动量和能量守恒方程都是由普遍守恒定律导出的各种外延量的守恒方程。

1. 一种组分的质量守恒方程

对于多组分体系的 α 组分来说，令 $g_\alpha = \rho_\alpha$ 和 $V_{G_\alpha} = V_G$，代入普遍守恒定律可得：

$$\frac{\partial \rho_\alpha}{\partial t} + \mathrm{div}(\rho_\alpha V_\alpha) = I_\alpha \qquad (8\text{-}38)$$

式中，I_α 为流体体系中单位体积中由于化学反应而产生的 α 组分的质量速度。式（8-38）即为 α 组分的质量守恒方程。该方程用全导数的形式表述为

$$\frac{\mathrm{D}\rho_\alpha}{\mathrm{D}t} + \rho_\alpha \mathrm{div}V_\alpha = I_\alpha \qquad (8\text{-}39)$$

若体系内无化学反应，则 I_α 为 0，式（8-39）可变为

$$\frac{\mathrm{D}\rho_\alpha}{\mathrm{D}t} + \rho_\alpha \mathrm{div}V_\alpha = 0 \qquad (8\text{-}40)$$

2. 流体体系的质量守恒方程

多组分体系的质量守恒方程推导，可以通过对多组分体系的所有组分求和得出：

$$\frac{\partial \rho}{\partial t} + \mathrm{div}(\rho V^*) = 0 \qquad (8\text{-}41)$$

式（8-41）是流体体系的连续性方程，也称为质量守恒方程。它表示在欧拉空间坐标系中的质量守恒。式（8-41）也可以写成以下两种形式：

$$\frac{\partial \rho}{\partial t} + \rho \mathrm{div}V^* + V^* \mathrm{div}\rho = 0 \qquad (8\text{-}42)$$

$$\frac{\mathrm{D}\rho}{\mathrm{D}t} + \rho \mathrm{div}V^* = 0 \qquad (8\text{-}43)$$

3. α 组分的线性动量守恒方程

如果把普遍守恒定律中的外延量 g_α 取作动量（线性动量），即 $g_\alpha = \rho_\alpha V_\alpha$，它表示单位体积混合物中 α 组分的动量，则有 $I_\alpha = I_{m\alpha}$，$V_{G_\alpha} = V_{m\alpha}$：

$$\frac{\partial(\rho_\alpha V_\alpha)}{\partial t} + \mathrm{div}(\rho_\alpha V_\alpha V_{m\alpha}) = I_{m\alpha} \qquad (8\text{-}44)$$

式中　$\rho_\alpha V_\alpha$ —— 动量密度；

　　　$I_{m\alpha}$ —— 动量密度 $\rho_\alpha V_\alpha$ 产生的速率；

　　　$V_{m\alpha}$ —— α 组分的动量在流体区域中的传播速度。

若假设 $J_{m\alpha}$ 为 α 组分相对于固定坐标的动量通量，则 $J_{m\alpha} = \rho_\alpha V_\alpha V_{m\alpha}$；若令 $J_{m\alpha}^*$ 表示 α 组分的相对质量平均速度的动量通量，则 $J_{m\alpha}^* = \rho_\alpha V_\alpha V_{m\alpha}^* = \rho_\alpha V_\alpha (V_{m\alpha} - V^*)$。$J_{m\alpha}$ 和 $J_{m\alpha}^*$ 有如下关系：

$$J_{m\alpha} = \rho_\alpha V_\alpha V^* + J_{m\alpha}^* \qquad (8\text{-}45)$$

将式（8-45）代入式（8-44），则有：

$$\frac{\partial(\rho_\alpha V_\alpha)}{\partial t} + \mathrm{div}(\rho_\alpha V_\alpha V^*) + \mathrm{div}(J_{m\alpha}^*) = I_{m\alpha} \qquad (8\text{-}46)$$

4. 流体体系的线性动量守恒方程

若令普遍守恒定律中的外延量 $g_\alpha = \rho V^*$，以 $V_{G_\alpha} = V_m$ 表示动量质点的速度，令 $I_\alpha = \sum_\alpha \rho_\alpha F_\alpha$，$F_\alpha$ 为作用在 α 组分质点上的外力，这由牛顿第二定律求得，它说明动量密度产生的速率等于所有外力的合力。将各量代入普遍守恒定律，可以得到：

$$\frac{\partial(\rho V^*)}{\partial t} + \mathrm{div}(\rho V_m V^*) + \mathrm{div}(J^*_{m\alpha}) = \sum \rho_\alpha F_\alpha \qquad (8\text{-}47)$$

若令 $J_m = \rho V^* V_m$ 表示相对于固定坐标系的动量通量，$J^*_\alpha = \rho V^* V_m = \rho V^*(V_m - V^*)$ 是相对于 V^* 的动量通量，则有：

$$J_m = \rho V^* V^* + J^*_m \qquad (8\text{-}48)$$

将式（8-47）和式（8-48）合并得：

$$\frac{\partial(\rho V^*)}{\partial t} + \mathrm{div}(\rho V^* V^*) + \mathrm{div}J^*_m = \sum \rho_\alpha F_\alpha \qquad (8\text{-}49)$$

式（8-49）说明，动量和质量一样，也是同时以两种方式被运输，一是由流体的总体运动所产生的通量 $\rho V^* V^*$，由式（8-49）左端第二项表示；二是由分子运动所引起的扩散通量，由式（8-49）左端第三项表示。式中 J^*_m 表示分子运动所引起的扩散通量，它等于流体压力张量的负值，其分量为 σ_{ij}。

$$J^*_m = -\sigma \qquad (8\text{-}50)$$

通常 σ 分为两部分，一是压力的贡献，二是黏滞力的贡献，则应力张量 σ_{ij} 可表示为

$$\sigma_{ij} = -p\delta_{ij} + P_{ij} \qquad (8\text{-}51)$$

式中　δ_{ij} ——Kronecker 记号；

　　　P_{ij} ——动量的第 i 个分量在第 j 个方向上的通量。

$$J_m = \rho V^* V^* + p\delta - P \qquad (8\text{-}52)$$

将式（8-51）代入式（8-49），则可得到用压力和黏滞力表示的动量守恒方程：

$$\frac{\partial(\rho V^*)}{\partial t} + \mathrm{div}(\rho V^* V^*) + \mathrm{div}(p\delta) - \mathrm{div}P = \sum \rho_\alpha F_\alpha \qquad (8\text{-}53)$$

式（8-53）可以进一步写成如下形式，称为柯西方程：

$$\rho \frac{\mathrm{D}V^*}{\mathrm{D}t} = -\mathrm{grad}p + \mathrm{div}P + \sum \rho_\alpha F_\alpha \qquad (8\text{-}54)$$

流体的动量守恒方程式（8-54）称为流体的柯西方程，其实际上是连续介质的牛顿第二运动定律，它表示单位体积流体的质量与加速度的乘积等于压力、黏滞力及所有外体积力之和。

如果流体没有黏滞力，则 $\mathrm{div}P = 0$，那么柯西方程可简化为

$$\rho \frac{\mathrm{D}V^*}{\mathrm{D}t} = -\mathrm{grad}p + \sum \rho_\alpha F_\alpha \qquad (8\text{-}55)$$

式（8-55）就是著名的欧拉运动方程。

如果流体服从牛顿流体的黏滞定律，即为牛顿流体时：

$$P = -\mu \frac{\partial V_i}{\partial x_i} \tag{8-56}$$

将式（8-56）代入式（8-54），则得到 N-S 方程（Navier-Stokes 方程）：

$$\rho \frac{DV^*}{Dt} = -\operatorname{grad}p + \operatorname{div}\left(-\mu \frac{\partial V_i}{\partial x_i}\right) + \sum \rho_\alpha F_\alpha \tag{8-57}$$

用张量形式可写成：

$$\rho \frac{DV^*}{Dt} = -p_{ii,\,i} - (\mu V_{i,\,i})_j + \sum \rho_\alpha F_\alpha \tag{8-58}$$

若 ρ 与 μ 均为常数，则 N-S 方程简化为

$$\rho \frac{DV^*}{Dt} = -p_{ii,\,i} + \mu\,(V_{i,\,i})_j + \sum \rho_\alpha F_\alpha \tag{8-59}$$

$$\rho \frac{DV^*}{Dt} = -\operatorname{grad}p + \mu\,\nabla^2 V + \sum \rho_\alpha F_\alpha \tag{8-60}$$

原则上讲，如果给出了 N-S 方程（3 个），质量守恒方程，ρ 与 μ 的状态方程（2 个）以及流动区域外边界上的适当条件，即可以推导出流动区域内的速度分布及压力分布。

8.3.4.4 气体状态方程

研究填埋场气体运移规律时，可以从多个角度建立方程，然后进行求解。在建立方程时，一般都会将密度 ρ 转化为其他物理量，如压强 P 等。在转化过程中，通常利用理想气体状态方程，转化过程如下：

$$PV = nRT \tag{8-61}$$

$$n = \frac{m}{M} \tag{8-62}$$

$$PV = \frac{m}{M}RT \tag{8-63}$$

$$\rho = \frac{m}{V} = \frac{PM}{RT} = \frac{M}{RT}P \tag{8-64}$$

式中　P——气体的压强，Pa；

V——气体的体积，$\mathrm{m^3}$；

n——气体物质的量，mol；

M——气体的摩尔质量，kg/mol；

R——摩尔气体常数，$R = 8\,314.51\ \mathrm{J/(mol \cdot K)}$；

T——绝对温度，K。

理想气体状态方程在运用时是有一定条件的。所谓理想气体，是指分子间无作用力，且分子体积为零的一种理想化气体。理想气体中气体分子不占体积，且理想状态方程描述的是一定量的气体在密闭绝热空间内 P，V，T 三者之间的关系。封顶后的填埋场，其内部不仅会不断产生气体，而且还会有收集系统不断将填埋气体抽出，填埋气体分子不仅占有体积，而且分子间存在相互作用力。经过长期对实际气体的物理模型的研究，已有数十种不同形式的实际气体状态方程被提出，下面介绍两种形式不太复杂，且具有一定精度的实际气体状态方程。

1. Van der Waals 方程

$$\left(P + \frac{a}{V_m^2}\right)(V_m - b) = RT \tag{8-65}$$

式中　P——气体压强，Pa；

R——摩尔气体常数，$R = 8\ 314.51\ \text{J/(mol·K)}$；

M——气体的摩尔质量，kg/mol；

T——气体温度，K；

V_m——气体的摩尔体积，m^3/mol；

a，b——范德瓦尔常数。

与理想气体状态方程相比，Van der Waals 方程引入了对理想气体的校正项 a/V_m^2 和 b。a/V_m^2 是考虑分子间有吸引力而引入的对压力的校正项，称为内压。碰撞器壁的分子因受到气体内部分子的吸引力而减小其施加到壁面上的压力，即气体受到的实际压力要比压力表测出的压力大。分子间的吸引力正比于单位体积内的分子数，单位时间碰撞壁面的粒子数也正比于单位体积内的分子数。由于分子间相互吸引而使气体所受压力增加的数值略正比于气体密度的平方。所以用 $(P + a/V_m^2)$ 替代理想状态方程中的 P。式(8-65)中的 b 为体积修正项。由于气体分子本身占据若干体积，使气体分子的自由活动空间有所减少，所以用 $(V_m - b)$ 替代理想气体中的 V_m。

2. R-K 方程

R-K（Redlich-Kwong）方程是改进 Van der Waals 方程的压力修正项而得到的，其方程形式如下：

$$P = \frac{RT}{V_m - b} - \frac{a}{\sqrt{T}\,V_m(V_m + b)} \tag{8-66}$$

R-K 方程在相当广的压力范围内对气体的计算结果都与实际比较符合，但是在饱和气相密度计算中有较大偏差。

由以上两种实际气体状态方程可以看出，气体 P，V，T 之间的关系并不再像理想气体状态方程那么简单了，三者之间的转换关系也变得很复杂。

8.4　填埋气体运移规律的分析

填埋场垃圾体内气压的增加，会使垃圾体有效应力减小，从而对填埋场的沉降和稳定产生影响。填埋场的气体问题是现代卫生填埋场几个主要问题之一。研究填埋气体的运移不仅对控制填埋气体的释放具有一定的价值，同时也可以为现代填埋场的设计提供一定的参考。

现代卫生填埋场通常由垃圾体、底部衬垫系统、渗滤液收集和排放系统、气体控制系统以及封顶系统等五个部分组成。研究填埋气体的运移规律通常也需要考虑渗滤液收集和排放系统、气体控制系统的影响。Young（1989）通过建立质量守恒方程来模拟填埋场气体的运移。在建立方程的过程中，考虑了填埋场内部的横向和竖向抽气管，忽略了渗滤液对气体运移的影响，并对比了解析解和数值解以分析模型的精度。Arigala 等（1995）改进了 Young 的模型，并用一级动力学考虑填埋场内的气体生成，同时也研究了填埋场封顶对抽气井抽气效果的影响。由于横向抽气管是埋在填埋场内部的，因此一般在研究填埋气体运移规律时只考虑竖向抽气井的影响。填埋气体运移是一个复杂的过程，若考虑太多因素，不仅会使模型的方程很复杂，同时也会使方程可能无法求解。为此，在研究填埋气体运移时，有时会只考虑横向抽气管或竖向抽气井。相比较而言，考虑竖向抽气井比较多。Townsend 等（2005）研究了考虑水平抽气井时填埋气体的运移规律，并解出解析解，同时还研究了不同操作条件对填埋气体运移的影响。Fabbricino（2007）提出一种简单的模型，模型考虑主要的操作参数以及废弃物的特性参数，从而得出抽气井中气流运移的规律。Chen 等（2003）用数值模型描述了填埋气体在抽气井中的运移规律。Nastev 等（2001）提出了一种以竖向抽气井为中心的轴对称模型。Vigneault 等（2004）利用 Chen 等的模型研究了抽气井的影响半径。Hashemi 等（2002）和 Sanchez 等（2006）分别研究了在稳定和动态情况下填埋场的封顶和各向异性对填埋气体运移的影响。Sanchez 等（2010）研究了气体和液体运移耦合规律。

然而，以上这些模型在研究填埋气体运移时，都忽略了填埋场废弃物的压缩对气体运移的影响。Yu 等（2009）提出了一种以抽气井为中心的轴对称模型。建立模型时不仅考虑了填埋场内分解产生的气体对填埋气体运移的影响，还考虑了填埋场内废弃物的沉降以及气体溶于渗滤液对填埋气体运移的影响。通过拉普拉斯变换得到解析解，并将解析解与数值解进行了对比。

研究填埋气体运移规律的主要目的是为现代填埋场的设计和操作提供参考，以便更好地控制填埋气体。所以，从工程角度上讲，对填埋气体运移规律研究的精确度控制在工程精度范围内即可。Massmann（1989）研究了地下水抽水模型和抽气模型的异同点。虽然气体的密度依赖于气体的压强，气体流动方程与流体流动方程不同，但是当气体压强场最大的压强差不超过 0.5 个大气压时，地下水的流动模型可以近似模拟气体的运移。

8.4.1 产气模型

动力学模型中一级动力学模型在填埋气体运移规律研究中应用最为广泛，Arigala 等（1995）、Hettiarachchi 等（2009）、Hashemi 等（2002）、Sanchez 等（2006）、Yu 等（2009）、Sanchez 等（2010）研究填埋气体运移模型均以一级动力学模型中的 Finddikakis-Leckie 动力学模型来模拟填埋场内部气体的生成，其方程见式（8-10）和式（8-11）。

8.4.2 沉降模型

由于垃圾的主、次固结难以区分，使用土力学模型不能有效考虑生物分解对废弃物沉降的影响，因此采用 Gibson 和 Lo 流变模型，其方程见式（8-2）。

8.4.3　气体状态方程

研究填埋气体运移规律的模型，大都是根据质量守恒定律而建立方程，在质量守恒定律中通常会涉及气体的密度 ρ。填埋场内的气体密度不仅会随着时间变化，而且还会随着填埋场内部压强的变化而变化，因而定义气体的密度会有一定的难度。所以，通常需要运用气体状态方程将密度 ρ 转化成其他易求的物理量。

填埋场填埋期结束后，虽然会封顶，但是由于设计和施工等原因，填埋场不会绝对密封。并且在填埋场内部由于有机质的分解，填埋气体还会不断生成，因此，填埋场内部气体的量并不是一定的。在现代卫生填埋场中还有抽气系统，填埋场封顶一定时间后，其内部的气体会被不断抽出来，即填埋场内部与外界存在热量交换。所以，从严格意义上讲，填埋气体不满足理想气体状态方程的使用条件。

实际气体状态方程的本质是经验公式，并不是严格应用数学推导得到的，因此，实际气体状态方程会包含很多经验参数，P，V，T 三者之间的关系也不会像理想状态方程那样简单。李传统等（1996）验证过几种实际气体状态方程与理想状态方程在计算气体压强时的差别。验算的气体状态方程有：Van der Waals 方程、R-K 方程、Beattle-Bridgeman 方程[式（8-67）]和理想状态方程，其对比结果见表 8-1。

$$P = \frac{RT\left(1 - \dfrac{c}{VT^3}\right)}{V^2}\left[V + B_0\left(1 - \frac{b}{V}\right) - \frac{A_0}{V^2}\left(1 - \frac{a}{V}\right)\right] \tag{8-67}$$

式中　P——气体的压强，Pa；

　　　T——绝对温度，K；

　　　V——气体的体积，m^3；

　　　R——摩尔气体常数，$R = 8\,314.51\ \text{J/(mol·K)}$；

　　　a，b，c，A_0，B_0——常数。

表 8-1　　　　　　　　　　　　　　几种状态方程计算结果对比

对比项	Van der Waals 方程	R-K 方程	Beattle-Bridgeman 方程	理想状态方程	实测值
P/Pa	101 272.11	101 299.20	101 317.97	101 299.70	101 300.00

由表 8-1 可以看出，各个状态方程的计算结果和实测结果相差不大，其误差在工程误差允许范围内，所以用理想气体状态方程来转化实际气体的 P，V，T 所引起的误差在工程上可以接受。

8.4.4　气体运移模型

填埋场封顶后，其内部的环境复杂，除了气体的运移外，还有渗滤液以及热量的运移，三个运移过程是相互影响的。为简化模型，便于求解，在建立模型之前，还需要做一些假设。

1. 模型方程

填埋气体的主要成分有两种：二氧化碳和甲烷。在填埋场内，可分解有机质并不是均匀分布的，所以填埋场内各个地方并不是都有有机质的分解的。因此，填埋场内气体的压强和各成分的浓度并不一致。压强差和浓度差是填埋气体运移的原因。具体地说，填埋场内的气体压强差引起填埋气体的对流，浓度差引起填埋气体的扩散。所以，研究填埋气体运移规律可用对流扩散方程。Sanchez 等（2010）、Hettiarachchi 等（2006）、Hashemi 等（2002）在研究填埋气体运移时利用对流扩散方程建立模型，然后通过数值模拟而求得数值解，其对流扩散方程的形式如下：

$$\varepsilon_l \frac{\mathrm{d}\rho_k}{\mathrm{d}t} + \nabla \cdot (\rho_k V) = \alpha_k(Z) + \nabla \cdot (D_{km} \nabla \rho_k) \tag{8-68}$$

式中　ε_l——填埋场内废弃物的孔隙率；

ρ_k——填埋气体中第 k 种气体的密度，kg/m^3；

V——填埋气体的对流速度，m/年；

α_k——填埋气体中第 k 种气体的生成速率，$kg/(m^3 \cdot 年)$；

D_{km}——第 k 种气体在填埋气体中的扩散系数，$m^2/年$。

利用对流扩散方程建立的模型主要优点是将填埋气体运移的两种形式分开考虑，且在模型中都有表现，但是由于对流扩散方程求解困难，且需要引入额外的参数（扩散系数 D_{km}），因此多数研究填埋气体运移规律模型的主方程是质量守恒方程。

质量守恒方程有两种，一种是根据填埋场内气体的去向而列的等式。Young（1989）在研究填埋气体运移时建立的模型是利用质量守恒而建立的。质量守恒的等式如下：

$$\frac{\partial}{\partial t} \iiint_\Omega \rho \theta \mathrm{d}\tau = \oiint_{\partial\Omega} -\rho u \cdot \mathrm{d}S + \iiint_\Omega (q - W) \mathrm{d}\tau \tag{8-69}$$

式中　Ω——废弃物的体积；

θ——废弃物的孔隙率；

ρ——可分解有机质的密度；

u——气体的速度，服从达西定律；

q——体积为 Ω 的废弃物产生气体的速率；

W——从体积为 Ω 的废弃物中气体流出的速率；

$\partial\Omega$——填埋气体流出面的面积。

由式（8-69）可以看出，质量守恒等式的实际意义是：一定体积内填埋气体的变化量＝当前体积内生成气体的体积－从当前体积内流出气体的体积。这类等式没有固定的表达形式，不同的研究者在研究填埋气体运移时，会考虑不同的因素，其表达形式也会有所不同。

另一种质量守恒方程就是根据普遍守恒定律列出的。考虑的因素不同，其表达形式也会不同。其表达式如下：

$$\theta \frac{\partial\rho}{\partial t} + \nabla \cdot (\rho V) = \alpha(t) \tag{8-70}$$

式中　θ——填埋场内废弃物的孔隙率；

ρ——填埋气体的密度，kg/m^3；

V——填埋气体的对流速度，m/s；

α——填埋气体的生成速率，$kg/(m^3 \cdot s)$。

与对流扩散方程相比，式（8-70）缺少填埋气体的扩散项，方程显得更简单。同时，式（8-68）中还引入了扩散系数 D_{km}。不同的填埋场，其扩散系数不同；不同时期填埋的废弃物，其扩散系数也不同。这就使得由对流扩散方程建立起来的模型的准确性额外增加了不确定性。

2. 模型的假设

Sanchez 等（2010）、Hettiarachchi 等（2006）、Hashemi 等（2002）在研究填埋气体运移时认为其组分有四种，分别是氧气、氮气、二氧化碳和甲烷，然后分别考虑四种气体的运移。但是，大多数研究者将填埋气体这种混合气体看成一种气体来考虑。例如，Arigala 等（1995）将填埋气体假设成由 CO_2 和 CH_4 等摩尔混合的混合气体，任意布置抽气井，在渗透边界的条件下，数值模拟了填埋气体的运移规律。Elena Mara ñón 等（2001）将填埋气体看成一种气体，建立了一个二维有限元模型。将填埋气体看成一种气体，不仅简化了模型，同时也使得方程的求解变得简单。因此，假设填埋气体为一种气体。

填埋场内的废弃物组分复杂，且极度不均匀，属于各向异性的介质。气体在废弃物中运移，各向渗透系数各不相同。但是，在研究填埋气体运移时，通常将填埋场内废弃物的气体渗透系数分为两类：水平渗透系数 k_h 和竖直渗透系数 k_v。在填埋场中，水平渗透系数大于竖直渗透系数，一般认为 $k_v = 1/3k_h$。Shabnam Gholamifard 等（2008）、Jonatham Kindlein 等（2006）在研究填埋气体运移时，分别使用 Van Genuchten 模型［式（8-71）］和 Brooks-Corey 模型［式（8-72）、式（8-73）］计算填埋场的渗透系数，其具体表达式如下：

$$k_{rg} = (1 - S_e^{1/m})[1 - S_e^{1/m}]^m \tag{8-71}$$

$$k_{rg} = (1 - S_e)^2 (1 - S_e^{\frac{2+\lambda}{\lambda}}) \tag{8-72}$$

$$S_e = \frac{S - S_r}{1 - S_r} \tag{8-73}$$

式中　k_{rg}——填埋场中气体的渗透系数；

S_e——填埋场中废气物的有效饱和度；

S_r——填埋场中废弃物的残余含水率；

S——填埋场中废弃物的含水率；

m——Van Genuchten 参数；

λ——Brooks-Corey 经验参数。

Stoltz 等（2010）在研究填埋场中废弃物的气体和液体渗透系数时，认为填埋场中气体的渗透系数与废弃物孔隙中气体的含量有关：

$$k_g = \kappa \theta_g^\alpha \tag{8-74}$$

式中　k_g——填埋场的气体渗透系数，m^2；

κ——常数，$\kappa = 3 \times 10^{-8} \ m^2$；

θ_g——填埋场中废弃物孔隙中气体体积的百分比；

α——常数，$\alpha = 6.57$。

式（8-74）计算的填埋场气体的渗透系数与填埋场的饱和度有关。本章在研究填埋气体运移时，不考虑渗滤液运移对气体运移的影响，即假设填埋场中废弃物的饱和度一定，由此可假定填埋场中废弃物的气体渗透系数在水平向和竖直向都为定值。

废弃物被填埋到填埋场后，在微生物的作用下开始发生生物分解，同时在自重应力下发生沉降。废弃物中可分解有机质被分解后，固态物质被转化成气态、液态和其他固态物质。被分解的固态物质所占的体积就会转化成孔隙或沉降。因此，可分解有机质的分解能引起废弃物的孔隙率变化。除了生物分解外，填埋场的沉降也会引起废弃物的孔隙率变化。Yu 等（2009）在考虑填埋场沉降的情况下研究填埋气体运移时，假定所有压应变均发生在竖直方向，压应变全部转化成孔隙率的变化。有机质分解而增加的空间体积也全部转化成孔隙。

为了简化模型，假定填埋场内部的温度为定值，可认为 $T = 302$ K（29 ℃）。同时假定填埋场内部气体运移过程不影响填埋气体运移。

综上，本章在建立模型前，有如下假设：

（1）假设填埋气体的组分为一种气体，且为理想气体；

（2）填埋场中废弃物的气体水平渗透系数和竖直渗透系数为定值，且 $k_v = 1/3k_h$；

（3）所有压应变均发生在竖直方向，压应变全部转化成孔隙率的变化；

（4）有机质分解而增加的空间体积也全部转化成孔隙；

（5）填埋场内部的温度为定值，$T = 302$ K（29 ℃）；

（6）填埋场内部气体运移过程不影响填埋气体运移。

3. 模型的建立

根据多孔介质流体力学可列出如下质量守恒方程：

$$\frac{\partial \theta \rho}{\partial t} + \nabla \cdot (\rho V) = \alpha(t) \tag{8-75}$$

式中　θ——填埋场内废弃物的孔隙率；

　　　ρ——填埋气体的密度，kg/m^3；

　　　V——填埋气体的对流速度，m/s；

　　　α——填埋气体的生成速率，$kg/(m^3 \cdot s)$。

式（8-75）左边第一项利用偏导规则，可以转化为

$$\frac{\partial \theta \rho}{\partial t} = \theta \frac{\partial \rho}{\partial t} + \rho \frac{\partial \theta}{\partial t} \tag{8-76}$$

由理想状态方程式（8-64）得：

$$\rho = \frac{PM}{RT} = \frac{M}{RT} P \tag{8-77}$$

由式（8-77）可以得出：

$$\frac{\partial \rho}{\partial t} = \frac{M}{RT} \frac{\partial P}{\partial t} \tag{8-78}$$

设在 dt 时间内单位体积废弃物内孔隙所占的体积为 θ，另设 dt 时间内单位体积废弃物

的体积应变为 ε，产生的气体质量为 $\alpha \cdot \mathrm{d}t$，则消耗的可分解有机质的体积为 $V = \alpha \cdot \mathrm{d}t / \rho_d$，其中 ρ_d 为废弃物的密度。那么在 $\mathrm{d}t$ 时间内单位体积废弃物的孔隙率变化为

$$\mathrm{d}\theta = -\varepsilon + \alpha \cdot \mathrm{d}t / \rho_d \tag{8-79}$$

将式（8-78）、式（8-79）代入式（8-76）可得：

$$\frac{\partial \theta \rho}{\partial t} = \frac{M\theta}{RT} \frac{\partial P}{\partial t} + \rho \frac{\partial(-\varepsilon + \alpha \cdot \mathrm{d}t / \rho_d)}{\partial t} \tag{8-80}$$

$$= \frac{M\theta}{RT} \frac{\partial P}{\partial t} - \rho \frac{\partial \varepsilon}{\partial t} + \frac{\rho \alpha}{\rho_d}$$

即

$$\frac{\partial \theta \rho}{\partial t} = \frac{M\theta}{RT} \frac{\partial P}{\partial t} - \rho \frac{\partial \varepsilon}{\partial t} + \frac{\rho \alpha}{\rho_d} \tag{8-81}$$

Sumadhu 等（1995）在研究填埋气体运移时，将气体速度表达为

$$V = \frac{K}{\mu} \cdot \nabla P \tag{8-82}$$

将式（8-77）、式（8-82）代入式（8-75）左边第二项展开可得到：

$$\nabla \cdot (\rho V) = -\nabla \cdot \left(\frac{M}{RT} P \frac{K}{\mu} \cdot \nabla P \right) = -\frac{M}{RT} \cdot \frac{K}{\mu} \nabla \cdot (P \cdot \nabla P) \tag{8-83}$$

式中，K 为填埋场废弃物的气体渗透系数；μ 为填埋气体的黏度系数。
令

$$\frac{K_h}{\mu} = k_h \tag{8-84}$$

$$\frac{K_v}{\mu} = k_v \tag{8-85}$$

式中，k_h 为填埋场水平方向气体传导系数；k_v 为填埋场竖直方向气体传导系数。
将式（8-84）、式（8-85）代入式（8-83）得：

$$\nabla \cdot (\rho V) = -\frac{M}{RT} \cdot \frac{K}{\mu} \nabla \cdot (P \cdot \nabla P) = -\frac{M}{RT} \cdot \frac{K}{\mu} (P \cdot \nabla^2 P + |\nabla P|^2) \tag{8-86}$$

Young（1989）在研究填埋气体运移时，为使方程能够得到线性解，对方程进行了简化：

$$P \nabla^2 P \cdot \frac{PP_{max}}{h^2} - \left(\frac{P_{max}}{h} \right)^2 \cdot |\nabla P|^2 \tag{8-87}$$

所以式（8-86）中的 $|\nabla P|^2$ 相对于 $P \cdot \nabla^2 P$ 可以忽略不计，即式（8-86）可近似化简为

$$\nabla \cdot (\rho V) = -\frac{M}{RT}\frac{K}{\mu} \cdot P \cdot \nabla^2 P \tag{8-88}$$

将式（8-2）、式（8-81）、式（8-88）代入式（8-75）并化简可得：

$$\frac{M\theta}{RT}\frac{\partial P}{\partial t} - \rho\frac{\partial \Delta\sigma\{a+b[1-\mathrm{e}^{-(\lambda/b)t}]\}}{\partial t} + \frac{\rho\alpha}{\rho_{\mathrm{d}}} - \frac{M}{RT}\frac{K}{\mu} \cdot P \cdot \nabla^2 P = \alpha(t) \tag{8-89}$$

$$\frac{M\theta}{RT}\frac{\partial P}{\partial t} - \rho\Delta\sigma\lambda\mathrm{e}^{-(\lambda/b)t} + \frac{\rho\alpha}{\rho_{\mathrm{d}}} - \frac{M}{RT}P\left(\frac{K_{\mathrm{h}}}{\mu}\frac{\partial^2 P}{\partial x^2} + \frac{K_{\mathrm{v}}}{\mu}\frac{\partial^2 P}{\partial y^2}\right) = \alpha(t) \tag{8-90}$$

$$\frac{M\theta}{RT}\frac{\partial P}{\partial t} - \frac{M}{RT}P\left(\frac{K_{\mathrm{h}}}{\mu}\frac{\partial^2 P}{\partial x^2} + \frac{K_{\mathrm{v}}}{\mu}\frac{\partial^2 P}{\partial y^2}\right) = \alpha(t) + \rho\Delta\sigma\lambda\mathrm{e}^{-(\lambda/b)t} - \frac{\rho\alpha}{\rho_{\mathrm{d}}} \tag{8-91}$$

为了进一步简化方程，也可近似认为式（8-91）中的 θ 近似等于初始孔隙率 θ_0，P 近似等于初始气压 P_0，气体密度 ρ 近似等于初始气体密度 ρ_0。因此，式（8-91）的方程形式可以简化为如下形式：

$$\frac{\partial P}{\partial t} = \frac{P_0}{\theta_0}\left(k_{\mathrm{h}}\frac{\partial^2 P}{\partial x^2} + k_{\mathrm{v}}\frac{\partial^2 P}{\partial y^2}\right) + \frac{RT}{MP_0}\left[\left(1 - \frac{\rho_0}{\rho_{\mathrm{d}}}\right)\alpha(t) + \rho_0\Delta\sigma\lambda\mathrm{e}^{-(\lambda/b)t}\right] \tag{8-92}$$

在填埋场封顶后，填埋场内废弃物主要承受的应力为自重应力，因此 $\Delta\sigma$ 可以表达为以下形式：

$$\Delta\sigma = \rho_{\mathrm{d}}gy \tag{8-93}$$

将式（8-10）、式（8-11）代入式（8-93），则：

$$\frac{\partial P}{\partial t} = \frac{P_0 k_{\mathrm{v}}}{\theta_0}\left(3\frac{\partial^2 P}{\partial x^2} + \frac{\partial^2 P}{\partial y^2}\right) + \frac{RT}{MP_0}\left[\left(1 - \frac{\rho_0}{\rho_{\mathrm{d}}}\right)C\sum_{i=1}^{3}A_i\lambda_i\mathrm{e}^{-\lambda_i\left(t+\frac{z}{h}t_{\mathrm{f}}\right)} + \rho_0\rho_{\mathrm{d}}gy\lambda\mathrm{e}^{-(\lambda/b)t}\right] \tag{8-94}$$

在现代填埋场中，为控制填埋气体，需在填埋场中设置抽气井，所以为了使模型更接近实际情况，将模型围绕着抽气井来进行求解。抽气井的范围并不是无限的，一般来说，抽气井的影响半径为 50 m。模型的截面形式如图 8-5 所示。

式（8-94）为二维非稳态热传导方程，是非线性二阶偏微分方程，所以其解析解的求解很困难，需要用数值模拟的方法求出模型的解，可以采用有限差分法进行求解。

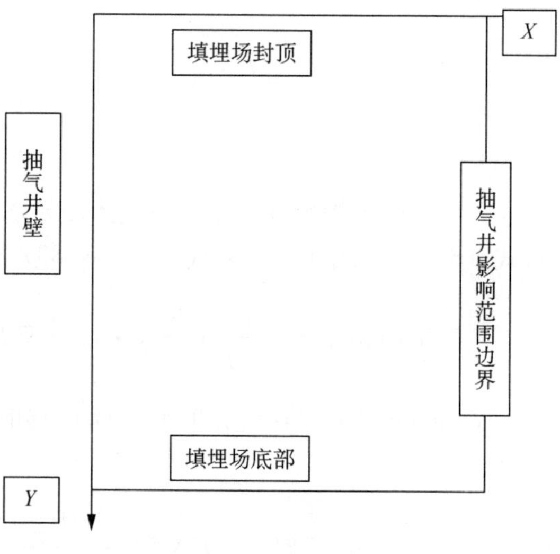

8.5　解析算法实例分析

8.5.1　参数设置

为使模型能够与其他模型进行对比，实例分析中所取的填埋场中各项参数值如表 8-2 所示（Yu 等，2009）。

图 8-5　模型的横截面

表 8-2 填埋场各项参数值

参数名称	符号	数值	单位
填埋场的厚度	H	20	m
抽气井的影响半径	r	50	m
填埋场的填埋时间	t_f	10	年
抽气井负压	P_w	-2.0	kPa
填埋场底部气体流量	J_b	-5×10^{-6}	$kg/(m^2 \cdot s)$
固体废弃物的密度	ρ_d	1 100	kg/m^3
废弃物的孔隙率	θ	0.5	—
竖向渗透系数	k_v	8.6×10^{-7}	m/s
水平渗透系数	k_h	2.58×10^{-6}	m/s
单位体积废弃物潜在总产气量	C	220	kg/m^3
极易分解废弃物含量	A_1	15	%
易分解废弃物含量	A_2	55	%
难分解废弃物含量	A_3	30	%
极易分解废弃物分解常数	λ_1	0.138 6	年$^{-1}$
易分解废弃物分解常数	λ_2	0.023 1	年$^{-1}$
难分解废弃物分解常数	λ_3	0.017 328	年$^{-1}$
填埋场内部温度	T	310	K
填埋气体的分子量	M	0.03	kg/mol
标准大气压	P_a	101.325	kPa

8.5.2 边界条件

填埋场封顶后，在填埋场上部会覆盖一层 0.5～1 m 厚的黏土，本模型中，忽略黏土层的厚度。

当 $x=0$ 或 $x=r$ 时：

$$\frac{\partial P}{\partial x} = 0 \qquad (8-95)$$

当 $0 < x < r$ 时：

$$\frac{\partial P}{\partial y} = \frac{K_c}{dK_v}(P - P_a) \qquad (8-96)$$

当 $x=0$，$0 < y < h$ 时：

$$P = P_w \qquad (8-97)$$

当 $y=H$，$0 < x < r$ 时：

$$\frac{\partial P}{\partial y} = 0 \qquad (8-98)$$

当 $x=r$，$0 < y < H$ 时：

$$\frac{\partial P}{\partial x} = 0 \qquad (8-99)$$

8.5.3 计算结果

边界条件和初始条件已经设置，根据已建立的模型，利用有限差分法数值模拟抽气井影响范围内填埋气体的气压分布。在抽气井开始抽气后，填埋场内的气压等值线如图8-6所示。

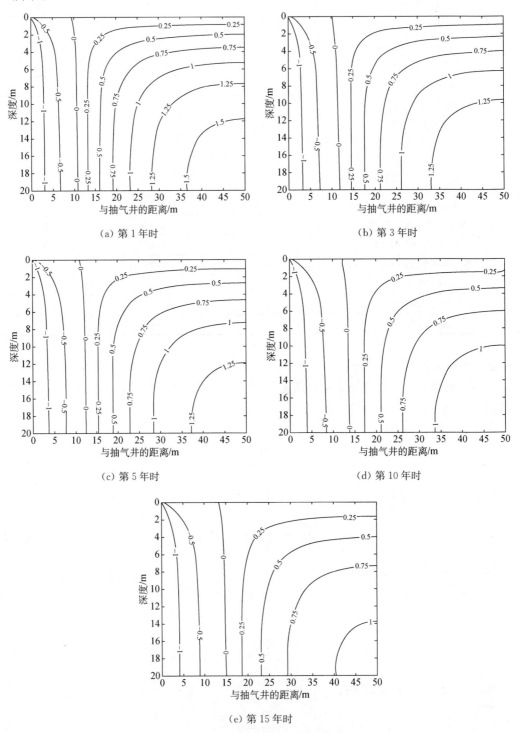

图8-6 不同时期填埋场内气压等值图

从图 8-6 可以看出，越靠近抽气井位置的压力等值线分布越密集，这表明在抽气井收集气体时，填埋气体向井内移动，即主要以横向运移为主。距离抽气井越远，等值线间的间隔就越大，等值线的倾斜度越低，且趋向水平，气体运动方向由水平向垂直方向过渡，这也表明了水平方向的压力梯度随着与抽气井距离的拉大而急剧减少，这也验证了抽气井在填埋场内的影响范围是有限的。同时，填埋场内气压值随着时间的变化而逐渐减少。在第 1 年到第 10 年这段时间内，填埋场内气压值减小得比较明显，在第 10 年至第 15 年这段时间内，气压值减少幅度很小，说明抽气井在填埋场内收集气体后，填埋场内的压强最后趋向于一个稳定的值，同时也说明填埋场内的气体并不能完全被抽出，一般来说，填埋场内由有机质分解产生的填埋气体大概有 90% 可以由抽气井抽出收集。

图 8-7 所示为埋深为 10 m、距抽气井井壁 10 m 处气压值随时间变化的曲线。从图中可以看出，填埋场封场后，场内气压先随着时间的增长而增大，大约 1.5 年之后，填埋场内的气压值达到峰值，之后开始衰减，到第 10 年左右，衰减速度明显变缓。这是因为封场后，填埋场内氧气充足，可分解有机质迅速被喜氧菌进行有氧分解，产生大量的二氧化碳，随着氧气的消耗，有氧分解速度减缓，厌氧分解逐渐占主导地位，甲烷开始大量产生，但是产气速度较有氧分解时的速度降低了许多。由于抽气井的原因，场内气压开始降低。填埋场内的填埋气体并不能完全被抽出来，一般来说，填埋场内由有机质分解产生的填埋气体大约有 90% 可以由抽气井抽出收集（Massmann，1989）。

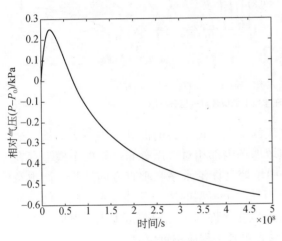

图 8-7　气压随时间的变化曲线

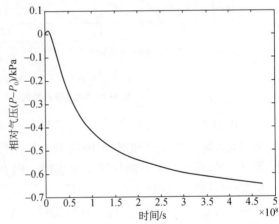

图 8-8　不考虑填埋场沉降的情况下气压随时间的变化曲线

图 8-8 所示为不考虑填埋场沉降的情况下埋深为 10 m、距抽气井井壁 10 m 处气压值随时间变化的曲线。对比图 8-7 与图 8-8 可以看出，在考虑填埋场沉降时，填埋场内部气压峰值比较大，且出现的时间比较晚，气压值衰减的速度也比较缓慢。其原因是填埋场发生沉降后，填埋场内部的孔隙率减小，填埋场内填埋气体运移的通道减少，运移受阻，填埋场气体在场内聚集，不能及时抽离场内，因此场内气压峰值出现的时间比较晚，且之后的衰减速度比较缓慢。因此，沉降会使填埋场内填埋气体的运移通道减少，使填埋气体不能顺畅地流向抽气井，从而使填埋场内的气压变大。当填埋场气压增大到一定程度时，填埋气体会向填埋场周围的土壤和大气层运移，增加发生爆炸事故和污染环境的可能性。

8.5.4　与国外文献对比

Yu 等（2009）在考虑填埋场沉降的情况下研究了填埋气体的运移规律，图 8-9 显示了 5 年后不同抽气井气压作用下的填埋场气压分布情况，图 8-10 显示了利用本节所述计算方法得出的 5 年后填埋场气压分布情况。

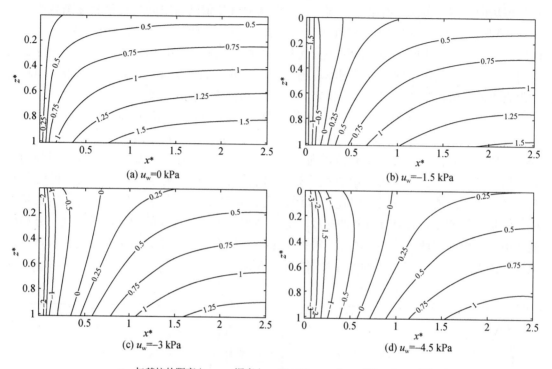

x—与基坑的距离/m；z—深度/m；$H=20$ m；$x^*=x/H$；$z^*=z/H$

图 8-9　5 年后不同抽气井气压作用下的填埋场气压分布图

由图 8-9 和图 8-10 可知，随着抽气井气压的增大，负压力的波动范围更大，抽气效果明显。对比图 8-9 和图 8-10 可知，在模拟填埋场内部相对气压分布时，两个模型存在差异。Yu 等（2009）的计算结果表明，模型中填埋气体沿水平和垂直方向迁移，而本章模型中填埋气体仅有水平方向的迁移。主要原因是两个模型的边界条件设置不同。两个模型的压力分布形式和数值范围比较接近，其偏差也在允许的工程偏差范围内。然而，本章所推演的算法明显比 Yu 等（2009）的算法简易，更具工程应用价值。

8.5.5　结论

影响填埋气体运移的因素有很多，各个因素的影响也有大有小。本章主要考虑沉降变形、有机质的分解、时效、埋深等对填埋气体运移的影响。通过实例计算，可以看出：

（1）在填埋场下部，填埋气体主要以横向运移为主；在填埋场上部，抽气井附近，气体同时发生竖向运移和横向运移，距离抽气井较远处，气体竖向运移占主要部分。

（2）填埋场封顶后，场内气压先随着时间的增长而增大，大约1.5年之后，填埋场内的气压值达到峰值，之后开始衰减，到第 10 年左右，衰减速度明显变缓。

（3）与不考虑填埋场沉降的填埋气运移规律相比，考虑填埋场沉降时，填埋场内部气压峰值比较大，且出现的时间比较晚，气压值衰减的速度也比较缓慢。

214

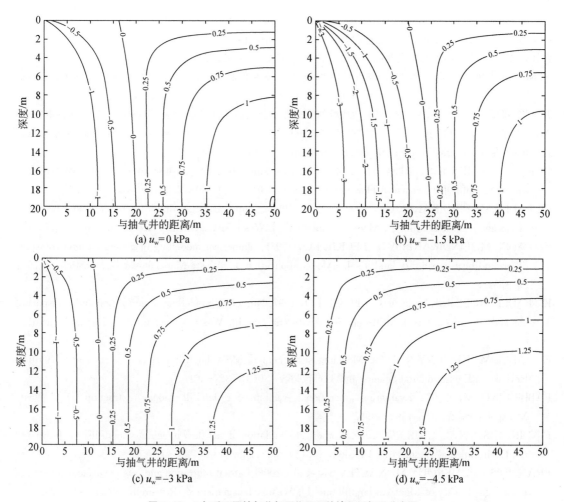

图 8-10　5 年后不同抽气井气压作用下的填埋场气压分布图

（4）将本章计算模型与国外学者的模型对比可以发现，两个模型的压力分布形式和数值范围比较接近，其偏差也在允许的工程偏差范围内。

参考文献

陈则韶，2008.高等工程热力学[M].北京：高等教育出版社.

黄文雄，彭绪亚，阎利，2006. 垃圾填埋场气体产生及其模型研究[J].中国工程科学，8(9)：74-78.

孔宪京.孙秀丽，2006.城市固体废弃物沉降模型研究现状及其进展[J].大连理工大学学报，46(4)：615-624.

李传统，张莉，1996.实际气体的状态方程与热力性质[J].煤矿安全，7：18-20.

刘富强，唐薇，聂永丰，2000.城市生活垃圾填埋场气体的产生、控制及利用综述[J].重庆环境科学，22(6)：72-76.

刘景岳，刘晶昊，徐文龙，2007.我国垃圾卫生填埋技术的发展历程与展望[J].环境卫生工程，15(4)：58-61.

刘宁宁，简晓彬，2008.国内外城市生活垃圾收集与处理现状分析[J].国土与自然资源研究，4：67-68.

宋国英，牛静波，1993.国外城市固体废弃物处理技术的进展[J].国外环境科学技术，2：53-57.

魏海云，2007.城市生活垃圾填埋场气体运移规律研究[D].杭州：浙江大学.

谢焰，陈云敏，唐晓武，等，2006.考虑气固耦合填埋场沉降数学模型[J].岩石力学与工程学报，25(3)：

601-608.

杨宏毅,卢英方,2006.城市垃圾的处理和处置[M].北京:中国科学技术出版社.

张纬,2008.填埋气体渗流与温度耦合数值模拟研究[D].武汉:武汉工业学院.

张英民,尚晓博,李开明,等,2011.城市生活垃圾处理技术现状与管理对策[J].生态环境学报,20(2):
389-396.

张于峰,邓娜,李新禹,等,2004.城市生活垃圾的处理方法及效益评价[J].自然科学进展,8(14):863-869.

ARIGALA S G, TSOTSIS T T, WEBSTER I A, et al., 1995. Gas generation, transport, and extraction in
landfills[J]. Journal of environmental engineering, 121(1): 33-44.

CHEN Y C, CHEN K S, WU C H, 2003. Numerical simulation of gas flow around a passive vent in a
sanitary landfill[J]. Journal of Hazardous Materials, 100(1-3): 39-52.

EL-FADEL M, FINDIKAKIS A N, LECKIE J O, 1996a. Numerical modelling of generation and transport
of gas and heat in landfills Ⅰ. Model formulation[J]. Waste Management & Research, 14(5): 483-504.

EL-FADEL M, FINDIKAKIS A N, LECKIE J O, 1996b. Numerical modelling of generation and transport
of gas and heat in sanitary landfills Ⅱ. Model application[J]. Waste Management & Research, 14(6):
537-551.

EL-FADEL M, FINDIKAKIS A N, LECKIE J O, 1997. Numerical modelling of generation and transport of
gas and heat in sanitary landfills Ⅲ. Sensitivity analysis[J]. Waste Management & Research, 15(1):
87-102.

EL-FADEL M, KHOURY R, 2000. Modeling settlement in MSW landfills: A critical review[J]. Critical
Reviews in Environmental Science and Technology, 30(3): 327-361.

FABBRICINO M, 2007. Evaluating operational vacuum for landfill biogas extraction [J]. Waste
Management, 27(10): 1393-1399.

FINDIKAKIS A N, LECKIE J O, 1979. Numerical simulation of gas flow in sanitary landfills[J]. Journal of
the Environmental Engineering Division, 105(5): 927-945.

FRANZIDIS J P, HEROUX M, NASTEV M, et al., 2008. Lateral migration and offsite surface emission of
landfill gas at City of Montreal landfill site[J]. Waste Management & Research, 26(2): 121-131.

GARDNER N, PROBERT S D, 1993. Forecasting landfill-gas yields[J]. Applied Energy, 44(2): 131-163.

GARG A, ACHARI G, JOSHI R C, 2006. A model to estimate the methane generation rate constant in
sanitary landfills using fuzzy synthetic evaluation[J]. Waste Management & Research, 24(4): 363-375.

GHOLAMIFARD S, EYMARD R, DUQUENNOI C, 2008. Modeling anaerobic bioreactor landfills in
methanogenic phase: Long term and short term behaviors[J]. Water Research, 42(20): 5061-5071.

HASHEMI M, KAVAK H I, TSOTSIS T T, et al., 2002. Computer simulation of gas generation and
transport in landfills Ⅰ: Quasi-steady-state condition[J]. Chemical Engineering Science, 57(13):
2475-2501.

HETTIARACHCHI H, MEEGODA J, HETTIARATCHI P, 2009. Effects of gas and moisture on
modeling of bioreactor landfill settlement[J]. Waste Management, 29(3): 1018-1025.

KINDLEIN J, DINKLER D, AHRENS H, 2006. Numerical modelling of multiphase flow and transport
processes in landfills[J]. Waste Management & Research, 24(4): 376-387.

MARTICORENA B, ATTAL A, CAMACHO P, et al., 1993. Prediction rules for biogas valorisation in
municipal solid waste landfills[J]. Water Science and Technology, 27(2): 235-241.

MASSMANN J W, 1989. Applying groundwater flow models in vapor extraction system design[J]. Journal
of Environmental Engineering, 115(1): 129-149.

MERRY S M, FRITZ W U, BUDHU M, et al., 2006. Effect of gas on pore pressures in wet landfills[J].
Journal of geotechnical and geoenvironmental engineering, 132(5): 553-561.

NASTEV M, THERRIEN R, LEFEBVRE R, et al., 2001. Gas production and migration in landfills and geological materials[J]. Journal of Contaminant Hydrology, 52(1-4): 187-211.

SANCHEZ R, HASHEMI M, TSOTSIS T T, et al., 2006. Computer simulation of gas generation and transport in landfills II: Dynamic conditions[J]. Chemical Engineering Science, 61(14): 4750-4761.

SANCHEZ R, TSOTSIS T T, SAHIMI M, 2010. Computer simulation of gas generation and transport in landfills IV: Modeling of liquid-gas flow[J]. Chemical Engineering Science, 65(3): 1212-1226.

STOLTZ G, GOURC J P, OXARANGO L, 2010. Liquid and gas permeabilities of unsaturated municipal solid waste under compression[J]. Journal of Contaminant Hydrology, 118(1-2): 27-42.

VIGNEAULT H, LEFEBVRE R, NASTEV M, 2004. Numerical simulation of the radius of influence for landfill gas wells[J]. Vadose Zone Journal, 3(3): 909-916.

XI Y, XIONG H, 2013. Numerical simulation of landfill gas pressure distribution in landfills[J]. Waste Management & Research, 31(11): 1140-1147.

YOUNG A, 1989. Mathematical modeling of landfill gas extraction [J]. Journal of Environmental Engineering, 115(6): 1073-1087.

YU L, BATLLE F, LLORET A, 2010. A coupled model for prediction of settlement and gas flow in MSW landfills[J]. International Journal for Numerical and Analytical Methods in Geomechanics, 34(11): 1169-1190.

第9章 高放射性核废料的地质深埋处置

9.1 概述

9.1.1 全球核电发展状况

核电站自 20 世纪 50 年代开始崭露头角，为全世界提供了大约 11% 的电力（魏雪刚，2016）。目前，全球电力约 13% 由核能提供。法国高达 75% 的电力来自核能，居世界第一。美国每年生产的核能总量（约 790 TW·h/年）位列全球首位，满足美国约 20% 的电力需求。核能是低碳能源，在世界新一轮的能源战略调整中将扮演重要的角色。据国际原子能机构预测，2020 年全球核电装机将增加到 7.4 亿 kW，2050 年为 11.37 亿 kW（陈杰 等，2016）。

核能作为低碳能源，其成本比火力发电要低 20% 以上，且无污染，几乎是零排放，对环境压力较大的中国来说，发展核电符合能源产业的发展方向。

中国自 1991 年第一座核电站（浙江海盐秦山核电站）并网发电，截至 2014 年，已运营的核电站共 5 座，核电总装机容量为 2 010 万 kW，为全国提供约 2% 的电力（孔德成等，2016）。随着我国经济的稳步发展和能源需求的不断上涨，政府已确定大力发展核电以解决化石燃料带来的严重大气污染问题。目前有超过 30 座核电站在建或确认筹建，在建机组数位居世界第一。"十三五"规划纲要明确指出，到 2020 年，国内核电运行装机容量达到 5 800 万 kW，在建达到 3 000 万 kW（谢玮，2016），将为我国提供约 5% 的电能。中国核电在中国能源供给中存在很大的发展空间。

表 9-1 列出了世界主要核电大国的核电机组情况。根据世界核能协会的数据，2015 年全球核电产业取得了小幅增长，新增 10 座反应堆并网发电，另有 8 座永久性退役，并网发电的新增反应堆总功率达 9 497 MW，比 2014 年增长了 4 763 MW。其中，中国有 8 台机组投入运行，韩国与俄罗斯各有 1 台机组投入运行。截至 2016 年 1 月 1 日，全球在运核反应堆共 439 座（包括中国台湾在内的 6 座），总装机共计 38.25 万 MW，在建反应堆 66 座（包括中国台湾在内的 2 座），装机容量达 7.03 万 MW，拟建设核电反应堆 158 座，装机容量为 17.92 万 MW（中商产业研究院，2016）。

表 9-1 世界主要核电大国的核电机组情况（截至 2016 年 1 月 1 日）

国家	在运核反应堆		在建核反应堆		拟建核反应堆	
	台数	净装机/MW	台数	总装机/MW	台数	总装机/MW
中国	30	26 849	24	26 885	40	46 950
俄罗斯	35	26 053	8	7 104	25	27 755
印度	21	5 302	6	4 300	24	23 900
美国	99	98 990	5	6 218	5	6 263

国家	在运核反应堆		在建核反应堆		拟建核反应堆	
	台数	净装机/MW	台数	总装机/MW	台数	总装机/MW
韩国	24	21 677	4	5 600	8	11 600
阿联酋	0	0	4	5 600	0	0
日本	43	40 480	3	3 028	9	12 947
巴基斯坦	3	725	2	680	2	2 300
白俄罗斯	0	0	2	2 388	0	0
斯洛伐克	4	1 816	2	942	0	0
阿根廷	3	1 627	1	27	2	1 950
巴西	2	1 901	1	1 405	0	0
芬兰	4	2 741	1	1 700	1	1 200
法国	58	63 130	1	1 750	0	0
英国	15	8 883	0	0	4	6 680
总计	341	300 174	64	67 627	120	141 545

数据来源：世界智能协会。

9.1.2 核废料的分类、存量及发展预测

根据放射性水平和危害大小,核废料通常分为低放射性、中放射性和高放射性三种,其中,中、低放射性核废料占据主要部分（97%）,高放射性核废料较少（3%）,见表9-2。

表 9-2 核废料的分类

类型	体积份额	放射性份额
高放射性核废料	3%	95%
中、低放射性核废料	97%	5%

低放射性核废料是迄今数量最大的核废料,包括核电站中使用过的手套、劳动服乃至巨型设备和核电站基础设施等。中放射性核废料不会产生热量,可以直接装入水泥罐封存。

高放射性核废料是指核反应堆乏燃料（乏燃料,即经核电站发电使用过的核燃料）后处理产生的高放射性废液及固化体,主要包括核燃料在发电后产生的乏燃料及处理物,数量虽少,但是一种放射性强、毒性大、含有半衰期长的核素并且发热的特殊废弃物,含有较多长寿命的 α、β 放射体或高强 γ 放射体,如锕系元素,99Tc,90Sr,137Cs 等,对人类活动危害极大,例如只需 10 mg 钚就能致人死亡（徐凯,2015）。

一座 100 万 kW 的核电站一年产生几十吨放射性核废料,这些核废料加工处理后将产生 4 m^3 高辐射核废料、20 m^3 中辐射核废料、140 m^3 低辐射核废料。目前全世界 443 座核反应堆已积累了 36×10^4 t 致命的高放射性核废料（致命放射性污染可持续 10 万年以上）,而且还在以每年 1.2×10^4 t 的速度增长（舟丹,2017a）。目前这些核废料都暂时储存在核电厂自建的硼水池中,硼水可吸收核废料产生的大部分能量。每个硼

水池足以储存核电站 10 年运行所产生的核废料。最后这些核废料将转运到统一的放射性核废料处置库。

在过去 30 年里，美国运行着的 100 多个核电站，大部分采用这种方法处理。目前，美国核电站产生的高放射性核废料共 4.5×10^4 t，并且正以每年 2 000 t 的速度增加。德国核电站、实验室及医疗机构每年产生 20 万 m^3 高放射性核废料。

中国的高放射性核废料主要来自压水堆核电站、国防核设施、CANDU 型反应堆和将来可能建造的高温气冷堆。我国在建的 29 台机组 2020 年全部投入运营后，乏燃料处理压力凸显，大亚湾核电站目前就面临乏燃料无法外运的难题。据我国核能协会数据，至 2020 年，现有的 48 台机组将使我国乏燃料累计达 1×10^4 t，并以每年 1 200 t 的速度继续增加，且我国乏燃料运输能力仅为每年需求量的 16%（舟丹，2017b）。专家预测，中国核废料储存空间上的压力会在 2030 年前后出现，那时，仅核电站产生的高放射性核废料，每年将高达 3 200 t。

9.1.3 世界各地频发的核废料泄漏事件

目前在世界各地，大约 25 万 t 核废料存储在临时设施中，相应的事故层出不穷，核废料泄漏事故更是时有发生。近年来，美国的核废料存储设施已经发生了几起事故，关于核废料辐射的清理成本高达数十亿美元。2014 年 2 月 14 日，美国位于新墨西哥州卡尔斯巴德附近的核废料隔离试验工场发生放射性钚和镅泄漏，在这里，数千桶污染物被存放于地表以下 500 m 深处的盐岩层中，卫生与环境方面的影响看起来较小，但 13 名雇员已检测出受到小剂量放射性污染（吴燕，2016）。

2017 年 5 月 9 日，美国最大的核废料处理厂——位于华盛顿州的汉福德核废料处理厂发生事故，并进入紧急状态，现场工人被迫疏散，无人伤亡，事故虽然造成一段隧道塌陷，但未出现核泄漏。1957 年，俄罗斯南乌拉尔地区的马雅克核电站曾发生核废料爆炸事故，是有史以来最严重的核事故之一，如今，马雅克地区仅有一座核燃料回收处理厂，并于 2017 年 9 月底发生放射性物质钌 106 泄漏事故，并被欧洲多地检测到。在 2017 年 9 月 25 日到 10 月 7 日之间，马雅克核燃料回收处理厂附近地区放射性物质浓度明显升高，一度达到官方允许上限的 986 倍。如此高的钌 106 浓度，只有两种可能的来源：核燃料处理设施或医疗放射设备（中国小康网，2017）。

9.1.4 高放射性核废料处置方法

一般来说，中、低放射性核废料放射性低、寿命短，与外界隔绝一定时间，待其主要放射性核素衰变后，采用工艺简单、成本低廉的沥青、水泥或塑料等基材将其固化，然后做近地面浅埋处置（埋深小于 100 m）。目前，已有较成熟的技术对中、低放射性核废料进行最终安全处置。大多数国家把核废料存储在地上的暂存设施中，多采用铁罐或内嵌钢筋水泥的水池或储藏室。20 世纪 60 年代，俄罗斯将高放射性废液注入天然岩石层，而不是专门建造的废料库。

对于高放射性核废料的最终处置，曾提出"太空处置""岩石熔融处置""冰盖处置""深海沟处置"，目前有直接把乏燃料当核废料，经过处理装在大罐里直接埋到很深的地层下，像美国、俄罗斯、加拿大、澳大利亚等幅员辽阔的国家目前都是这样做的。还有将装有核废料的金属罐投入选定海域 4 000 m 以下的海底。中国对高放射性核废料的处理方式是，先将乏燃料送到处置场进行玻璃固化，之后再放到至少 500 m 深的地层内埋置。目前全世界没有一个国家找到绝对安全、永久处置高放射性核废料的方法。

经过多年的研究和实践，目前普遍接受的可行方案是深地质处置，即把高放射性核废料埋在距离地表深 500～1 000 m 的地质中，使之永久与人类的生存环境隔离。埋藏高放射性核废料的地下工程即为高放射性核废料处置库，但目前这种处置库的建造仍处于试验探索阶段，全球范围内尚未有建成投入使用的高放射性核废料处置库（王驹，2016）。

高放射性核废料处置库采用的是"多重屏障系统"设计（图 9-1），即把废料（乏燃料或玻璃固化块）储存在废物罐中，外面包裹缓冲材料，再向外为围岩（花岗岩、凝灰岩、岩盐等）。一般把废物体、废物罐和缓冲回填材料称为工程屏障，把周围的地质称为天然屏障。考虑到处置库中的核废料毒性大、半衰期长，因而要求处置库的寿命至少要达到1 万年。各国根据地质条件的不同选择了不同岩性的天然屏障，如瑞典、芬兰、加拿大、韩国、印度选择花岗岩作为处置库的天然屏障；法国、比利时选择黏土岩；瑞士尚未确定是选择花岗岩还是黏土岩作为处置库围岩；德国原定选在岩盐之中，但后来决定重新启动选址程序，至今尚未确定。

图 9-1　高放射性核废料处置库多重屏障示意图

对高放射性核废料进行地质处置的难度极大，是一项极其复杂的系统工程，具有长期性、复杂性、艰巨性、综合性和探索性等特征，主要表现在以下两方面：①研究开发难度大。包括如何选择安全的场址、如何评价场址的适宜性、如何选择隔离高放射性核废料的工程屏障材料、如何设计和建造、如何评价万年以上的时间尺度下处置系统的安全性能等。②安全评价期长。国际上一般认定的安全评价期约为 1 万年（现在美国要求有更长的安全评价期）。这是世界上迄今为止要求安全评价期最长的工程，缺乏可借鉴的前人经验，因此具有很大的探索性。由于安全评价期要求极长，这给预测在这漫长的时间长流中天体、地质和人类生存环境的变化增加了许多不确定性。此外社会公众对高放射性核废料的安全处置极为关注，公众是否接受很大程度上决定了处置工程的成败。社会公众、政治、伦理和地方政府等因素的影响，有时甚至会起到推迟或取消原定计划的作用。

我国明确了"十三五"期间要建设 5 座中、低放射性核废料处置场和 1 个高放射性核废料处理地下实验室，核废料处理作为百大工程项目之一，已经提高到国家高度。

各国的核燃料循环政策不同，最终处置的废物体形式也不同。各国选择的废物罐材料和处置库围岩也有所不同，见表 9-3（王驹，2017）。

表 9-3 高放射性核废料处置库概念设计的基本情况

国家	废物体形式	废物罐材料	围岩	处置库特征
德国	高放射性核废料玻璃固化体、乏燃料	铁	岩盐	870 m 深，水平处置，无缓冲回填材料
加拿大	乏燃料（CANDU 型反应堆）	钛	结晶岩（花岗岩）	500～1 000 m 深，单一竖直钻孔，用黏土作回填材料
瑞士	玻璃固化体和乏燃料	碳钢	结晶岩（花岗岩）或黏土岩	1 000 m 深，水平放置厚膨润土材料
日本	玻璃固化体	碳钢	结晶岩（花岗岩）或沉积岩	位于深部岩体，用膨润土作缓冲材料
瑞典	乏燃料	铜加铸铁内衬	结晶岩（花岗片麻岩）	500 m 深，单个钻孔，竖直放置，用膨润土作缓冲材料
芬兰	乏燃料	铜加铸铁内衬	结晶岩（花岗片麻岩）	500 m 深，单个钻孔，竖直放置，用膨润土作缓冲材料
美国	乏燃料和玻璃固化体	多层镍基合金	凝灰岩（位于非饱和带中）	300 m 深，水平放置
法国	玻璃固化体	碳钢	黏土岩	500 m 深，水平放置

9.1.5　高放射性核废料永久处置库的选址

9.1.5.1　国外高放射性核废料处置库选址与地下实验室的建设

核废料如何处置一直是一个世界性的难题。日本海啸引发核电站灾难后，核能以及核废料的处置问题再度引发各国关注。从长远来看，科学与技术组织普遍认为高放射性核废料和乏燃料可通过深埋于适当的岩石、盐层或黏土层并使用天然及人工屏障隔离核废料来实现安全处理。此外，还需要综合考虑整个国家的经济发展布局、人口分布、交通设施以及候选地的地质、水文和气候条件等因素。一般来说，世界各国的核废料处置库都建在经济落后、人烟稀少的地区。表 9-4 给出了世界各国高放射性核废料处置库选址及预计运行时间（中商产业研究院，2016）。

表 9-4　　　　　　　　世界各国高放射性核废料处置库选址及预计运行时间

国家	开始选址时间	预计开始运行时间	历时时长
美国	1983 年	2020 年	37 年
日本	1976 年	2040 年	64 年
加拿大	1973 年	2025 年	52 年
瑞典	1976 年	2020 年	44 年
芬兰	1987 年	2020 年	33 年
比利时	1974 年	2050 年	76 年
英国	1976 年	2035 年	59 年
瑞士	1980 年	2020 年	40 年

1. 美国

美国是世界最大的核废料产生国，上百个核电站每年产生约 2 000 t 核废料，其中高放射性的乏燃料分布在 39 个州的 131 个暂存地点。美国国会曾于 1987 年通过《核废料政策法》，授权能源部执行储存核废料的政策并指定内华达州拉斯维加斯西北 150 km 的尤卡山从 2010 年起为永久性核废料储存室（图 9-2）。尤卡山核废料地质储存室项目于 1983 年启

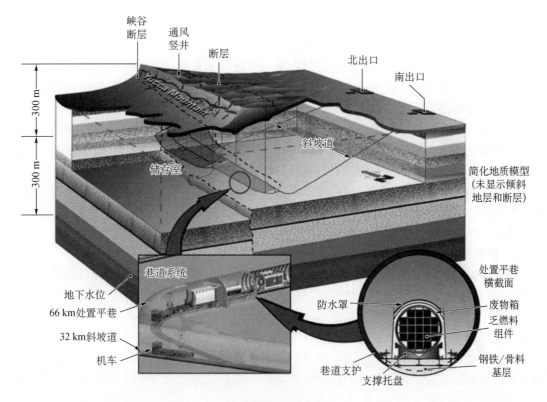

（a）概念设计示意图

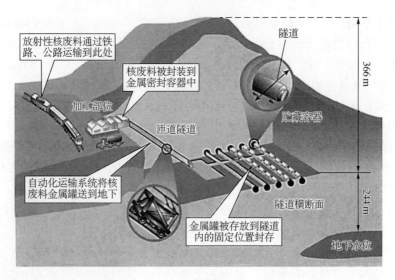

（b）细节图

图 9-2　美国尤卡山核废料处置库示意图

动，规划于 2020 年前后开始运行，2133 年关闭退役。预计要花费大约 962 亿美元（筹划、设计 135 亿美元，基建、运营、退役 548 亿美元，燃料转运等 195 亿美元，其他花费 84 亿美元）。可贮存 109 300 t 高放射性核废料。美国能源部已经花费了约 60 亿美元来开发尤卡山核废料处置场，包括建造了一条 8 000 m 长、穿越整个山区的 U 形隧道（其中部分隧道段在地面下埋深近 300 m）。美国能源部计划在尤卡山再花至少 500 亿美元，用来建造几十条支隧道，把核废料封装在形如运油车油箱的钢制容器内送进地下储存隧道，经过 100 年运营，储存满大约 10 万 t 核废料后，将隧道永久封闭。

但是在对内华达州尤卡山拟建地质储存室一事进行了长达三十余年的讨论之后，由于该州政策反对者的原因，这个花费 22 年时间、150 多亿美元建设的高放射性核废料处置库已被搁浅，美国能源部于 2010 年中止了这一项目上的全部工作。

美国能源部的计划是继续以一种双管齐下的方法处理核废料，能源部为不同类型的军用核废料确定不同的解决方案：被固化成为玻璃的废料可以被放置到一个更加传统的地下储存室里，而其他类型的废料则可以打包后掩埋到深层孔洞中去。美国能源部为 2016 年财政年度所做的预算提案中包括了一项用于沿这些思路开展深层孔洞试验的款项。能源部还计划开发一个试点性的暂存库，用于储存来自商用核反应堆的乏燃料。能源部将着手评估用于建造一个完全规模的暂存库所需要的地点，并开始搜寻暂存库和永久性储存所。

2. 俄罗斯

俄罗斯是仅次于美国的世界第二大核废料产生国。1995 年，俄罗斯总统启动了一个为期 10 年的计划，用于研究长期处置核废料。目前，俄罗斯正在对两个备选埋藏场地进行调查。这两个场地都位于以前生产核武器工厂的附近：一个位于乌拉尔南部的马雅克，另一个位于克拉斯诺亚尔斯克。政府还对另外两个场所（一个位于科拉半岛，另一个位于弗拉迪沃斯托克地区）展开调查。因此，将有 4 个地质储库可用于储放核废料。到目前为止，俄罗斯已经通过克拉斯诺亚尔斯克深井注入场所向深部地层处置了约 5×10^6 m^3 的低等和中等放射水平的废液。

3. 芬兰

芬兰有 2 个核电站（4 个核电机组），核电占总发电量的 32%。预计需处置的乏燃料为 6 500 t。芬兰采用的是对乏燃料直接进行深地质处置的技术路线，拟建在 420 m 深的花岗岩基岩之中，为竖井-斜井-巷道型。2001 年 5 月，芬兰政府批准奥基洛托岛（Olkiluoto）核电站附近的乏燃料最终处置库场址，2015 年 11 月 12 日，芬兰政府终于首次批准了处置库的建造，2016 年 12 月，已开始第一条处置巷道的建设，预计将于 2023 年建成并开始处置乏燃料。

奥基洛托岛是位于芬兰西海岸的一座岛屿，2023 年前后将开始在深层地下储存室存储核废料。6 500 t 的铀将被放入铜罐中，这些铜罐将被放进地下 400 m 深的由花岗岩基岩凿挖而成的隧道网络中，铜罐被膨润土、黏土包围。一旦这个废料库被密封（芬兰当局估计将会在 2120 年），它就能安全地将这些废料隔离起来长达几十万年。到那时，它的辐射水平将是无害的。项目计划在 2022 年完成整个设施的建设（图 9-3）。如果一切顺利的话，预计到 2024 年将开始向其中存储放射性核废料。

永久性核废料处理设施 Onkalo 地下实验室的设计很简单。隧道向下延伸近 460 m 到达设施的基岩，设施依托近乎无缝的坚硬基岩建设。基岩为片麻岩，质地坚硬，能够有效隔绝水分侵入，加之内部采用膨

（图示：芬兰公司 Posiva 负责建造这座设施。地质学家和工程师通过这样的内室来检测地下水渗透情况以及收集其他数据。）

图 9-3　核废料处置设施

润土吸收任何渗入的水分。此外，由于地层深处的地下水含氧量相对较低，地下水腐蚀性较低。制作容器的主要原材料铜是地球上最稳定的物质之一，地质学家表示，地下水需要数百万年才能够侵蚀进入装有核废料的容器（图9-4）。那时，内部的放射性同位素已经衰变，不再对环境构成威胁。

芬兰的永久性储存库的获批归因于两个至关重要的因素：一是安全的选址，二是社会公众的支持。在建设处置库之前，芬兰在奥基洛托岛建设了名为 Onkalo 的地下实验室。

（图示：废弃的核燃料棒将放置在特制容器中，这种特制容器由纯铜包裹的铸铁罐制成，厚度达到 5 cm，耐腐蚀性非常高。）

图 9-4　核废料特制容器

4. 瑞典

瑞典有 4 个核电站（12 个核电机组，其中 2 个已经退役），核电占总发电量的 51.6%。需处置的乏燃料为 7 960 t。采用的是对乏燃料直接进行深地质处置的技术路线，处置库为 KBS-3 型多重屏障系统，拟建在深 500 m 左右的花岗岩基岩之中。

瑞典从 1976 年开始研发处置技术，1995 年建设了世界著名的 ÄspÖ 大型地下实验室。

2009 年 6 月，瑞典政府批准了乏燃料处置库的最终场址——位于福什马克（Forsmark）核电站附近。2011 年，瑞典放射性废物管理公司（SKB）已经向瑞典政府递交处置库建造申请。2016 年 6 月 29 日报道，该公司提交的乏燃料处置库建设申请已获得瑞典辐射安全管理局的支持。

从 2020 年开始，瑞典的 1.2 万 t 核废料将在此放入不会腐蚀的铜制容器中，埋入 500 m 深的地下，至少与外界隔绝 10 万年。计划是将乏燃料棒存储在一个铁制大圆筒中，外面包裹一层 5 cm 厚的铜板，再放进地洞，最后表面埋上斑脱土（火山灰分解成的一种黏土）。这样设计保证了必要时可以将圆筒取出。

瑞典的案例说明，要建设一座永久性的核废料储存库必须具备两个条件：第一，适合的地质条件。经过对 8 处地点的勘测，确定东哈马尔是最合适的。东哈马尔的地下岩床已形成了 15 亿年，岩床坚固且具有良好的抗震性能。第二，源自开放透明的程序。市民自愿配合 SKB 公司，77% 的瑞典当地市民投赞成票。

5. 法国

法国有 59 个核电机组，法国大约 75% 的电力来自核能。预计到 2040 年将有 5.0×10^3 m^3 的高放射性核废料玻璃固化体和 8.3×10^4 m^3 的超铀废物需要处置。采用的是深部地质处置技术路线，选择的围岩为黏土岩。选址工作始于 20 世纪 80 年代，目前已经确定了默兹省（Meuse）/Haute Marne 场址（黏土岩），并于 2004 年建成了地下实验室。法国于 2010 年启动了地质处置库计划，即 Cigeo-地质处置工业中心计划。经 2013 年的公开论证后，法国国家放射性废物管理中心于 2015 年提交处置库建库申请，预计 2019 年年底获得处置库建造许可，2025 年建成处置库。

1998 年起，法国国家放射性废物管理局开始在全法国范围内考察场址，并于 2004 年决定在默兹省的布尔（Bure）向地下深挖 500 m 建立地下实验室。十多年来，工程师和技术人员在这条深 500 m、长 1.5 km 的地下空间内，为法国未来的高辐射核废料地下处理项目做准备。布尔地下厚达 130 m 的黏土岩层是建立掩埋场的极佳场所。这部分泥层形成于 1.35 亿年前，当时这片盆地还是一湾浅海。研究人员认为，水是放射性物质的最危险因素，而有防水性的黏土正好构成一道理想的地理屏障。

如果一切顺利，布尔高辐射核废料地下掩埋场将在 2030 年接收第一批高辐射物质。此后的一个世纪内，每周有两趟专门运输最危险核废料的火车抵达这里。这些核废料在运输前被装入钢质储罐内，用铅包好，或用厚达 1 m 的水泥封上（图 9-5）。到达掩埋场后，技术人员先在岩石层内嵌入钢管，然后放入上述这些包裹，目的是保证它们在地下永不受损。预计到 2140 年，来自法国 58 座核电站中最危险的 8 万 m³ 核废料将填满这条长达 300 km 的地下隧道，最终掩埋场的入口会被封闭。从数量上看，8 万 m³ 的高放射性核废料仅仅是法国核废料总量的 3%，但却占到 99% 的核辐射量。法国研究人员的设想是，将这些无法处理、无法丢弃的高危险核废料关闭在这个密封的场所内至少 10 万年。

图 9-5　装有核废料的容器

9.1.5.2　中国放射性核废料处置库选址

中国每年生产约 150 t 的高放射性核废料，目前，这些高放射性核废料临时储存在核电站的硼水池内。

自 1985 年起，中国开始普选高放射性废料库的地址。2011 年，甘肃北山预选区被确定为中国高放射性废物地质处置库首选区，建立了系统的选址和场址评价方法技术体系，确定了内蒙古高庙子膨润土为中国高放射性废物处置库的首选缓冲回填材料。我国高放射性废物处置库的废物体主要是硼硅酸盐玻璃体。未来还将有一批重水堆乏燃料。虽然目前尚未确定高放射性废物处置容器的材料，但无外乎从碳钢、合金钢、纯铜中筛选。

西北地区北山的条件非常优越：①这里位于敦煌莫高窟东南约 25 km，是一片与海南省面积相当的戈壁滩，人烟非常稀少，整个地区人口不到 1.2 万人；②北山经济发展较为落后，周围没有矿产资源，建设核废料库对经济发展影响较小；③这里气候条件也很理想，全年降雨量只有 70 mm，而蒸发量却达 3 000 mm，因此地下水位很低，也就减少了放射性元素随地下水扩散的危险；④北山还拥有便利的交通运输条件，库址距离铁路只有七八十千米；⑤北山的地质条件非常优越，这里地处地壳运动稳定区，库址所在地有着完整的花岗岩岩体，具有裂隙稀少、岩体完整、含水率极低、渗透系数极低、地应力适中等特点，花岗岩是对付辐射最好的"防护服"。国际原子能机构的专家在北山进行考察后认为北山是世界上最理想的核废料库址之一。

按照规划，研究开发和处置库工程建设包括三个阶段：实验室研究开发和处置库选址阶段（2006—2020）、地下试验阶段（2021—2040）、原型处置库验证与处置库建设阶段（2041—21 世纪中叶）。预计 2020 年建成地下实验室（图 9-6），2050 年建成处

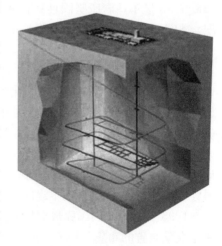

图 9-6　中国地下实验室示意图

置库。

在处置库场址筛选方面，至 2016 年 6 月底，已经在甘肃北山完成了 32 个钻孔。同时，还在新疆、内蒙古筛选出 6 个预选地段，并开展了初勘。在工程屏障方面，建立了膨润土研究大型试验台架，加大了膨润土的工程性能研究。在地下实验室方面，启动了地下实验室安全技术研究和地下实验室前期工程科研 2 个项目，制定了地下实验室选址准则，2016 年筛选出甘肃北山的新场址——中国首个地下实验室场址。此外，还在甘肃北山建设了北山坑探设施，用于进行地下实验室安全技术研究。

9.1.6　高放射性核废料地质处置中的关键科学问题

高放射性核废料安全处置须解决的重大科学问题包括：处置库场址地质演化的精确预测、深部地质环境特征、多场耦合（中高温、地应力、水力作用、化学作用和辐射作用）条件下深部岩体行为、地下水和工程材料的行为、低浓度超铀放射性核素的地球化学行为与随地下水迁移行为、超长时间尺度下处置系统的安全评价等。此外，高放射性核废料处置还面临一系列社会和人文科学方面的难题。

1. 处置库场址地质演化的长期预测

由于高放射性核废料含有长半衰期的放射性核素，这就要求处置库要有 $(1\sim10)\times10^5$ 年甚至更长的安全期，这是目前任何一个工程所没有的要求，因此需要对处置库场址的演化作出预测，尤其是对处置库建成后 $(1\sim10)\times10^5$ 年场址的演化作出精确预测，包括地质稳定性预测、区域地质条件预测、区域和局部地下水流场和水化学预测、未来气候变化预测、地面形变和升降预测、地质灾害（火山、地震、断裂、底辟作用等）预测等。

2. 深部地质环境特征

地质处置库一般位于 $300\sim1\,000$ m 深的地质体中，这一深度地质体的环境特征为中高温、中高地应力、还原环境、地下水作用、深部气体作用，还由于放射性废物的存在，处置库中存在强辐射环境。目前的研究对深部地质环境知之甚少，并且研究方法和手段也极其缺乏。

3. 深部岩体的工程性状及在多场耦合条件下岩体的行为

与浅部岩体不同，深部岩体结构具有非均匀、非连续的特点，一些区域处于由稳定向不稳定发展的临界高应力状态，即不稳定的临界平衡状态。由于高放射性核废料衰变热与辐射作用的存在，地质处置库的深部围岩所处的"场"发生了巨大的变化，在中高温、地壳应力、水力、化学和辐射等作用的耦合下，深部裂隙岩体将发生对扰动的复杂响应。深部岩体的这些工程性状及其在多场耦合条件下受开挖与热载作用时岩体响应规律，属于前沿性科学难题。部分学者利用数值模拟和现场调查的方法研究了加拿大高放射性核废料地质处置室围岩的热力学稳定性，同时研究了高放射性核废料处置库热-水-力耦合条件下的参数敏感性和韩国高放射性核废料处置概念模型在热-力耦合条件下的可行性（马利科，2017）。

4. 多场耦合条件下工程材料的行为

高放射性核废料处置库的工程材料包括玻璃固化体、用于建造废物罐的碳钢、不锈钢和铜等材料以及缓冲回填材料（包括膨润土及其与砂的混合物），起着阻滞放射性核素向外迁移、阻止地下水侵入处置库的重要作用。在地质处置库中高温、地应力、水力、化学和辐射等作用的耦合下，这些材料的行为与常规行为有着巨大的差别，其变化规律一直是材料科学的前沿性课题。例如，辐射还原条件下玻璃固化体的溶解行为，应力和辐射作用下废物罐的腐蚀速率，中高温条件下膨润土的相变及其吸附扩散能力的变化，地下水、废物罐、缓冲回填材料、处置库围岩的相互作用。

玻璃固化体是高放射性核废料安全处置的第一道工程屏障，它应当具有良好的化学稳定性、机械强度、热稳定性、抗辐射稳定性、避免出现相分离等特征，并且在处置库环境地下水、力、热、辐射、化学和微生物作用下具有长期稳定性等特征。我国已经从德国引进玻璃固化生产线并正在建造。对高放射性废液玻璃固化体，进行了较深入的研究。结果表明，其化学稳定性、机械射度、热稳定性、抗辐射稳定性能够满足高放射性核废料处置库的安全要求（王驹，2017）。

处置容器的主要作用是通过其隔离性能在一定时期内防止核素从废物体中释放和迁移，而隔离期限则取决于容器的寿命。选择处置容器的材料要考虑其抗腐蚀性能、焊接性能、加工成型性能、机械强度、对放射线吸收系数大小、对放射线辐射脆化的敏感性高低等。一般要求容器材料的寿命达到 3 000～5 000 年。处置容器的材料、形状和尺寸，尤其厚度是制造容器材料时要考虑的因素。国际上考虑用作高放射性核废料处置容器的材料有纯铜、碳钢和合金钢等。我国开展了处置容器材料筛选及其腐蚀行为，处置环境中低碳钢、低合金钢等的腐蚀行为，不同阴离子对金属腐蚀行为的影响，低碳钢和低合金钢在模拟地下水中的耐蚀性能等研究。我国还开展了处置容器的初步设计，提出了 BV 型和 BG 型高放射性核废料处置容器设计方案设想，包括 BV55V 型、BV55H 型和 BV84T 型等。这些方案还需进行进一步的深入研究。

缓冲材料是最后一道工程屏障。通过筛选，我国确定了内蒙古高庙子膨润土为缓冲材料基材，以及缓冲材料添加剂的配方，建立了我国首台缓冲材料大型试验台架并开展验证试验，获得了模拟处置库条件下缓冲材料的长期特性参数。在此基础上，我国研制出了高放射性核废料处置库缓冲材料，它具有渗透性低、离子交换能力强、热传导系数较大、力学强度较高、收缩性低、变形适中、膨胀力适中、热稳定性和化学稳定性好、放射性核素吸附能力强、与花岗岩在地球化学上具有相容性等特点。高温条件下缓冲材料的长期稳定性、核素阻滞、有机碳和硫含量等指标优于美国 MX80 膨润土等同类材料。

5. 放射性核素的地球化学行为及其随地下水的迁移行为

从高放射性核废料处置库中释放出来的放射性核素将随地下水而迁移，从而影响处置库的性能。迁移行为一方面取决于地下水本身的运动规律，同时又与复杂的地球化学作用相关。对于原子序数小于 92 的元素，对其地球化学行为已经有了较为深入的了解，但是对于原子序数大于 92 的元素，对其地球化学行为则了解甚少，而这些元素正是高放射性核废料中的关键放射性核素，如镎、钚、镅、锔和锎等，这些核素在深部地下水中的化学形态、络合行为、胶体特性等均是目前的科学难题。处置库中放射性核素的迁移行为极为特殊，它们以超低速度溶解，又以超低浓度在地下水中迁移，发生吸附、扩散、弥散、对流等作用，且受胶体、微生物、腐殖质以及辐射作用的综合影响，其迁移行为可以说是地球化学研究的空白领域。某些放射性核素具有非常活性的特点，如锝、碘 129、氯等核素非常难阻滞，因此，如何选择缓冲材料的添加剂阻滞放射性核素的迁移也是一项重要课题。同时，深部岩体中长时间尺度下地下水的运动，包括近场、多场甚至是相变条件下地下水的运动规律，也是重要的研究课题。

周舵等（2014）为研究镎、钚、锝在我国高放射性核废料处置库预选区中的迁移程度及迁移机制，着重测定了在模拟处置条件下的溶解度，研究了锝在分米级膨润土中的扩散行为，并对花岗岩地下水中的天然胶体进行表征。周舵等（2016）研究了锝、钚在北山地下水中的胶体行为，采用脉冲源法测定了不同温度和不同压力下锝在花岗岩中的弥散系数，计算了花岗岩的弥散度。

石云峰和李寻（2015）研究发现，国外对室外试验比较重视，取得了较大成果，位于瑞典福什马克的废弃核燃料地质处置库是室外试验的"热点"地区，每年这里都有大量的研究成果，还测得了镭的吸附值，与以往试验结果有较好的一致性。国内还没有原位试验的报道。国内外对核素在花岗岩表面与裂隙内的吸附、解吸以及扩散等研究已取得大量数据，研究手段也较为成熟，总结其影响因素主要包括花岗岩物质组成、核素自身性质、电动电位、pH、裂隙充填物、腐殖酸、胶体、花岗岩颗粒度、水流作用、微生物作用以及低氧条件等，且各因素之间相互促进或制约，共同体现影响作用。国外已开展大量野外大尺度花岗岩裂缝中核素迁移试验。从规模上看，已从早期的单孔注入—回收试验扩展到中等规模吸附示踪剂试验甚至大规模连通性试验；从技术上讲，随着更多新技术、新理论的加入，为野外试验的开展提供更多技术理论支持；从成果来说，大量试验数据一方面可以与室内试验结果对比并提供研究方向，另一方面可为当地建模评价提供基础数据。我国目前还没有开展该试验。

核素数值迁移模型的研究已历经几十年，现在国外迁移模型的发展已与过去（单纯地以室内试验为基础，建立数值模型，当与试验数据有较高拟合度时，即可认为完成）建模过程有较大不同。随着更多野外试验的开展，建模的时间、空间尺度逐渐扩展，考虑参数越来越多，研究介质也从单一变为多重甚至整个区域。但是，在单一介质裂隙中的核素迁移模拟还是建模基础。分析在饱和裂隙中核素运移现象的两种最广泛的方法是等效连续介质分析和离散裂隙网络分析。目前已有几种模型用于模拟高放射性核废料处置库的核素迁移。我国有关核素数值迁移模型的研究目前关注的方向还是以物理模型为主，建立与之对应的数学模型，包括有等效连续介质、裂隙离散网络、双重连续介质、离散裂隙网络-连续介质耦合等几种模型。

6. 处置库的安全评价

对于处置库，需要开展安全评价，即对高放射性核废料处置引起的辐射危害进行系统性评价，包括对处置库正常演化和不同情景下引起的辐射危害进行评价。安全评价的目的就是要确定高放射性核废料处置库能否达到足够的安全水平、满足相关安全标准的要求。其具体步骤如下：①先开展情景分析，即通过分析处置库的各个组成部分、影响处置库的各种事件和各种作用，构建处置库未来可能遇到的各种情景；②通过建立能够描述处置库演化过程的模型，模拟处置库未来的行为，并对处置库的安全性能进行预测分析；③将预测分析结果与有关规范或标准进行对比以评价处置库的安全性和可靠性。由于处置库系统的复杂性，以及各种因素的耦合作用，对其安全进行评价对目前的科学水平和计算能力来说是一个极大的挑战。就场址建模来说，需要有地质模型、物理模型、数值模型，所需模拟的单元总数可达几百万个，考虑的变量也多达上百种，考虑的时间尺度达上百万年，需要用确定论算法、概率论算法、情景分析、后果分析、灵敏度分析等进行计算分析。

安全评价需要充分考虑各种可能的情形，同时，用于安全评价的模型都必须经过严格的对比和论证。对于高放射性核废料地质处置库系统安全评价，国际原子能机构和许多有核国家均提出了安全评价的标准和技术要求，美国、法国、瑞典、瑞士、芬兰等均完成了阶段性的安全评价报告。目前，在我国，核工业北京地质研究院以我国高放射性核废料处置库首选预选区内的新场址为参考场址,以高放射性核废料玻璃固化体为参考处置对象,以掺有添加剂的内蒙古高庙子膨润土为参考缓冲材料,已与美国 INTERA 公司合作开展了安全评价研究和计算。

上述领域涉及的均是前沿交叉科学问题,需开展综合、交叉研究才可能有所突破。所以高放射性核废料地质处置的研究备受世界科学界的重大关注。

9.2 热-水-力-气耦合分析理论框架

膨润土是存放核废料的罐子与周围岩石之间的人工隔离屏障。一方面,由于罐体散发热量,膨润土内水受热后转化成水蒸气,并且向外扩散;另一方面,高压力水头作用使周围岩石内的水向膨润土渗透,导致高压实的富含蒙脱石的膨润土吸水膨胀。这样隔离屏障在热量和水压力作用下会产生非常复杂的"热-水-力-气"现象,并且它们之间相互关联耦合。因此为了确保隔离屏障的长期安全性,有必要对该体系主要的有关现象进行科学的分析模拟,为工程实践提供有价值的依据。

隔离膨润土初始状态须为非饱和状态,以确保其能吸水膨胀。非饱和土是多相体系,土骨架的空隙中部分为液相,部分为气相。液相由水和溶解在水中的干燥空气组成,而气相则由干燥空气以及水蒸气组成。在以下的方程推导中,很多变量有上下标,其中下标指三相(s 表示固相,l 表示液相,g 表示气相),而上标则分别用 w 表示水,用 a 表示干燥空气。

本章将主要考虑以下一些热、水、气及力学现象:

(1)热扩散:①通过三相的热传导;②通过液相中水流动引起的热对流;③通过气相中水蒸气扩散引起的热对流。

(2)水流动:①由水头差引起的液相达西流动;②通过水蒸气扩散引起的水流动。

(3)气体流动:①由气相压力差引起的气相达西流动;②溶解于液相中空气的扩散。

(4)力学变形特性:①由于温度升高引起的膨润土、岩石及铜罐等的热膨胀;②膨润土由于饱和度上升引起的吸水膨胀(主要发生在膨润土靠近周围岩石部分);③膨润土由于饱和度下降引起的失水收缩(主要发生在膨润土靠近铜罐部分,由于温度升高,水通过水蒸气向外扩散引起失水);④岩石的弹性变形。

试验中,发生在膨润土内的热量及水的主要运动如图 9-7 所示(Gens 等,1998)。

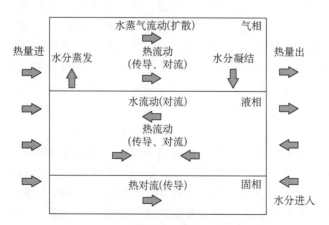

图 9-7 试验中的膨润土内热量及水气的运动示意图

9.2.1 基本假定

以上分析表明,发生在膨润土中一系列相互耦合的热、水、气及力学现象非常复杂,而且岩石、膨润土、铜罐三种介质也相互作用。所以有必要做一些适当的假定,忽略一些对该问题次要的因素,以便更好地分析一些主要现象。本问题作了以下一些基本假定:

(1) 考虑干燥空气为一种单一气体,它是气相的主要成分,空气溶解于液相遵循 Henry 定律;

(2) 三相之间处于热平衡状态,三相等温;

(3) 水蒸气的浓度总是和液相处于平衡状态,它们之间的关系由湿度定律控制;

(4) 基本变量为温度 T,孔隙水压力 P_l,气压力 P_g 以及位移 u;

(5) 体系处于静力平衡状态,应力平衡方程、应力应变本构方程以及应变与位移之间的几何方程构成力学问题的基本方程;

(6) 小应变及小应变率假定;

(7) Fick 定律用以描述溶解空气的扩散,达西定律用以描述液相或气相在总水头差或气压力差作用下的流动;

(8) 一些本构定律中的物理参数是温度和水气压力的函数,例如表面张力是温度的函数,液相上水蒸气的浓度是温度、水及气压力的函数,等等。

9.2.2 水气质量、能量及力学平衡方程(GENS 等,1998)

本问题的基本控制方程为水、气质量守恒、能量守恒以及静力平衡方程。

1. 水的质量守恒方程

$$\frac{\partial}{\partial t}(\theta_l^w S_l \phi + \theta_g^w S_g \phi) + \nabla \cdot (\boldsymbol{j}_l^w + \boldsymbol{j}_g^w) = f^w \tag{9-1}$$

式中,θ_l^w 和 θ_g^w 分别表示单位体积液相中水的质量和单位体积气相中水(水蒸气)的质量;S_l 和 S_g 分别表示液相和气相的饱和度;ϕ 为孔隙率;f^w 为单位体积介质中外界提供的水的质量;$\boldsymbol{j}_l^w$ 和 $\boldsymbol{j}_g^w$ 分别表示液相和气相中水流动的质量(相对于固定参照系),具体分别由以下几部分组成:

$$\boldsymbol{j}_l^w = \theta_l^w \boldsymbol{q}_l + \theta_l^w S_l \phi \dot{\boldsymbol{U}} \tag{9-2}$$

$$\boldsymbol{j}_g^w = \boldsymbol{i}_g^w + \theta_g^w \boldsymbol{q}_g + \theta_g^w S_g \phi \dot{\boldsymbol{U}} \tag{9-3}$$

式中,$\boldsymbol{q}_l$ 和 $\boldsymbol{q}_g$ 分别为液相和气相的达西流动(相对于固相);$\dot{\boldsymbol{U}}$ 为固相的速度;$\boldsymbol{i}_g^w$ 为气相中水蒸气的扩散。

2. 空气的质量守恒方程

$$\frac{\partial}{\partial t}(\theta_l^a S_l \phi + \theta_g^a S_g \phi) + \nabla \cdot (\boldsymbol{j}_l^a + \boldsymbol{j}_g^a) = f^a \tag{9-4}$$

式中,θ_l^a 和 θ_g^a 分别表示单位体积液相中空气的质量和单位体积气相中空气的质量;f^a 为单位体积介质中外界提供的空气的质量;$\boldsymbol{j}_l^a$ 和 $\boldsymbol{j}_g^a$ 分别表示液相和气相中空气流动的质量(相对于固定参照系),具体分别由以下几部分组成:

$$\boldsymbol{j}_l^a = \theta_l^a \boldsymbol{q}_l + \theta_l^a S_l \phi \dot{\boldsymbol{U}} \tag{9-5}$$

$$j_g^a = i_g^a + \theta_g^a q_g + \theta_g^a S_g \phi \dot{U} \tag{9-6}$$

式中，i_g^a 为气相中空气的扩散。

3. 能量守恒方程

$$\frac{\partial}{\partial t}\left[E_s \rho_s(1-\phi) + E_l \rho_l S_l \phi + E_g \rho_g S_g \phi\right] + \nabla \cdot (i_c + j_{E_s} + j_{E_l} + j_{E_g}) = f^E \tag{9-7}$$

式中，E_s，E_l 和 E_g 分别为固、液及气三相的比内能；ρ_s，ρ_l 和 ρ_g 分别为固、液及气三相的密度，其中液相和气相的能量 $E_l \rho_l$ 和 $E_g \rho_g$ 又可表示成：

$$E_l \rho_l = E_l^w \theta_l^w + E_l^a \theta_l^a \tag{9-8}$$

$$E_g \rho_g = E_g^w \theta_g^w + E_g^a \theta_g^a \tag{9-9}$$

f^E 为单位体积介质中外界提供的能量；i_c 为热传导能量，j_{E_s}，j_{E_l} 和 j_{E_g} 分别表示三相相对于固定参照系的热对流能量，具体分别由以下几部分组成：

$$j_{E_s} = E_s \rho_s(1-\phi)\dot{U} \tag{9-10}$$

$$j_{E_l} = (\theta_l^w q_l) E_l^w + (\theta_l^a q_l) E_l^a + E_l \rho_l S_l \phi \dot{U} \tag{9-11}$$

$$j_{E_g} = (i_g^w + \theta_g^w q_g) E_g^w + (i_g^a + \theta_g^a q_g) E_g^a + E_g \rho_g S_g \phi \dot{U} \tag{9-12}$$

4. 静力平衡方程

忽略惯性力的静力平衡方程：

$$\nabla \cdot \boldsymbol{\sigma} + \boldsymbol{b} = 0 \tag{9-13}$$

式中，$\boldsymbol{\sigma}$ 为应力状态向量；$\boldsymbol{b}$ 为体力向量。

对于饱和多孔介质，力学本构方程引入有效应力概念，即

$$\boldsymbol{\sigma}' = \boldsymbol{\sigma} - p_l \boldsymbol{m} \tag{9-14}$$

式中，$\boldsymbol{m}^T = (1, 1, 1, 0, 0, 0)$。但对于非饱和多孔介质的本构方程，通常引入两个独立的应力状态量，即净法向应力 $\boldsymbol{\sigma} - p_g \boldsymbol{m}$ 以及基质吸力 $s = p_g - p_l$，其中 p_g 为气压力，p_l 为水压力。

9.2.3 水蒸气和溶解空气的约束方程

局部热动力平衡指液相中空气浓度和气相中水蒸气的浓度并不是独立的变量，它们都与其他变量有关。

1. 湿度定律

湿度定律描述气相中水蒸气的浓度和温度，基质吸力以及饱和蒸气浓度有关，它们之间的关系如下：

$$\theta_g^w = (\theta_g^w)^0 \exp\left[\frac{-(p_g - p_l)M_w}{R(273.15 + T)\rho_l}\right] \tag{9-15}$$

式中，$(\theta_g^w)^0$ 为纯水平面上方的饱和蒸汽密度；M_w 为水的克分子量，即 0.018 kg/mol；R 为通用气体常数，即 $8.314 \text{ J/(mol} \cdot \text{K)}$；$T$ 为温度。

2. Henry 定律

水中溶解的空气遵循 Henry 定律：

$$\omega_l^a = \frac{p_a}{H} \frac{M_a}{M_w} \tag{9-16}$$

式中，ω_l^a 为液相中空气的质量比，根据定义应有关系式 $\theta_l^a = \omega_l^a \rho_l$；$p_a$ 为气相中空气的压力；M_a 为空气的克分子量，即 $0.028\ 95\ \text{kg/mol}$；H 为 Henry 常数，$H = 10\ 000\ \text{MPa}$。

9.2.4 本构方程

1. 热本构方程

热传导假定服从傅里叶定律：

$$\boldsymbol{i}_c = -\lambda \nabla \boldsymbol{T} \tag{9-17}$$

式中，λ 为介质综合热传导系数，与三相热传导系数 λ_s，λ_l，λ_g，孔隙率以及饱和度有关，本节计算采用以下关系式：

$$\lambda = \lambda_s^{1-\phi} \lambda_l^{\phi S_l} \lambda_g^{\phi(1-S_l)} = (\lambda_s^{1-\phi} \lambda_l^{\phi})^{S_l} \cdot (\lambda_s^{1-\phi} \lambda_g^{\phi})^{1-S_l} = \lambda_{\text{sat}}^{S_l} \cdot \lambda_{\text{dry}}^{1-S_l} \tag{9-18}$$

式中，λ_{dry}，λ_{sat} 分别为完全干燥和完全饱和状况下土的热传导系数。

2. 流体本构方程

（1）达西流动

空隙中液相和气相在总水头差和总气压力差作用下会发生遵循达西定律的流动：

$$\boldsymbol{q}_l = -\boldsymbol{K}_l (\nabla p_l - \rho_l \boldsymbol{g}) \tag{9-19}$$

$$\boldsymbol{q}_g = -\boldsymbol{K}_g (\nabla p_g - \rho_g \boldsymbol{g}) \tag{9-20}$$

式中，$\boldsymbol{K}_l = k_{rl} k / u_l$，$\boldsymbol{K}_g = k_{rg} k / \mu_g$ 分别为液相和气相渗透系数张量，μ_l，μ_g 分别为液相和气相的动力黏滞系数；$\boldsymbol{g}$ 为重力向量；k 为介质固有渗透系数；k_{rl}，k_{rg} 分别为液相和气相相对渗透系数。

（2）固有渗透系数 k 的 Kozeny 模型

固有渗透系数 k 与空隙率直接相关，Kozeny 模型给出了如下关系式：

$$\boldsymbol{k} = \boldsymbol{k}_0 \frac{\phi^3}{(1-\phi)^2} \frac{(1-\phi_0)^2}{\phi_0^3} \tag{9-21}$$

式中，ϕ_0 为参考空隙比；$\boldsymbol{k}_0$ 为对应于 ϕ_0 的固有渗透系数。

（3）相对渗透系数

非饱和土的液相或气相渗透系数与其饱和度密切相关，本节计算采用的关系式如下：

液相相对渗透系数为

$$k_{rl} = A \cdot S_e^n \tag{9-22}$$

式中，A 为常数；n 为指数，通常取为 $2 \sim 4$；S_e 为有效饱和度，与实际饱和度 S_l 之间的关系如下：

$$S_e = \frac{S_l - S_{lr}}{S_{ls} - S_{lr}} \tag{9-23}$$

其中，S_{lr} 为液相残余饱和度；S_{ls} 为液相最大饱和度。

气相相对渗透系数为

$$k_{rg} = 1 - k_{rl} \tag{9-24}$$

（4）饱和度与基质吸力关系

将液相的饱和度与基质吸力之间建立联系，反映非饱和土滞留水的能力，式（9-25）为比较常用的 Van Genuchten 模型：

$$S_e = \frac{S_l - S_{lr}}{S_{ls} - S_{lr}} = \left[1 + \left(\frac{p_g - p_l}{P} \right)^{\frac{1}{1-m}} \right]^{-m} \tag{9-25}$$

式中，$P = P_0 \dfrac{\sigma}{\sigma_0}$，$P_0$ 为参照温度下的进气值，σ_0 为参照温度下的表面张力，P 和 σ 为计算温度下的进气值和表面张力；m 为形状参数。

（5）水蒸气和空气的相互扩散

水蒸气在空气中的分子扩散遵循菲克定律：

$$\boldsymbol{i}_g^w = -\boldsymbol{D}_g^w \nabla \omega_g^w = -(\phi \rho_g S_g \tau \boldsymbol{D}_m^w \boldsymbol{I} + \rho_g \boldsymbol{D}_g) \nabla \omega_g^w \tag{9-26}$$

式中，$\boldsymbol{D}_g^w$ 为分子扩散张量；τ 为绕曲参数；$\boldsymbol{D}_m^w$ 为水蒸气在空气中的分子扩散系数：

$$\boldsymbol{D}_m^w = 5.9 \times 10^{-12} \times \frac{(273.15 + T)^{2.3}}{p_g} \tag{9-27}$$

其中，p_g 为气压力，单位为 MPa。

相应地，空气在水蒸气中的扩散也遵循菲克定律：

$$\boldsymbol{i}_g^a = -\boldsymbol{D}_g^a \nabla \omega_g^a \tag{9-28}$$

式中，$\boldsymbol{D}_g^a = \boldsymbol{D}_g^w$。

3. 力学本构方程

非饱和土的应力应变本构模型非常复杂，目前相关的模型很多，但能较好反映非饱和土诸多重要力学现象而且参数较易确定的有以下两种重要模型。

（1）非线性弹性模型（GENS 等，1998）

该模型体积应变的计算采用以下关系式：

$$d\varepsilon_v = a_1 \cdot d[\ln(-p)] + a_2 \cdot d\left(\ln \frac{s + 0.1}{0.1} \right) + a_3 \cdot d\left[\ln(-p) \cdot \ln \frac{s + 0.1}{0.1} \right] \tag{9-29}$$

式中，p 为净平均应力；a_1，a_2，a_3 为无量纲参数。剪切应力应变关系为线性。本模型假设基质吸力的变化只引起体积应变。

（2）巴塞罗那基本模型（BBM）（Alonso，1990）

该模型目前在非饱和土领域运用非常广泛，是较公认的能较好地反映非饱和土基本力学特性的统一模型，而且参数确定比较方便。

该模型是针对轻度至中度膨胀性非饱和土，当土达到完全饱和时，该模型和饱和土的临界状态模型一致。该模型采用两个基本应力状态量，即：净平均应力 $p = \bar{\sigma} - p_\mathrm{a}$ 和基质吸力 $s = p_\mathrm{a} - p_l$。非饱和土有很多基本力学特性，以前的模型往往只能反映其中部分力学特性，而该模型是以一个统一的模型反映出所有基本力学特性。运用该模型对诸如吸力控制试验、压缩高岭土试验等进行定量的模拟得出了令人满意的对比结果。该模型的基本要点如下。

① 屈服面一：

$$f_1(p, \quad q, \quad s, \quad p_0^*) = q^2 - M^2(p + p_\mathrm{s})(p_0 - p) = 0 \tag{9-30}$$

式中，$p = (\sigma_1 + 2\sigma_3)/3 - p_\mathrm{a}$；$q = \sigma_1 - \sigma_3$；$M$ 为饱和土临界状态下的坡度，与饱和土有效内摩擦角之间有关系：$1 - \sin\varphi' = (6 - 2M)/(6 + M)$；$p_0^*$ 为土饱和状态下的前期固结压力；p_0 为对应于吸力 s 情况下的前期固结压力；如果内聚力与吸力呈线性关系，那么 p-q 面内屈服椭圆与 p 轴相交于 $p = -p_\mathrm{s} = -ks$。此外还有以下一些相关关系式：

$$\frac{p_0}{p^\mathrm{c}} = \left(\frac{p_0^*}{p^\mathrm{c}}\right)^{\frac{\lambda(0) - \kappa_\mathrm{i}}{\lambda(s) - \kappa_\mathrm{i}}} \tag{9-31}$$

$$\lambda(s) = \lambda(0)\left[(1 - r)\exp(-\beta s) + r\right] \tag{9-32}$$

式中，p^c 为参照应力；$\lambda(0)$ 为饱和状态下土在 v-$\ln p$ 坐标体系中原始压缩曲线斜率；$\lambda(s)$ 为在吸力 s 下土在 v-$\ln p$ 坐标体系中原始压缩曲线斜率，假定为常数；κ_i 为土在 v-$\ln p$ 坐标体系中回弹再压缩曲线斜率；r 为吸力无穷大时 $\lambda(s)$ 与 $\lambda(0)$ 的比值；β 为控制 $\lambda(s)$ 随吸力增长速率的参数。

② 屈服面二：

$$f_2(s, \quad s_0) = s - s_0 = 0 \tag{9-33}$$

式中，s_0 是土体前期受到的最大吸力，当吸力从小于 s_0 过渡到大于 s_0 时，土体也将从弹性状态转变到原始状态。

③ 体积及剪切应变计算：

表 9-5 给出了体积及剪切应变的计算公式。

表 9-5 体积及剪切应变计算公式

应力状态量变化	不同状态	体积应变	剪切应变
ds	原始状态	$\mathrm{d}\varepsilon_\mathrm{vs} = \dfrac{\lambda_\mathrm{s}}{v}\dfrac{\mathrm{d}s}{s + p_\mathrm{at}}$	
	弹性状态	$\mathrm{d}\varepsilon_\mathrm{vs}^\mathrm{e} = \dfrac{\kappa_\mathrm{s}}{v}\dfrac{\mathrm{d}s}{s + p_\mathrm{at}}$	
dp	原始状态	$\mathrm{d}\varepsilon_\mathrm{vp} = \dfrac{\lambda(s)}{v}\dfrac{\mathrm{d}p}{p}$	
	弹性状态	$\mathrm{d}\varepsilon_\mathrm{vp}^\mathrm{e} = \dfrac{\kappa_\mathrm{i}}{v}\dfrac{\mathrm{d}p}{p}$	
dq	塑性状态		$\dfrac{\mathrm{d}\varepsilon_\mathrm{a}^\mathrm{p}}{\mathrm{d}\varepsilon_\mathrm{vp}^\mathrm{p}} = \dfrac{2\eta\alpha}{M^2(2p + p_\mathrm{s} - p_0)}$
	弹性状态		$\mathrm{d}\varepsilon_\mathrm{s}^\mathrm{e} = \dfrac{\mathrm{d}q}{3G}$

注：λ_s 为原始状态下 v-$\ln s$ 坐标系中干缩曲线斜率；p_at 为大气压力；α 为非相关参数。

9.3 瑞典 ÄspÖ 地下实验室大型原位"原型仓库"试验

9.3.1 瑞典 ÄspÖ 高放射性核废料处理硬岩实验室及其"原型仓库"试验

1. ÄspÖ 硬岩实验室 (Chen，2009)

瑞典放射性废料管理公司 (SKB) 于 1990 年秋季开始 ÄspÖ 硬岩实验室的筹建工程，实验室设在位于瑞典东南部的 ÄspÖ 小岛下面，通过在岩石中开挖一条长 3.6 km 的隧道延伸到 460 m 深的海平面下。实验室工程于 1995 年完工。有关核废料处理的试验研究从此开展，"原型仓库"试验是其中的一个核心试验。

2. "原型仓库"试验

"原型仓库"试验由两部分组成（图 9-8），第一部分试验于 2001 年秋安装完毕，第二部分于 2003 年夏完成安装。第一部分有 4 个竖向井孔，第二部分有 2 个竖向井孔，井孔上面的隧道用 30％膨润土和 70％碾碎的岩石混合物回填，这两部分之间用混凝土塞分隔开。

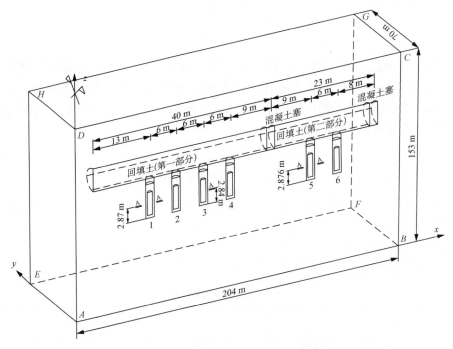

图 9-8　"原型仓库"试验的示意图

每个竖向井孔直径为 1.75 m，内部安装步骤如下（图 9-9）：

（1）在井孔底部放置一直径为 1.65 m、高度为 0.5 m 的高压实膨润土圆柱；

（2）再放置 10 个总高度为 5.05 m、外径为 1.65 m、内径为 1.07 m 的高压实膨润土圆环；

（3）吊入外径为 1.05 m 高度为 4.9 m 的铜罐，铜罐装配有电加热器用以模拟高放射性核废料产生的热量；

（4）铜罐顶面与膨润土圆环顶面之间用 233 mm×114 mm×65 mm 的压实膨润土小块填充；

（5）再放入三块总高度为 1.575 m 的高压实膨润土圆柱；

（6）膨润土与井孔壁之间留有 5 cm 的空隙，该空隙由尺寸为 16.3 mm×16.3 mm× 8.3 mm 小球填充以提高整个体系的密实程度；

（7）用回填材料回填竖向井孔剩下部分以及上面的隧道。

根据上述尺寸，铜罐与膨润土之间尚留有平均 1 cm 的空隙，这是考虑到安装等施工误差而留下的尺寸。制作膨润土圆柱及圆环所施加的压实力分别为 40 MPa 和 100 MPa。

六个铜罐从左至右依次编号为 1，2，3，4，5，6，这六个铜罐分别启动加热的时间以及相应的功率如表 9-6 所示。

表 9-6　　　　　　　　　　　　　　　六个铜罐启动加热的时间及相应的功率

每个铜罐相应的功率随时间的变化	铜罐编号					
	第一部分				第二部分	
	1	2	3	4	5	6
1 800 W	0	7	24	35	598	613
1 780 W	365	365	365	365		
1 740 W	718	718	718	718		
1 710 W	1 086	1 086	1 086	1 086		
1 770 W					1 086	1 086

注：1. 第 0 天对应于日期 17/09/2001。

2. 铜罐功率随时间的降低用以模拟放射物热量随时间的衰退。

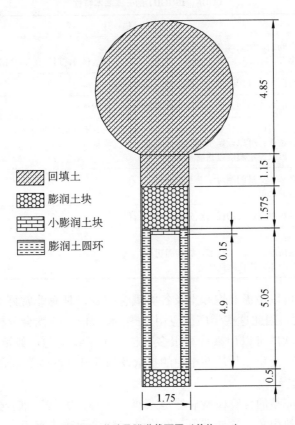

图 9-9　井孔及隧道截面图（单位：m）

3. "原型仓库"现场试验数据量测（Chen，2009）

"原型仓库"试验预埋了大量的量测原件，用以监测膨润土、回填土、周围岩石、铜罐的温度、相对湿度、总应力、孔隙水压力以及位移等量，具体见表9-7。

表9-7　　　　　　　　　　　　　　　　现场量测内容

量测项目	第一部分				第二部分			
	膨润土（井孔1，3内）	回填土	铜罐表面	周围岩石	膨润土	回填土	铜罐表面	岩石周围
温度	69点	65点	✓	37点	141点	48点	✓	24点
相对湿度	37点	45点			112点	32点		6点
总应力	27点	18点			27点	16点		
空隙水压力	14点	23点		64点	14点	18点		
位移			✓				✓	

9.3.2　数值模拟分析

利用有限元计算程序 CODE_BRIGHT 模拟耦合变形和水、气、热传输问题，该程序由加泰罗尼亚理工大学（UPC）岩土工程系完成（Olivella，1996），前后处理软件为 GID，由该校工程数值方法中心（CIMNE）开发。有限元计算程序 CODE_BRIGHT 的一些基本特性见表9-8。

表9-8　　　　　　　　　　　　　　CODE_BRIGHT 的一些基本特性

基本概念	描　　述
耦合组合	可考虑非耦合问题，例如纯 T，H，M，G 问题； 可解决任意类 T，H，M，G 耦合组合，例如：TH，TM，HM，THM，THMG 等
几何体	计算几何体可以为一维、二维、三维、空间轴对称等
本构模型	包含大量有关的本构模型，而且程序很容易增加新的本构模型
边界条件	力学边界条件：可以设定任意空间方向上的力或位移及其随时间的变化率； 水气流体边界条件：可以设定水和气压力，或水和气流量等； 热边界条件：可以设定温度或热流量等
收敛准则	控制每个独立基本变量的绝对误差和相对误差； 控制每个问题的余量
输出模式	可以输出变量在用户定义的任意点分布及时间历程
单元类型	一维：线单元； 二维：线性三角形，二次三角形，线性四边形； 三维：线性四面体，线性六面体等

由于该计算软件可以考虑非饱和土及各类耦合问题，具有非常好的收敛特性，前后处理软件 GID 非常强大，因此这些年广泛应用于热-水-力-气的耦合分析中，在欧美各国应用很广泛。此外，该软件可以用来计算很多其他岩土工程问题，如填土工程、堤坝工程、开挖工程、边坡工程以及化学物质在土中的扩散及与 THM 的各类耦合问题等。

1. 计算模型的选择

本试验最理想最完整的计算模型显然是三维"热-水-力-气"耦合分析，但考虑到本试验几何形状复杂，材料很多，这样有限元网格结点和单元数将有很多，而且三维"热-水-

力-气"耦合分析意味着每个结点有 6 个自由度，因此三维"热-水-力-气"耦合分析对计算硬件的要求将非常高，甚至不切实际。

在实际的数值模拟过程中，将视情况作不同程度的简化分析：

（1）计算模型的几何形状选择

针对本"原型仓库"试验，只进行热的分析，考虑了六种计算几何模型。图 9-10 给出了这六种几何体：Case(1) 是最简单的一维轴对称问题，只有一个竖向井孔，不能考虑回填土；Case(2) 为空间轴对称体，只考虑一个竖向井孔，隧道内的回填土只能考虑为一个球体；Case(3) 为考虑两个竖向井孔横截面的二维问题，不能考虑回填土，有两个对称轴 X 和 Y；Case(4) 为考虑两个竖向井孔横截面的三维问题，考虑了部分回填土，有两个对称面 YZ 和 XZ；Case(5) 为考虑六个竖向井孔横截面的二维问题，不能考虑回填土，有一个对称轴 X；Case(6) 对应于实际的几何体，三维体包含六个竖向井孔，只有 XZ 对称面。计算时边界均设在足够远的地方，温度恒定等于初始温度。为了对比，图 9-11 给出了六种模型下铜罐和膨润土交界处 A 点的计算温度随时间的变化。Case(3) 和 Case(5) 的计算温度与 Case(6) 的计算结果相差太大，因此这两种几何模型应排除在今后的计算模型中，在剩下的四种几何模型中，Case(4) 和 Case(2) 的计算温度比 Case(6) 的计算温度低，只有 Case(1) 的计算温度比 Case(6) 的计算温度高。由上述分析可以看出几何模型选择对计算结果的重要影响，相比 Case(6)，Case(1)，(2)，(4) 则简单了很多，但也得到了不错的计算结果，基于此，在某些情形下数值模拟将考虑采用这几种模型。

由于有六个加热铜罐，而且开始启动的时间不一致，相互之间的距离都处在各自影响范围内，因此为了得到可靠的计算温度，必须采用三维几何体 Case(6)，即同时包含六个铜罐。

虽然各个竖井中膨润土内水的流动对其他竖井内膨润土内水的流动的影响可以忽略，但各个竖井中膨润土内水的流动受温度控制（比如水蒸气扩散、水对流的黏滞性），而温度的三维效应非常明显，所以为了正确模拟水的流动和状态，同样应采用三维计算模型，同时考虑六个铜罐。

作为隔离屏障的膨润土处于岩石和铜罐之间，与它们的刚度相比，膨润土显然小若干数量级，这样各个竖井内膨润土吸水膨胀或失水收缩引起的位移应力增量显然对其他竖井的影响非常小，而且温度引起的热膨胀应力位移量是次要因素，因此膨润土内力的作用非常有限，为了得到力学计算结果，选择 Case (2)：Quasi3D 几何模型就已经足够了。

此外，有时只是需要对某些参数的影响进行敏感度分析，这时采用一维分析就足以达到目的，不必采用二维或三维分析，可节省时间和精力。

在试验可行性分析阶段，很多因素不确定，数值模拟的目的是为了提供定性或初步定量结果，某些情况下一维或二维分析就足够了；在试验开始以后，一切试验参数都确定了，而且也有了很多实测结果，这时的数值模拟就应尽可能客观地反映试验条件，应采用 Quasi3D 或三维分析。

（2）计算模型的耦合程度选择

由于试验过程中气压力没有人为控制，试验体系与大气连通，而且最高温度没有超过 90 ℃，由此假定各点气相压力均为大气压力（即 0.1 MPa）对其他计算结果影响非常有限。在温度计算时，热传导是重要的热量流动形式，热传导系数和饱和度很相关，因此为了得到可靠的计算温度，必须与水进行耦合。为了模拟水或水蒸气的状态，同样必须与温度进行耦合，因为水蒸气扩散是水流动的一个重要形式，而水蒸气是由于温度升高引起的。进行膨润土的力学计算时，由于膨润土力学状态的变化主要是由吸水或失水引起的，显然必须与水进行耦合，而水各点状态的变化部分是由温度变化引起的，水以水蒸气的形式发生扩散，因此同样应与热进行耦合。

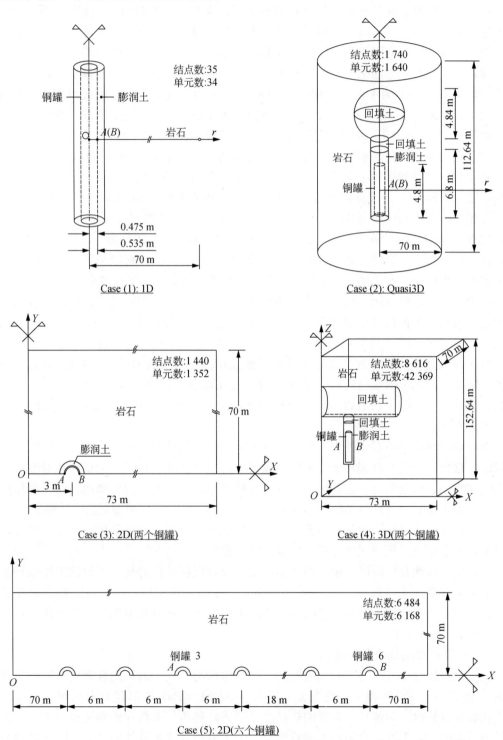

Case (1): 1D

Case (2): Quasi3D

Case (3): 2D(两个铜罐)

Case (4): 3D(两个铜罐)

Case (5): 2D(六个铜罐)

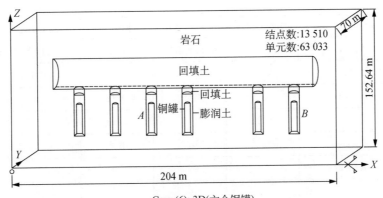

Case (6): 3D(六个铜罐)

图 9-10 原型仓库试验热数值分析所采用的六种几何体

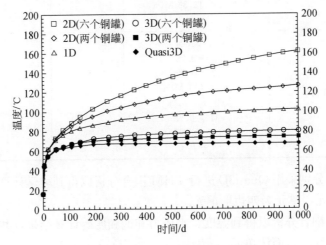

图 9-11 六种情形下 A 点的计算温度随时间的变化

本试验数值模拟的热-水-力主要初始条件以及计算参数如表 9-9 及表 9-10 所示。

表 9-9 热-水-力主要初始条件

材料名称	温度/℃	应力/MPa	孔隙率	饱和度
膨润土圆环	16	−0.5/−0.5/−0.5	0.353	87%
膨润土圆柱			0.379	81%
回填土			0.4	61%
膨润土小球			0.706	31.1%
岩石		−26/−26/−13	0.003	100%

表 9-10 热-水-力主要计算参数

	计算参数		膨润土圆环	膨润土圆柱	回填土	膨润土小球	岩石
热参数	热传导系数	$\lambda_{dry}/[W \cdot (m \cdot K)^{-1}]$	0.3	0.3	1.5	0.1	2.5
		$\lambda_{sat}/[W \cdot (m \cdot K)^{-1}]$	1.3	1.3	1.5	1.0	2.5
	比热	$c/[J \cdot (kg \cdot K)^{-1}]$	1 091	1 091	1 200	1 091	750

	计算参数		膨润土圆环	膨润土圆柱	回填土	膨润土小球	岩石
水参数	固有渗透系数	k_0/m^2	0.23×10^{-20}	0.23×10^{-20}	5×10^{-18}	1×10^{-18}	5×10^{-20}
		ϕ_0	0.353	0.379	0.4	0.706	0.003
	吸力-饱和度关系曲线	P_0/MPa	65	53.5	0.12	0.4	4
		β	0.22	0.3	0.18	0.4	0.56
力学参数	热弹性	$b_s/\text{℃}^{-1}$	10^{-5}	10^{-5}	10^{-5}	10^{-5}	7.8×10^{-6}
	线弹性	E/MPa			30	6.5	50 000
		ν			0.3	0.25	0.25
	巴塞罗那基本模型	弹性参数	$\kappa_{i0}=0.207\,0$ $\kappa_{s0}=0.156\,3$ $K_{\min}=13.33\ \mathrm{MPa}$ $\nu=0.2$				
		塑性参数	$\lambda_0=0.621\,0$ $r=0.75$ $\beta=0.05$ $p^c=0.1\ \mathrm{MPa}$ $p_0^*=8\ \mathrm{MPa}$ $M=0.78$ $\alpha=0.395$ $k=0.1$				

本次数值模拟分别采用 Quasi3D 进行 THM 耦合分析以得到力学计算结果，共 3 696 个结点和 3 534 个单元，单元为四边形单元。

采用三维 TH 耦合分析以得到温度、水压力和饱和度等计算结果，共 66 396 个结点和 58 939 个单元，单元为六面体单元。

9.3.3 数值模拟结果分析

图 9-12 给出了从铜罐表面到膨润土环径向温度分布图，对于第一断面和第二断面，时间坐标的初始日期分别为 2001.09.17 和 2003.05.08。

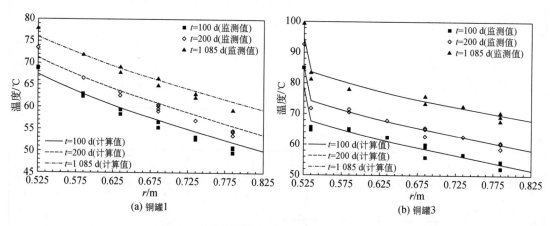

图 9-12 从铜罐表面到膨润土环径向温度分布图

1. 缝隙的作用

在铜罐的中间高度位置，铜罐 1 和铜罐 3 从半径 0.525 m（铜罐表面）到半径 0.785 m 的膨润土环监测温度和计算温度绘制于图 9-12 中。图中给出的模拟温度分布与监测数据吻合较好。

铜罐和膨润土环之间的缝隙设计值为 1 cm，位于半径 0.525 m 至 0.535 m 之间。对于铜罐 1，在三种不同情况下，沿缝隙的温度梯度约等于沿膨润土环的。然而对于铜罐 3，在三种不同情况下，因为缝隙处存在明显温度降低，沿缝隙的温度梯度明显大于沿膨润土环的。

两个不同井孔沿缝隙和膨润土环的温度分布规律不同。众所周知，热流量与温度梯度成正比，在热流量恒定的条件下，更高的温度梯度意味着更低的材料导热系数。气体比膨润土的热传导系数更低。因此可以推断，铜罐 1 的缝隙在较早的时间闭合，而铜罐 3 的缝隙长时间张开。因为铜罐 1 比铜罐 3 更潮湿，缝隙闭合是因为膨润土吸水扩张。

2. 模型几何形状对计算温度的影响

图 9-13 给出了五种模型条件下计算的井孔 3 在半径 0.585 m 处的温度和监测温度的对比。

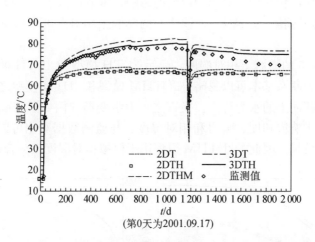

（第0天为2001.09.17）

图 9-13　井孔 3 在半径 0.585 m 处监测的温度与五种模型计算得到的温度对比

很明显，三维模型能够更好地与监测数据相吻合，而二维模型的预测值比三维模型的低大约 10 ℃。因此可知，虽然铜罐与铜罐之间相隔 6 m，为了获得更加准确的温度预测结果，建立三维模型十分必要。图 9-14 比较了井孔 1，3，5 在 100 d 和 1 085 d 的监测温度（铜罐 1 和铜罐 3 的初始日期为 2001.09.17，铜罐 5 的初始日期为 2003.05.08。从图中可以看出井孔 3 的温度最高，井孔 5 的温度最低。

3. 模型耦合对温度的影响

为了验证热-水-力耦合的作用，分别利用 Case(1)，Case(3) 和 Case(6) 拟合井孔 3 的温度状况。

分析五种模型同一测点的温度模拟值发现：①对比 2DTH 模型和 2DTHM 模型可以发现，力学耦合对温度的影响可以忽略不计；②对比 2DT 模型和 2DTH 模型，3DT 模型和 3DTH 模型可发现，去除水的耦合影响，2DT 模型和 3DT 模型比 2DTH 模型和 3DTH 模型温度模拟值更高，因为 2DTH 模型和 3DTH 模型考虑了水流经过缓冲区产生的热量损失。

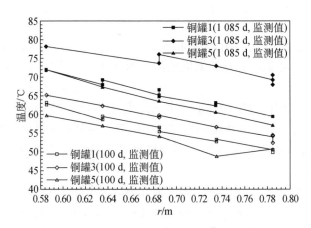

图 9-14 井孔 1，3，5 在 100 d 和 1 085 d 的监测温度

利用 3DTH 模型，膨润土、基岩和回填土温度模拟结果和监测值相差不大，证明 3DTH 模型可用于温度模拟。

4. 水力耦合

为研究模型几何形状和耦合对相对湿度的影响，本节运行了三个模型（3DTH，2DTH 和 2DTHM），模拟了铜罐 1，铜罐 3，铜罐 5 的膨润土相对湿度，这里主要展示铜罐 5 的结果。

图 9-15 为铜罐 5 的膨润土相对湿度，显示 3DTH 模型和 2DTH 模型结果相近，说明六个井孔之间的水力联系基本可以忽略。2DTHM 模型和 2DTH 模型之间存在差异，说明力学耦合明显影响膨润土的水力行为。换言之，力学变形（例如湿涨或干缩）改变了膨润土的孔隙率，进而影响饱和度、吸力和相对湿度。与监测数据对比可以发现，2DTHM 模型具有较好的对比效果。因此，2DTHM 模型用于模拟相对湿度较为合理。

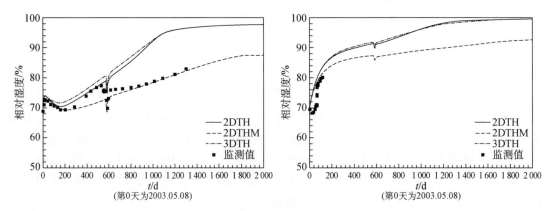

图 9-15 铜罐 5 在不同模型下的相对湿度变化图

5. 膨润土缓冲区的应力模拟

利用 2DTHM 模型研究铜罐 1，铜罐 3，铜罐 5 的力学特性，基于如下考量：

（1）缓冲区材料被限制在坚硬铜罐和井孔基岩之间，不同井孔内膨润土缓冲区之间的力学相互作用可以忽略不计。

（2）由于不考虑与其他井孔的热相互作用，2DTHM 模型低估了约 10 ℃的温度。本模型所用材料的线膨胀系数小于 $1.2 \times 10^{-5} ℃^{-1}$，相较于湿涨或干缩变形，10 ℃引起的热涨较小。

（3）六个井孔之间的水力相互作用可以忽略，由此引起的力学变形也可以忽略。

（4）因为三维模型结点数、单元数及自由度较多，可以想象进行 3DTHM 分析将非常耗时。因此，采用简单的 2DTHM 模型来获得力学结果是经济合理的。

图 9-16 很好地拟合了总竖向应力。铜罐 1 的监测应力和模拟应力变化趋势类似，在半径 0.785 m 处的应力在 200 d 之前快速增长，随后增长速率较缓慢。然而，在半径 0.585 m，0.685 m 处的应力在 800 d 之后增长缓慢。因为半径 0.785 m 处的水化进程快于半径 0.585 m，0.685 m 处的水化进程，湿涨或干缩影响了应力变化。

图 9-17 反映了铜罐 5 的应力随时间的变化，除了半径 0.685 m 处，模拟结果均比较合理。反常的是，在半径 0.685 m 处，监测应力值大于半径 0.785 m 处，但半径 0.785 m 处的湿度更高。

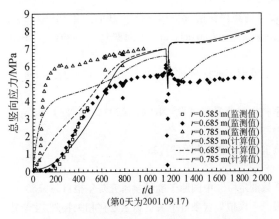

图 9-16 铜罐 1 总竖向应力计算值与监测值对比　　　图 9-17 铜罐 5 的总竖向应力计算值与监测值对比

值得注意的是，应力曲线在 1 171 d 的时候出现了异常值。因为各种原因，应力可能未精确重现。有时应力监测装置的安装并不容易，或因为拱作用等其他原因，应力未迅速监测到。此外，尽管铜罐和膨润土之间的缝隙、基岩和膨润土环之间的膨润土小球参与模拟，但缝隙和小球的具体状态无法精准还原。应力受该区域的实体接触影响较大。尽管存在这些不可控因素，但数值模拟结果与监测结果仍较为吻合。

参考文献

陈杰,周涛,周蓝宇,2016.我国内陆核电站五个问题的研究[J].华北电力大学学报(社会科学版)(2):1-4.

第一财经日报(上海),2017.美国核废料处理厂出事故　烫手山芋背后是天价商机[N/OL].(2017-05-12). http://tech. 163.com/17/0512/07/CK7GEV2L00097U81.html.

孔德成,毛飞雄,董超芳,等,2016.高放射性核废料地质处置中铜腐蚀行为研究进展[J].科技导报,34(2): 86-93.

马利科,2017.高放废物处置库甘肃北山花岗岩围岩长期稳定性研究[D].北京:核工业北京地质研究院.

南京报业网-南京日报,2011.世界首座核废料库筹建背后(组图)[N/OL].(2011-06-18). http://news. 163. com/11/0618/15/76RGGNVR00014AED.html.

石云峰,李寻,2015.花岗岩裂隙中核素迁移研究进展[J].广东化工,42(11):107-109.

王驹,2016.高水平放射性废物地质处置:关键科学问题和相关进展[J].科技导报,34(15):51-55.

王驹,凌辉,陈伟明,2017.高放废物地质处置库安全特性研究[J].中国核电(2):270-278.

网易科学人,2017.芬兰在建全球唯一永久核废料处理库 存满需一世纪[N/OL].(2017-10-10). http://tech.163.com/17/1010/00/D0BIBJ2E00097U81.html.

魏雪刚,2016.芬兰何以领世界核废料储存之先?[J].世界科学(2):46-47.

吴燕,2016.2014发生的泄漏事件让美国的核废料研究复苏[J].世界科学(2):49-50.

香港凤凰周刊,2016.一个小村庄影响世界核废料处理走向[N/OL].(2016-10-26). http://www.nuclear.net.cn/portal.php?aid=11255&mod=view.

谢玮,2016.安全高效发展核电,核燃料,核废料怎么办?[J].中国经济周刊(23):25-26.

新华网,2011.探访法国新一代核废料处理基地(1)[N/OL].(2011-07-04). http://www.hinews.cn/news/system/2011/07/04/012864206.shtml.

徐凯,2015.核工业可持久发展的基石——核废料科学管理与处置[J].中国材料进展,34(2):173-173.

佚名,2015.地球安全罩——核废料处置库[J].城市与减灾(1):46-50.

中国核科技信息与经济研究院,2016.瑞典处置库建设申请获得核监管机构支持[N/OL].(2016-07-28). http://chinasec.heneng.net.cn/index.php?action=show&article_id=41806&category_id=10&mod=news.

中国小康网,2017.俄证实乌拉尔核废料处理厂泄漏事故 欧洲多地检测到[N/OL].(2017-11-22). https://mini.eastday.com/a/171122115112436.html.

中商产业研究院,2016.2016年最新全球主要核电国家核电机组数量一览[N/OL].(2016-04-26). http://www.askci.com/news/chanye/20160426/154887479.shtml.

舟丹,2017a.核废料处理已成为全世界无法摆脱的危险重负[J].中外能源(3):95.

舟丹,2017b.影响我国核电安全的"短板"[J].中外能源(3):72.

周舵,龙浩骑,包良进,等,2016.锝在花岗岩中的弥散系数测定[R].中国原子能科学研究院年报:158-159.

周舵,龙浩骑,姜涛,等,2014.放射性废物处理技术进展——模拟处置条件下关键核素迁移相关物理/化学特性研究进展[R].中国原子能科学研究院年报:62-64.

ALONSO E E, GENS A, JOSA A, 1990. A constitutive model for partially saturated soils [J]. Géotechnique, 40(3): 405-430.

CHEN G J, LEDESMA A, 2009. Coupled thermohydromechanical modeling of the full-scale in situ test "prototype repository"[J]. Journal of geotechnical and geoenvironmental engineering, 135(1): 121-132.

FLAPPY BIRD,2016.甘肃北山核废料处置库预选场探访:还原中国核废料处理现状[N/OL].(2016-08-11). http://ecep.ofweek.com/2016-08/ART-93014-8120-30022644_2.html.

GENS A, GARCIA-MOLINA A J, OLIVELLA S, et al., 1998. Analysis of a full scale in situ test simulating repository conditions[J]. International Journal for Numerical and Analytical Methods in Geomechanics, 22(7): 515-548.

OLIVELLA S, GENS A, CARRERA J, et al., 1996. Numerical formulation for a simulator (CODE_BRIGHT) for the coupled analysis of saline media[J]. Engineering Computations, 13(7): 87-112.